できる

Excel
エクセル

2024

生成AI
Copilot 対応

Office 2024 & Microsoft 365 版

羽毛田睦土 & できるシリーズ編集部

インプレス

動画について

操作を確認できる動画をYouTube動画で参照できます。画面の動きがそのまま見られるので、より理解が深まります。QRが読めるスマートフォンなどからはレッスンタイトル横にあるQRを読むことで直接動画を見ることができます。パソコンなどQRが読めない場合は、以下の動画一覧ページからご覧ください。

▼動画一覧ページ
https://dekiru.net/excel2024

●用語の使い方

本文中では、本文中では、「Microsoft Excel 2024」のことを、「Excel 2024」または「Excel」、「Microsoft Windows 11」のことを「Windows 11」または「Windows」と記述しています。また、本文中で使用している用語は、基本的に実際の画面に表示される名称に則っています。

●本書の前提

本書では、「Windows 11」に「Microsoft Excel 2024」または「Micosoft 365のExcel」がインストールされているパソコンで、インターネットに常時接続されている環境を前提に画面を再現しています。。また一部のレッスンでは有償版のCopilotを契約してMicrosoft 365のExcelでCopilotが利用できる状況になっている必要があります。

「できる」「できるシリーズ」は、株式会社インプレスの登録商標です。
Microsoft、Windowsは、米国Microsoft Corporationの米国およびその他の国における登録商標または商標です。
そのほか、本書に記載されている会社名、製品名、サービス名は、一般に各開発メーカーおよびサービス提供元の登録商標または商標です。
なお、本文中には™および®マークは明記していません。

Copyright © 2024 Act Consulting LLC. and Impress Corporation. All rights reserved.
本書の内容はすべて、著作権法によって保護されています。著者および発行者の許可を得ず、転載、複写、複製等の利用はできません。

まえがき

この本では、Excelを使ったことがない人向けに、Excelの基本的な操作方法から仕事に役立つ便利な使い方までを、図解入りで紹介します。

本書は、前半の基本編と後半の活用編に分かれています。

前半の基本編では、Excelで何ができるのか、Excelを起動するにはどうすればいいかといった話から、Excelで表を作るための基本的な操作など、Excelの初歩の部分を一通り解説していきます。基本編を読むだけで、Excelで簡単な表を手早く作るための知識が得られます。

後半の活用編では、さらに作業効率を上げるための様々な機能や関数を紹介します。Excelで作業効率を上げるポイントは、使いやすい形のデータを準備して、適切な関数を使うことです。そこで、本書では、使いやすい形のデータとはどういうものか、Excelのたくさんある機能や関数のうちで作業効率を上げるために使うべき機能や関数とはどういうものかについて解説します。また、最近のバージョンで使えるようになった関数やスピルの機能、Copilotなどの便利な機能についても説明しています。

各章、レッスンの最後にはまとめがあります。それぞれの項での重要なポイントをまとめていますので、振り返りに使ってください。また、本書の内容は、動画でも解説しています。実際の操作などは、動画も合わせてみて確認してみてください。

Excelについての情報は、インターネットで調べればたくさん出てきます。ただ、ある程度の基礎知識がないと、何について調べればいいかや、どの情報が重要かがわからず、適切な情報にたどりつくのは難しいことが多いです。まずは、本書で、基礎知識を身に付けて頂きたいと思います。

2024年10月　羽毛田睦土

本書の読み方

練習用ファイル
レッスンで使用する練習用ファイルの名前です。ダウンロード方法などは6ページをご参照ください。

YouTube動画で見る
パソコンやスマートフォンなどで視聴できる無料の動画です。詳しくは2ページをご参照ください。

レッスンタイトル
やりたいことや知りたいことが探せるタイトルが付いています。

サブタイトル
機能名やサービス名などで調べやすくなっています。

レッスン
02 Excelを起動するには

Excelの起動・終了

基本編 第1章 Excelの超基礎！画面やブックの扱い方を知ろう

Excelを起動するには、Windowsのスタートメニューから Excelのアイコンをクリックしましょう。Excelのファイルがフォルダーなどに入っている場合は、そのファイルをダブルクリックして起動することもできます。Excelを終了するときには、右上の［閉じる］ボタンをクリックしましょう。

練習用ファイル　なし

🔍 **キーワード**
Windows 11　　P.342
ブック　　　　　P.346

💡 **使いこなしのヒント**
スタートメニューに表示されないときは
パソコンの機種によってはExcelのアイコンがスタートメニューに表示されない場合があります。その場合はスタートメニューの［すべてのアプリ］をクリックして、アプリの一覧から探しましょう。

1 Excelを起動するには

1　[スタート] をクリック　　2　[Excel] をクリック

スタート画面が表示された　　3　[空白のブック] をクリック

⌨ **ショートカットキー**
[スタート] メニューの表示
⊞ / Ctrl + Esc

🔍 **用語解説**
スタート画面
Excelを起動した直後に表示される画面。この画面から、新しくデータを作成したり、既存のデータを開くことができます。

🔍 **用語解説**
Backstageビュー
Backstageビューとは、［ファイル］タブ選択時に表示される画面です。ファイルの新規作成や、既存ファイルを開く操作などができます。

操作手順
実際のパソコンの画面を撮影して、操作を丁寧に解説しています。

●**手順見出し**
1 名前を付けて保存する

操作の内容ごとに見出しが付いています。目次で参照して探すことができます。

●**操作説明**
1 ［ホーム］をクリック

実際の操作を1つずつ説明しています。番号順に操作することで、一通りの手順を体験できます。

●**解説**

［ホーム］をクリックしておく　　ファイルが保存される

操作の前提や意味、操作結果について解説しています。

キーワード
レッスンで重要な用語の一覧です。巻末の用語集のページも掲載しています。

● 空白のブックが表示された

新しい空白のブックが表示された

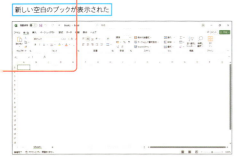

2 Excelを終了するには

ここではファイルを保存せずに終了する

1 [閉じる]をクリック　　Excelが終了する

Excelが終了して、デスクトップが表示された

用語解説
ブック

Excelでデータを作成・保存するファイルのことをいいます。通常、ブックとファイルは同じ意味だと考えておけば、問題はありません。

時短ワザ
Excelをタスクバーにピン留めをする

Excelのアイコン上で右クリックして、メニューから「タスクバーにピン留めをする」をクリックすると、Excelをタスクバーに常に表示させることができます。以降は、タスクバーのExcelのアイコンをクリックすると手順1のスタート画面が表示されます。

1 [Excel]を右クリック　　**2** [タスクバーにピン留めする]をクリック

ショートカットキー
アプリの終了　　Alt + F4

まとめ　Excelの起動と終了を覚えよう

Excelの基本的な操作として、起動と終了の方法を紹介しました。Excelのファイルをダブルクリックしてもexcelを起動することはできますが、新規にファイルを作成したり、Excelを起動してからファイルを開きたい場合などは、スタートメニューから起動しましょう。Excelを起動することが多い場合は、「時短ワザ」で紹介したタスクバーにピン留めする方法が便利です。ぜひ試してみてください。

できる　33

関連情報
レッスンの操作内容を補足する要素を種類ごとに色分けして掲載しています。

💡 使いこなしのヒント
操作を進める上で役に立つヒントを掲載しています。

ショートカットキー
キーの組み合わせだけで操作する方法を紹介しています。

時短ワザ
手順を短縮できる操作方法を紹介しています。

👍 スキルアップ
一歩進んだテクニックを紹介しています。

用語解説
レッスンで覚えておきたい用語を解説しています。

⚠ ここに注意
間違えがちな操作について注意点を紹介しています。

まとめ　起動と終了を覚えよう

レッスンで重要なポイントを簡潔にまとめています。操作を終えてから読むことで理解が深まります。

できる　5

練習用ファイルの使い方

本書では、レッスンの操作をすぐに試せる無料の練習用ファイルを用意しています。ダウンロードした練習用ファイルは必ず展開して使ってください。ここではMicrosoft Edgeを使ったダウンロードの方法を紹介します。

▼練習用ファイルのダウンロードページ
https://book.impress.co.jp/books/1124101056

● 練習用ファイルを使えるようにする

練習用ファイルの内容

練習用ファイルには章ごとにファイルが格納されており、ファイル先頭の「L」に続く数字がレッスン番号、次がレッスンのサブタイトル、最後の数字が手順番号を表します。レッスンによって、練習用ファイルがなかったり、1つだけになっていたりします。 手順実行後のファイルは、収録できるもののみ入っています。

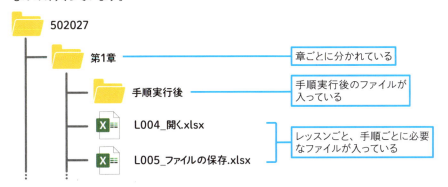

［保護ビュー］が表示された場合は

インターネットを経由してダウンロードしたファイルを開くと、保護ビューで表示されます。ウイルスやスパイウェアなど、セキュリティ上問題があるファイルをすぐに開いてしまわないようにするためです。ファイルの入手時に配布元をよく確認して、安全と判断できた場合は［編集を有効にする］ボタンをクリックしてください。

マウスやタッチパッドの操作方法

◆ マウスポインターを合わせる
マウスやタッチパッド、スティックを動かして、マウスポインターを目的の位置に合わせること

マウス	タッチパッド	スティック

1 アイコンにマウスポインターを合わせる

アイコンの説明が表示された

◆ ダブルクリック
マウスポインターを目的の位置に合わせて、左ボタンを2回連続で押して、指を離すこと

マウス	タッチパッド	スティック

1 アイコンをダブルクリック

アイコンの内容が表示された

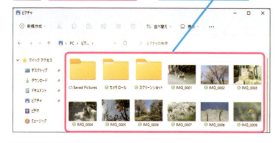

◆ クリック
マウスポインターを目的の位置に合わせて、左ボタンを1回押して指を離すこと

マウス	タッチパッド	スティック

1 アイコンをクリック

アイコンが選択された

◆ 右クリック
マウスポインターを目的の位置に合わせて、右ボタンを1回押して指を離すこと

マウス	タッチパッド	スティック

1 ファイルを右クリック

ショートカットメニューが表示された

👍 スキルアップ

マウスのホイールを使おう

マウスのホイールを回すと、表示している画面をスクロールできます。ホイールを下に回すと画面が上にスクロールし、隠れていた内容が表示されます。

1 ホイールを下に回す

画面が上にスクロールする

主なキーの使い方

*下はノートパソコンの例です。機種によってキーの配列や種類、印字などが異なる場合があります。

キーの名前	役割	キーの名前	役割
❶エスケープキー [Esc]	操作を取り消す	❻方向キー ←→↑↓	カーソルキーを移動する
❷半角/全角キー [半角/全角]	日本語入力モードと半角英数モードを切り替える	❼エンターキー [Enter]	改行を入力する。文字の変換中は文字を確定する
❸シフトキー [Shift]	英字を大文字で入力する際に、英字キーと同時に押して使う	❽バックスペースキー [Back space]	カーソルの左側の文字や、選択した図形などを削除する
❹エフエヌキー [Fn]	数字キーまたはファンクションキーと同時に押して使う	❾デリートキー [Delete]	カーソルの右側の文字や、選択した図形などを削除する
❺スペースキー [space]	空白を入力する。日本語入力時は文字の変換候補を表示する	❿ファンクションキー [F1]から[F12]	アプリごとに割り当てられた機能を実行する

👍 スキルアップ

ショートカットキーを使うには

複数のキーを組み合わせて押すことで、アプリごとに特定の操作を実行できます。本書では[Ctrl]+[S]のように表記しています。

●[Ctrl]+[S]を実行する場合

1 [Ctrl]キーと[S]キーを同時に押す

Office製品ラインアップ表

Microsoft Officeの各製品のラインアップは以下のようになっています。本書で扱っているアプリがお手元のパソコンにインストールされているか確認しましょう。

Office Home 2024

永続版／1ユーザー
2台までインストール可能
Windows 10 または
Windows 11、macOS:最新の3つのバージョンが対象

価格：34,480円

 Word
 Excel
 PowerPoint

Office Home & Business 2024

永続版／1ユーザー
2台までインストール可能
Windows 10 または
Windows 11、macOS:最新の3つのバージョンが対象

価格：43,980円

 Word
 Excel
 PowerPoint
 Outlook

Microsoft 365 Personal

同一ユーザーが使用するすべてのデバイスで同時に5台まで利用可能
Windows 10 または
Windows 11、macOS:最新の3つのバージョン、タブレット、スマートフォン

価格：14,900円／年
または1,490円／月
＊ダウンロード版のみ

 Word
 Excel
 PowerPoint
 Outlook
 Access

他にもTeams、Publisher（Windowsのみ）含む

Microsoft 365 Family

同一ユーザーが使用するすべてのデバイスで同時に5台まで利用可能
Windows 10 または
Windows 11、macOS:最新の3つのバージョン、タブレット、スマートフォン

価格：21,000円／年
または2,100円／月
＊ダウンロード版のみ

 Word
 Excel
 PowerPoint
 Outlook Access（Windowsのみ）

他にもTeams、Publisher（Windowsのみ）含む

※価格などの情報は2024年10月現在のものです。表記は税込みの金額です。ダウンロード版とPOSA版の価格は同じですが、販売店によって表記が異なる場合があります。
なお、Microsoft 365 の各プランについては、POSA版は年間プランのみ対応しています。

OneDrive プラン一覧

Microsoft OneDriveはプランを変更することで使用可能な容量が増えます。また、Microsoft 365を契約すると
とメールボックスの容量なども増えます。以下の表で確認しましょう。

種類	Microsoft 365	Microsoft 365 Basic	Microsoft 365 Personal	Microsoft 365 Family
料金	無料	2,440円／年 または260円／月	14,900円／年 または1,490円／月	21,000円／年 または2,100円／月
クラウドストレージの容量	5GB	100GB	1TB	1TB　＊1人あたり
メールボックスの容量	15GB	50GB	50GB	50GB
利用可能人数	1人	1人	1人	最大6人
利用可能なアプリ	OneDrive、Outlook.comメールと予定表、Web用のWordなど	OneDrive、Outlook、Web用のWordなど	Microsoft 365 Personal（左表）のアプリケーションなど	Microsoft 365 Family（左表）のアプリケーションなど
備考		OneDriveのファイルと写真をランサムウェアから保護、Microsoftサポートエキスパート利用可能	OneDriveのファイルと写真をランサムウェアから保護、Microsoftサポートエキスパート、Microsoft Defender利用可能	OneDriveのファイルと写真をランサムウェアから保護、Microsoftサポートエキスパート、Microsoft Defender利用可能

※価格などの情報は 2024 年 10 月現在のものです。表記は税込みの金額です。

できる　11

目次

本書の前提	2
まえがき	3
本書の読み方	4
練習用ファイルの使い方	6
本書の構成	27
ご購入・ご利用の前に	28

基本編

第1章 Excelの超基礎！ 画面やブックの扱い方を知ろう　　29

01 Excelとは何か知ろう Introduction 　30

多彩な機能が備わった表計算ソフト
集計・分析に役立つ機能がたくさん！

02 Excelを起動するには Excelの起動・終了 　32

Excelを起動するには
Excelを終了するには

03 Excelの画面構成を確認しよう 各部の名称、役割 　34

Excel 2024の画面構成

04 ファイルを開くには ファイルを開く 　36

Excelからファイルを開く
アイコンからファイルを開く

05 ファイルを保存するには ファイルの保存 　38

ファイルを上書き保存する
ファイルに名前を付けて保存する

06 シートの挿入・削除・名前を変更するには シートの挿入・削除 　40

新しいシートを作成する
シートを削除する
シートの名前を変更する

07 シートを移動・コピーするには シートの移動・コピー 　42

シートを移動する
シートをコピーする

08 同じブックの別のシートを比較するには　シートの比較　　44

同じブックを別のウィンドウで開く
ウィンドウを横に並べる

スキルアップ　リボンの操作でウィンドウを整列するには　　45

09 Excelの設定を変更するには　Excelのオプション　　46

[Excelのオプション] を表示する
クイックアクセスツールバーにボタンを追加する

この章のまとめ　用語を確認しながら読み進めよう　　48

基本編

第2章 セルの操作とデータ入力の基本をマスターしよう　49

10 セルとデータについて理解しよう　Introduction　　50

最初のうちは「アクティブセル」を意識しよう
Excelが入力した値を自動で判別する

11 セルを選択するには　セルの選択　　52

セルやセル範囲を選択する
離れた場所のセルを複数選択する
行を選択する
列を選択する

12 セルにデータを入力するには　データの入力　　54

データを入力する
入力したデータをすべて修正する
入力したデータの一部を修正する
データを消去する

13 様々なデータを入力するには　数値や日付の入力　　56

日付を入力する
時刻を入力する
数値を入力する
0で始まる数字を入力する

14 操作を元に戻すには　元に戻す、やり直し　　58

操作を元に戻す

スキルアップ　処理を中断するには　　59

取り消した操作をやり直す

できる　13

15 便利な入力機能を使うには　オートコンプリート、オートコレクト　60

入力候補から入力する
入力内容を自動的に変換する

スキルアップ　自動入力されないように設定するには　61

16 セルの幅や高さを変更するには　セルの幅や高さの変更　62

セルの幅を変更する
セルの高さを変更する
複数のセルの幅や高さを変更する
列の幅を自動的に調整する

17 行・列の挿入や削除をするには　データの挿入、削除　64

行や列を挿入する
行や列を削除する
複数の行や列を挿入する
複数の行や列を削除する

スキルアップ　セルを挿入・削除するには　66

コピーした行や列を挿入する

18 行や列の表示・非表示を変更するには　行や列の表示・非表示　68

行や列を非表示にするには
行や列を再表示するには

この章のまとめ　入力の基本操作を覚えよう　70

基本編

第3章　表やデータの見た目を見やすく整えよう　71

19 表を見やすく整えよう　Introduction　72

人から見てもわかりやすい表にしよう
本来の値とセルの表示の関係を知ろう

20 セルの値について理解しよう　セルの3層構造　74

セルの3層構造とは？
「①本来の値」は、数値と文字列の2種類がある
数字だけが並ぶデータに注意

21 数字や日付の表示を変更するには　表示形式　76

桁区切りを付けて表示する
パーセントで表示する

スキルアップ　負の数の色を黒にするには　77

日付の表示を「何年何月何日」で表示する
日付の年を元号で表示する

22 セルを結合するには セルの結合 80

セルを結合する

スキルアップ セルの結合を解除するには 81

23 文字の位置を調整するには 文字の位置 82

文字の表示位置を変更する
文字を折り返して表示する
セル内で改行する
文字を縮小して表示する

24 文字やセルの色を変更するには フォントや色の変更 86

文字の大きさを変更する
文字を太字にする

スキルアップ 色を付ける代わりに新しい列にデータを入力できないか考えよう 87

文字の種類を変更する
セルの色を変える
文字の色を変える

25 罫線を引くには 罫線 90

複数のセルに罫線を引く
セルの下に罫線を引く

スキルアップ 表の内側の罫線だけ消すには 92

26 セルの書式のみをコピーするには 書式のコピー 94

セルの書式をコピーする
コピーした書式を連続で貼り付ける

この章のまとめ シンプルな装飾を目指そう 96

基本編

第4章 データ入力と表の操作を効率化しよう 97

27 「データベース」について知ろう Introduction 98

データベースとは何か
データベースを作るときのポイント

28 連続したデータを入力するには オートフィル 100

数字の連番を作成する
月末日付を入力する

できる 15

29 データのコピーや移動をするには `データのコピー、移動` 102

セルの内容をコピーして貼り付ける

`スキルアップ` ［貼り付けのオプション］を使いこなそう 103

行や列全体をコピーして貼り付ける

セルの内容を切り取って貼り付ける

30 規則に基づきデータを自動入力するには `フラッシュフィル` 106

氏名から姓を抽出する

購入日から購入年月を抽出する

31 入力できるデータを制限するには `データの入力規則` 108

入力できるデータを選択できるようにする

入力できる値を制限する

32 目的のデータを検索するには `検索` 110

シート全体を検索する

指定したセル範囲を検索する

`スキルアップ` 検索条件を詳細に設定するには 113

33 検索したデータを置換するには `置換` 114

データを1つずつ置換する

一度にデータを置換する

34 フィルターを使って条件に合う行を抽出するには `フィルター` 116

フィルターボタンを表示する

特定の条件を満たす行を抽出する

抽出条件を解除するには

複雑な条件で行を抽出する

複数の条件で行を抽出する

フィルターを解除する

35 データの順番を並べ替えるには `並べ替え` 122

データを並べ替える

複数の条件でデータを並べ替える

`スキルアップ` 先頭行を見出しにする 123

36 先頭の項目を常に表示するには `ウィンドウ枠の固定` 124

ウィンドウ枠を固定する

行や列の一部を非表示にする

`この章のまとめ` 効率のよい方法をマスターしよう 126

基本編

第5章 数式や関数を使って正確に計算しよう 127

37 数式とそのルールを知ろう Introduction 128
数式の基本を押さえよう
セルの参照や演算子を使おう

38 セルの値を使って計算するには 数式の入力 130
他のセルを参照して計算する
矢印キーでセルを選択して計算する

39 数式や値を貼り付けるには 数式のコピー、値の貼り付け 132
数式をコピーして貼り付ける
計算結果を貼り付ける

40 文字データを結合するには 文字データの結合 134
セルの文字同士を結合する
セルの内容に文字を追加する

41 参照方式について覚えよう 参照方式 136
相対参照と絶対参照
参照方法を変更するには
絶対参照を入力するには

42 絶対参照を使った計算をするには 絶対参照 138
構成比を計算する

43 複合参照を使った計算をするには 複合参照 140
マトリックス型の計算をする

44 関数の仕組みを知ろう 関数の仕組み、入力方法 142
関数とは
関数の具体例を見る
関数を入力するには

45 関数で足し算をするには SUM関数、オートSUM 144
オートSUMで計算する

46 平均を求めるには AVERAGE関数 146
売上の平均を求める

47 四捨五入をするには ROUND関数 148
消費税を四捨五入する

できる 17

48 他のシートのデータを集計するには　他のシートの参照　150

他のシートのセルを参照する

49 累計を計算するには　累計の計算　152

相対参照のSUM関数を入力する

この章のまとめ　数式や関数で計算しよう　154

基本編

第**6**章　用途に応じて的確に表を印刷しよう　155

50 印刷時の注意点を押さえよう　Introduction　156

印刷プレビューで印刷後のイメージを確認しよう
印刷範囲やプラスアルファの設定で見やすくしよう

51 印刷の基本を覚えよう　印刷の基本　158

[印刷]画面を表示する
プリンターを選択する
印刷の向きを設定する
用紙の種類を設定する

スキルアップ　印刷部数を変更するには　160

余白を設定する

スキルアップ　余白を細かく設定するには　161

印刷する

52 表に合わせて印刷するには　印刷設定　162

1ページに収めて印刷する

スキルアップ　倍率を手動で設定するには　163

縦長の表を印刷する

53 改ページの位置を調整するには　改ページプレビュー　164

改ページプレビューを表示する
改ページの位置を変更する

54 ヘッダーやフッターを印刷するには　ヘッダー、フッター　166

ヘッダーの設定をする
フッターの設定をする

55 見出しを付けて印刷するには　印刷タイトル　168

タイトル行を設定する
タイトル列を設定する

56 印刷範囲を指定するには　印刷範囲　　170

印刷範囲を選択する

スキルアップ ［シート］画面から印刷範囲を設定できる　171

57 PDFファイルに出力するには　PDF出力　　172

［エクスポート］画面を表示する
PDFファイルを開く

スキルアップ Adobe Acrobat Readerを使おう　173

この章のまとめ　意図通りに印刷しよう　174

基本編

第7章 グラフと図形でデータを視覚化しよう　175

58 数値データを視覚的に表現しよう　Introduction　　176

グラフでデータを視覚化しよう
複数のデータを1つにまとめた複合グラフも作ろう

59 グラフを作るには　おすすめグラフ　　178

グラフの要素を確認する
棒グラフを作る
データを比較するグラフを作る

60 グラフの位置や大きさを変えるには　グラフの移動、大きさの変更　　182

グラフを移動する
グラフの大きさを変更する
グラフタイトルを変更する

スキルアップ グラフだけ別のシートに移動するには　183

61 グラフの色を変更するには　グラフの色の変更　　184

グラフ全体の色を変更する
系列ごとにグラフの色を変更する
個別にデータ要素の色を変更する

62 縦軸と横軸の表示を整えるには　グラフ要素　　188

グラフ要素の表示を切り替える

スキルアップ 特定の月だけデータラベルを表示するには　190

縦軸の最大値と最小値を変更する

できる　19

63 複合グラフを作るには 複合グラフ 192

2種類のグラフを挿入する
グラフを手動で変更する
第2軸の間隔を変更する

64 図形を挿入するには 図形の挿入 196

図形を挿入する
図形に文字を入力する
スキルアップ アイコンを挿入するには 197

65 図形の色を変更するには 図形の書式 198

図形の色や枠の色をまとめて変更する
スキルアップ 図形や文字の詳細な設定をするには 198
図形の色や枠の色を個別に変更する

66 図形の位置やサイズを変更するには 図形の位置やサイズの変更 200

図形を移動する
図形のサイズを変更する

この章のまとめ データを視覚的に見やすくしよう 202

活用編

第8章 データ集計に必須！ ビジネスで役立つ厳選関数 203

67 数を使うメリットを知ろう Introduction 204

よく使われる関数から覚えよう
様々な表でよく使われる関数

68 条件に合うデータのみを合計するには SUMIFS関数 206

使用例 取引先名が「ベスト食品」の金額合計を計算する
使用例 取引先名が「ベスト食品」、月が「1」の金額合計を計算する

69 条件に合うデータの件数を合計するには COUNTIFS関数 210

使用例 部署が営業部の人数を計算する

70 一覧表から条件に合うデータを探すには VLOOKUP関数 212

使用例 商品コード「A002」を商品一覧から探して対応する商品名を表示する

71 VLOOKUP関数のエラーに対処するには VLOOKUP関数のエラー対処 214

「#REF!」エラーに対処する
「#N/A」エラーに対処する

72 IFERROR関数でエラーを表示しないようにするには　IFERROR関数　216

使用例　対応する商品名が存在しない場合に空欄を表示する

73 条件によってセルに表示する内容を変更するには　IF関数　218

使用例　達成率が100%以上であれば「達成」と表示する

74 端数の切り上げや切り捨てを計算するには　ROUNDUP関数、ROUNDDOWN関数　220

使用例　定価×割引率の結果を整数に切り上げる

この章のまとめ　重要な関数の使い方を覚えよう　222

活用編

第9章 ミスを撲滅！ 関数でデータの抽出・整形を効率化 223

75 ミスを防ぎながら時短しよう　Introduction　224

データの抽出や整形にも関数が役立つ！
Excel 2024の最新関数を使おう

76 日付を処理するには　日付の処理　226

シリアル値とは
日付をシリアル値で表示する
翌日の日付を計算するには

77 月を抽出するには　MONTH関数　228

スキルアップ　年や日を抽出するには　228

使用例　指定した日付から月を取得する

78 前月や翌月を求めるには　DATE関数　230

使用例1　指定した年月日の日付データを作る
使用例2　月初の日付データを作る
使用例3　月末の日付データを作る
スキルアップ　前月・翌月の月末を計算するには　232
使用例4　指定した年月の15日の日付データを作る
スキルアップ　YEAR関数とMONTH関数を組み合わせて使うには　233

79 日付の書式を曜日に変更するには　TEXT関数　234

日付データから曜日の文字列データを作る
スキルアップ　曜日別に集計するには　235

できる　21

80 **商品コードの一部を抽出するには** (LEFT関数、RIGHT関数) 236

使用例 商品コードの左2桁を抽出する

スキルアップ RIGHT関数を使って右側から抽出するには 237

81 **商品コードの中心を抽出するには** (MID関数) 238

使用例 商品コードの3文字目から4文字分を抽出する

スキルアップ LEFT関数、RIGHT関数、MID関数の指定位置を覚えよう 239

82 **半角文字を全角にするには** (JIS関数) 240

使用例 会社名を全角に変換する

スキルアップ 全角文字を半角文字にするには 241

83 **複数セルの計算を一気に行うには** (スピル①) 242

税込単価を一気に計算する
税抜合計金額を一気に計算する
税込合計金額を一気に表示する

84 **関数で複数セルの計算を一気に行うには** (スピル②) 244

売上割合を絶対参照を使わず一気に計算する
20%以上の売上割合にマークを一気に付ける

85 **重複したデータを削除するには** (UNIQUE関数) 246

使用例 商品名から重複を取り除いたデータを作成する

スキルアップ 複数の列の組み合わせで重複データを削除する 247

86 **XLOOKUP関数で条件に合うデータを探すには** (XLOOKUP関数) 248

使用例 「B001」をコード列から探して対応する商品名を表示する

87 **条件に合う複数の行を抽出するには** (FILTER関数) 250

使用例 取引先名が「マックス」の行だけを抽出する

スキルアップ 「該当なし」と表示するには 251

88 **関数を使ってデータを並べ替えるには** (SORT関数) 252

使用例 データを売上高の降順に並べ替える

スキルアップ SORTBY関数で並べ替えの条件を別途指定する 253

89 **名字と名前を分離するには** (TEXTSPLIT関数) 254

使用例 氏名を空白スペースで分割する

スキルアップ 行・列両方に分割する 255

90 複数のシートに分かれた表を結合するには　VSTACK関数　256

使用例1　1月と2月のデータを縦に結合する

使用例2　1月から3月の表を縦に結合する

この章のまとめ　手作業の代わりに関数を使おう　258

活用編

第10章　条件に応じて可視化！　表を効果的に見せる書式の活用　259

91 データが並ぶ表を見やすくしよう　Introduction　260

効率よく表の見栄えを整えるには

傾向や数値の大小をセル内で可視化できる

92 ユーザー定義書式を活用するには　ユーザー定義書式　262

数値を千円単位で四捨五入して表示する

ユーザー定義書式を設定する

93 特定の文字が入力されたセルを強調表示する　条件付き書式　264

特定の文字を含むセルを強調表示する

指定した文字を含むセルを強調表示する

特定の文字から始まるセルを強調表示する

94 売上が上位の項目を強調表示する　上位10項目　268

売上増加額の上位3件を強調表示する

上位のセルを強調表示する

スキルアップ　特定の割合以上のセルを強調表示する　269

95 指定した日付の範囲を強調表示する　指定の範囲内　270

出荷予定日が一定期間内のものを強調表示する

特定の日付範囲を強調表示する

スキルアップ　今日の日付が入力されたセルを強調表示する　271

96 数値の大小に応じて背景色を塗り分ける　カラースケール　272

カラースケールやアイコンセットで数値の大小を視覚化する

増減率に応じて背景色を塗り分ける

増減額の大小をアイコンで表示する

97 セルにミニグラフを表示する　データバー　274

データバーで数値の大小を視覚化する

構成比のデータにデータバーを表示する

個別に色を指定してデータバーを表示する

できる　23

98 条件付き書式を編集・削除するには　ルールの管理　276

条件付き書式で設定したルールを管理する
選択した範囲の条件付き書式を削除する
一部の条件付き書式だけを削除する
条件付き書式を編集する

この章のまとめ　自動で書式を設定しよう　280

活用編

第11章　大量のデータも効率よく。データを素早く集計する　281

99 効率よく処理・集計する機能を知ろう　Introduction　282

データベース化したときに「テーブル」が役立つ！
「ピボットテーブル」ならデータの集計が瞬時にできる！

100 表をテーブルにして集計作業の効率を上げよう　テーブル　284

通常の表をテーブルにする
テーブル名を変更する
テーブルを通常の表に戻す

101 テーブルに数式を入力するには　テーブルの数式　286

同じ行を参照する数式を入力する
テーブル内の金額を集計する

スキルアップ　テーブルに適した表って？　289

102 ピボットテーブルを作るには　ピボットテーブル　290

ピボットテーブルとは
ピボットテーブルを挿入する
フィールドを設定する

103 集計の切り口を変えるには　フィールドの変更　294

フィールドを削除する
フィールドを追加する

104 ピボットテーブルを更新するには　データの更新　296

元データを更新する

スキルアップ　テーブル化するとデータを追加できる　297

ピボットテーブルを更新する

105 期間を変えて集計するには　期間を変えて集計　298

四半期ごとの集計を確認する

フィールドを展開する
小計を非表示にする
月別に表示する
日付別に表示する
月別の表示に戻す

106 フィールドの集計方法を変更するには　値フィールドの設定　302

集計方法を合計から個数に変更する

107 列全体に対する比率を表示するには　計算の種類　304

列全体に対する比率を表示する

108 ピボットテーブルの内容をグラフ化するには　ピボットグラフ　306

ピボットグラフを作成する
四半期単位でグラフにデータを表示する

この章のまとめ　メリットを踏まえて活用しよう　308

活用編

第12章　外部ファイルやデータ共有に役立つ便利ワザ　309

109 データ共有に役立つテクニックを知ろう　Introduction　310

必要な人に必要な内容を共有しよう
CSVファイルの読み込みやOneDriveのテクニックも解説

110 セルにコメントを追加するには　コメント　312

データの内容についてコメントを残す
セルにコメントを追加する
コメントの内容を変更する

111 シートを非表示・再表示するには　シートの非表示・再表示　314

一部のシートを非表示にする
シートを非表示にする
非表示にしたシートを再表示する

112 ブックにパスワードを設定するには　ブックの保護　316

パスワードを設定してブックを保護する
ブックにパスワードを設定する
パスワードが設定されたブックを開く

113 OneDriveに保存するには　OneDrive　318

OneDriveについて知ろう

できる　25

OneDriveにファイルを保存する
OneDriveのファイルを開く
OneDriveにあるブックを編集する

114 CSV形式のファイルを読み込むには CSV形式 322

CSV形式のファイルを読み込む際の注意点
CSVファイルをメモ帳で開く
区切り位置指定ウィザードを起動する
データ形式を選択する

この章のまとめ データを適切に共有しよう 326

活用編

第13章 生成AIで時短！ 表やグラフを瞬時に生成する 327

115 AIアシスタントを役立てよう Introduction 328

わからないことを手軽に相談できる
Excelで作った表を操作することもできる

スキルアップ Copilotを使うために必要な契約 329

116 Microsoft Copilotで関数の使い方を調べる Copilot 330

Excel関数の数式を教えてもらう

117 ExcelでCopilotを使ってみよう Microsoft 365のCopilot 332

自動保存を有効にする
目立たせたいデータを指示して強調表示する

118 Copilotで表に列を追加する 列の追加 334

追加したい列を指示して列を挿入する
別シートのデータを使った列を挿入する

119 表のデータを集計してグラフを作る グラフの追加 336

月別・商品別に金額を集計してグラフを作る

120 グラフを提案してもらい一覧で表示する データの分析 338

どのような分析ができるか提案してもらう

この章のまとめ AIに作業を手伝ってもらおう 340

付録　ショートカットキー一覧 341

用語集 342

索引 347

本書の構成

本書は手順を1つずつ学べる「基本編」、便利な操作をバリエーション豊かに揃えた「活用編」の2部で、Excelの基礎から応用まで無理なく身に付くように構成されています。

基本編 第1章〜第7章
基本的な操作方法から、数式や関数の使い方、グラフや表の印刷など、Excelの基本についてひと通り解説します。最初から続けて読むことで、Excelの操作がよく身に付きます。

活用編 第8章〜第13章
よく使う関数をはじめ、データベース、ピボットテーブルなど便利な機能を紹介します。興味のある部分を拾い読みして、サンプルを操作することで学びが深まります。

用語集・索引
重要なキーワードを解説した用語集、知りたいことから調べられる索引などを収録。基本編、活用編と連動させることで、Excelについての理解がさらに深まります。

登場人物紹介

Excelを皆さんと一緒に学ぶ生徒と先生を紹介します。各章の冒頭にある「イントロダクション」、最後にある「この章のまとめ」で登場します。それぞれの章で学ぶ内容や、重要なポイントを説明していますので、ぜひご参照ください。

北島タクミ（きたじまたくみ）
元気が取り柄の若手社会人。うっかりミスが多いが、憎めない性格で周りの人がフォローしてくれる。好きな食べ物はカレーライス。

南マヤ（みなみまや）
タクミの同期。しっかり者で周囲の信頼も厚い。タクミがミスをしたときは、おやつを条件にフォローする。好きなコーヒー豆はマンデリン。

エクセル先生
Excelのすべてをマスターし、その素晴らしさを広めている先生。基本から活用まで幅広いExcelの疑問に答える。好きな関数はVLOOKUP。

ご購入・ご利用の前に必ずお読みください

本書は、2024 年 10 月現在の情報をもとに「Microsoft Excel 2024」の操作方法について解説しています。
本書の発行後に「Microsoft Excel 2024」の機能や操作方法、画面などが変更された場合、本書の掲載内容
通りに操作できなくなる可能性があります。本書発行後の情報については、弊社の Web ページ（https://
book.impress.co.jp/）などで可能な限りお知らせいたしますが、すべての情報の即時掲載ならびに、確実な
解決をお約束することはできかねます。また本書の運用により生じる、直接的、または間接的な損害について、
著者ならびに弊社では一切の責任を負いかねます。あらかじめご理解、ご了承ください。

本書で紹介している内容のご質問につきましては、巻末をご参照のうえ、お問い合わせフォームかメールに
て問い合わせください。電話や FAX 等でのご質問には対応しておりません。また、本書の発行後に発生し
た利用手順やサービスの変更に関しては、お答えしかねる場合があることをご了承ください。

基本編

第1章

Excelの超基礎！ 画面や ブックの扱い方を知ろう

Excelの基本的な知識を始め、起動、終了の操作方法や、画面構成について紹介します。バージョンアップによって変わった部分もあるので、確認しておきましょう。

01	Excelとは何か知ろう	30
02	Excelを起動するには	32
03	Excelの画面構成を確認しよう	34
04	ファイルを開くには	36
05	ファイルを保存するには	38
06	シートの挿入・削除・名前を変更するには	40
07	シートを移動・コピーするには	42
08	同じブックの別のシートを比較するには	44
09	Excelの設定を変更するには	46

レッスン
01

Introduction この章で学ぶこと

Excelとは何か知ろう

Excelは、格子状のマス目にデータを入力して様々な表を作成する「表計算ソフト」です。大量のデータを蓄積、数式で自動計算を行い、集計結果を表やグラフにまとめて、見やすい書類を作成できます。ここで改めて、どのような機能を持っているのか確認しておきましょう。

基本編 第1章 Excelの超基礎！ 画面やブックの扱い方を知ろう

多彩な機能が備わった表計算ソフト

Excelは、表を作って計算するときに使うもの、でしょ。そんなこともう知っています！

その通りなんだけど、Excelで何ができるのか知っておかないと、無駄な作業や、ミスの発生にもつながる。正確かつ効率的に扱うためにも、Excelで何ができるかを知っておくことは大切なんだ！

Excelなら電卓などよりも高度な計算ができて、100万項目以上の膨大なデータを扱える

数式や関数を使って複雑な計算ができる

でも結局、計算するためのソフト、ってことには変わりないと思うんですが。

もちろん、優秀な計算機能を持っているけど、Excelを数値の計算に使うだけではもったいない！ Excelの機能はとても多彩なんだよ。

30 できる

集計・分析に役立つ機能がたくさん！

01

この章で学ぶこと

例えば、大量のデータを蓄積した「データベース」を適切に作成しておけば、Excelの機能で一部のデータだけを瞬時に抽出したり、マウスの操作だけで集計表が作成できたりするんだ！

適切な形式でデータベースを作成しておけば、蓄積した中から瞬時に必要なデータを取り出して、分析や集計に活用できる

	A	B	C	D	E	F	G	H	I
1	日付	取引先名	商品名	数量	単価	金額	部門	担当者	
2	2023/10/1	丸一（株）	マウス	35	1,230	43,050	東京	金子	
3	2023/10/3	中城（株）	パソコン	40	89,846	3,593,840	東京	森川	
4	2023/10/6	しもだ（株）	パソコン	22	99,830	2,196,260	東京	金子	
5	2023/10/8	ポート（株）	ディスプレイ	19	24,360	462,840	大阪	岸本	
6	2023/10/9	ポート（株）	パソコン	25					
7	2023/10/10	ＣＳＣ（株）	マウス	48					
8	2023/10/11	しもだ（株）	キーボード	66					
9	2023/10/13	丸一（株）	ディスプレイ	57					
10	2023/10/15	（株）直商事	キーボード	19					
11	2023/10/16	丸一（株）	パソコン	42					
12	2023/10/17	ＣＳＣ（株）	キーボード	14					
13	2023/10/20	ベスト（株）	パソコン	30					

◆ピボットテーブル
データベース形式の表を基に簡単に集計表を作成できる

	A	B	C	D	E	F
1	各商品の月別売上					
2						
3	合計 / 金額	列ラベル				
4	行ラベル	10月	11月	12月	総計	
5	HDD	2,457,180	5,645,330	7,583,640	15,686,150	
6	キーボード	233,640	726,345	502,915	1,462,900	
7	ディスプレイ	5,139,960	9,281,160	3,995,040	18,416,160	
8	パソコン	19,317,067	11,243,573	34,542,940	65,103,580	
9	マウス	102,090	256,306	303,945	662,341	
10	総計	27,249,937	27,152,714	46,928,480	101,331,131	

正しい形で作成しておかないと、その後の作業が非効率になってしまうんですね。

グラフの作成もExcelならとても楽！　グラフなら推移や傾向がわかりやすく可視化されるよ。

グラフを使ってデータを簡単に視覚化できる

データベースにピボットテーブル……。なんだか難しそう！　これからしっかり学んでいきたいです。

いやいや、そう難しいものではないよ！　何はともあれ、大切なのは基礎。まずはこの章でExcelの基本を学ぼう！

できる　31

レッスン 02 Excelを起動するには

Excelの起動・終了 / 練習用ファイル なし

Excelを起動するには、WindowsのスタートメニューからExcelのアイコンをクリックしましょう。Excelのファイルがフォルダーなどに入っている場合は、そのファイルをダブルクリックして起動することもできます。Excelを終了するときには、右上の［閉じる］ボタンをクリックしましょう。

1 Excelを起動するには

1 ［スタート］をクリック
2 ［Excel］をクリック

スタート画面が表示された 3 ［空白のブック］をクリック

キーワード
Windows 11	P.342
ブック	P.346

使いこなしのヒント
スタートメニューに表示されないときは

パソコンの機種によってはExcelのアイコンがスタートメニューに表示されない場合があります。その場合はスタートメニューの［すべてのアプリ］をクリックして、アプリの一覧から探しましょう。

ショートカットキー
［スタート］メニューの表示
⊞ / Ctrl + Esc

用語解説
スタート画面

Excelを起動した直後に表示される画面。この画面から、新しくデータを作成したり、既存のデータを開くことができます。

用語解説
Backstageビュー

Backstageビューとは、［ファイル］タブ選択時に表示される画面です。ファイルの新規作成や、既存ファイルを開く操作などができます。

● 空白のブックが表示された

新しい空白のブックが表示された

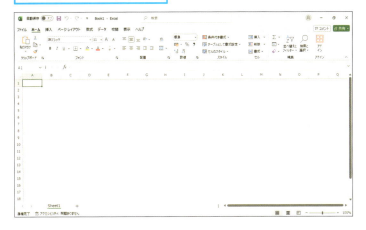

2 Excelを終了するには

ここではファイルを保存せずに終了する

1 [閉じる]をクリック

Excelが終了する

Excelが終了して、デスクトップが表示された

用語解説

ブック

Excelでデータを作成・保存するファイルのことをいいます。通常、ブックとファイルは同じ意味だと考えておけば、問題はありません。

時短ワザ

Excelをタスクバーにピン留めをする

Excelのアイコン上で右クリックして、メニューから「タスクバーにピン留めをする」をクリックすると、Excelをタスクバーに常に表示させることができます。以降は、タスクバーのExcelのアイコンをクリックすると手順1のスタート画面が表示されます。

1 [Excel]を右クリック

2 [タスクバーにピン留めする]をクリック

ショートカットキー

アプリの終了　　Alt + F4

まとめ　Excelの起動と終了を覚えよう

Excelの基本的な操作として、起動と終了の方法を紹介しました。Excelのファイルをダブルクリックしても Excelを起動することはできますが、新規にファイルを作成したり、Excelを起動してからファイルを開きたい場合などは、スタートメニューから起動しましょう。Excelを起動することが多い場合は、「時短ワザ」で紹介したタスクバーにピン留めする方法が便利です。ぜひ試してみてください。

レッスン 03 Excelの画面構成を確認しよう

各部の名称、役割　　　　　　　　　　　　練習用ファイル　なし

Excelの画面で、どこに何が配置されているかを確認しましょう。各パーツの名前すべてを無理に暗記する必要はありません。見慣れない名前が出てきたら、このページに戻って場所を確認してください。

キーワード

シート	P.344
セル	P.344

Excel 2024の画面構成

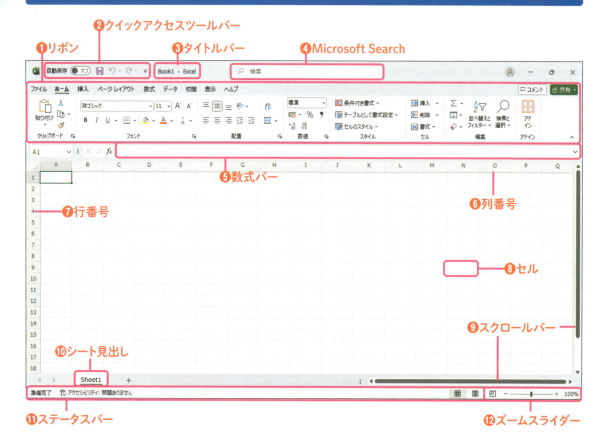

❶リボン　❷クイックアクセスツールバー　❸タイトルバー　❹Microsoft Search　❺数式バー　❻列番号　❼行番号　❽セル　❾スクロールバー　❿シート見出し　⓫ステータスバー　⓬ズームスライダー

❶リボン

いわゆるメニューです。ここをクリックすることで、Excelの主要な操作を行うことができます。

タブを切り替えて、目的の作業を行う

❷クイックアクセスツールバー
よく使う機能を、すぐに実行できるようにボタンとして配置できる場所です。

❸タイトルバー
現在操作をしているブックの名前が表示されます。

❹Microsoft Search
メニューを操作する代わりに、行いたい操作内容を文字で入力して操作メニューを呼び出すことができます。

❺数式バー
現在操作をしているセル（アクティブセル）に入力された内容が表示されます。

❻列番号
各セルの「列」を表す番号です。Aから順番にB、C・・・Z、AA、AB・・・と英文字を使って表します。

❼行番号
各セルの「行」を表す番号です。1から順番に2、3・・・と数字を使って表します。

❽セル
1つ1つのマス目です。このマス目にデータを入力していきます。

❾スクロールバー
上下・左右に動かして、シートの表示範囲をずらすことができます。

❿シート見出し
シートの一覧が表示されます。現在操作しているシートは背景色が白色で表示されます。

⓫ステータスバー
Excelの状態が表示されます。例えば、セルへの入力時に「入力モード」が表示されたり、複数セルを選択したときに「合計」「件数」などが表示されます。

ワークシートの作業状態が表示される

ここをクリックして［ズーム］ダイアログボックスを表示しても、画面の表示サイズを任意に切り替えられる

⓬ズームスライダー
表示倍率を変えることができます。

💡 使いこなしのヒント
ステータスバーに注目しよう
ステータスバーに表示される内容は操作をするごとに大きく変わります。有用な情報が表示される場合もありますので、今後、操作に応じて、どのような内容が表示されるか気を付けて見てみてください。

⚠ ここに注意
リボンのボタンの並び方は画面の横解像度（画面の横方向に何ドット分表示できるか）に応じて変わります。画面の横幅が狭くなると、アイコンの横に操作名が表示されなくなったり、複数のアイコンが1つのアイコンに統合される場合があります。本書では「1280×800」の解像度で表示された画面を紙面で再現しています。

💡 使いこなしのヒント
状況によって追加で表示されるタブがある
シート上の操作に応じて、追加で表示されるタブがあります。追加で表示されるタブには、そのとき行っている操作に関連するメニューがまとめられています。

まとめ　まずは［リボン］を覚えよう
今回、紹介したパーツの中で一番頻繁に使用するのが［リボン］です。まずは、画面上部のメニューのことをリボンと呼ぶこと、リボンの表示項目はタブで切り替えられることを覚えておきましょう。他の要素については、本書を読みながら使い方も含めて学んでいきましょう。

レッスン 04 ファイルを開くには

ファイルを開く　　　　　　　　　　練習用ファイル　L004_開く.xlsx

作成済みのブックを開くには、エクスプローラーでファイルをダブルクリックするか、Excelを起動してから［ファイルを開く］ダイアログボックスを使ってファイルを開きましょう。なお［開く］画面では、最近使ったファイル一覧も表示されます。

キーワード
ダイアログボックス	P.345
ブック	P.346
リボン	P.346

ショートカットキー
ファイルを開く　　Ctrl + O

1 Excelからファイルを開く

Excelを起動しておく

1 ［開く］をクリック
2 ［参照］をクリック

［ファイルを開く］ダイアログボックスが表示された

3 ファイルの保存場所を選択
4 ファイルをクリック

5 ［開く］をクリック
選択したファイルが開く

使いこなしのヒント
作業中にファイルを開くには

ファイルを開いているときに、他のファイルを開きたいときはリボンの［ファイル］タブをクリックして［開く］-［参照］をクリックすると、［ファイルを開く］ダイアログボックスが表示されます。

1 ［ファイル］タブをクリック

2 ［開く］をクリック
3 ［参照］をクリック

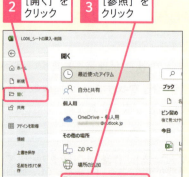

表示された［ファイルを開く］ダイアログボックスで、開くファイルを選択する

2 アイコンからファイルを開く

デスクトップを表示しておく　　1 ［エクスプローラー］をクリック

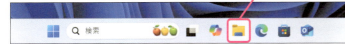

2 ファイルの保存場所を選択　　3 ［502027］をダブルクリック

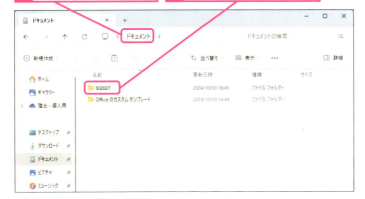

4 ［第1章］をダブルクリック

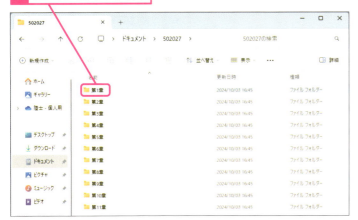

5 ファイルをダブルクリック

Excelが起動して、選択したファイルが開いた

ショートカットキー

エクスプローラーの起動　　⊞ + E

使いこなしのヒント
Excelで開くことができるファイル

Excelのアイコンが表示されているファイルは、ダブルクリックするとExcelで開けます。

使いこなしのヒント
本書の練習用ファイルについて

本書ではレッスンの内容に応じた「練習用ファイル」を用意しています。レッスンの最初のページの「練習用ファイル」に表示されているファイルを開き、参照しながら本を読み進めてください。練習用ファイルのダウンロード方法などについては本書の6ページを参照してください。

まとめ　ファイルの開き方を使い分けよう

直近で使ったファイルを開くときには［開く］画面から探すと便利です。一方で、久しぶりに使うファイルを開くときには、エクスプローラーでファイルを保存したフォルダーまで行きダブルクリックで開くほうが便利です。最後にファイルを使った時期に応じて、ファイルの開き方を使い分けましょう。

レッスン 05 ファイルを保存するには

ファイルの保存　　　　　　　　　　　　　　練習用ファイル　L005_ファイルの保存.xlsx

Excelでデータを作成したらファイルを保存しましょう。ブックごとに1つのファイルとして保存されます。名前を付けて保存をすれば、前の状態のファイルを残して、別ファイルとして保存することもできます。

1 ファイルを上書き保存する

1 [ファイル] タブをクリック

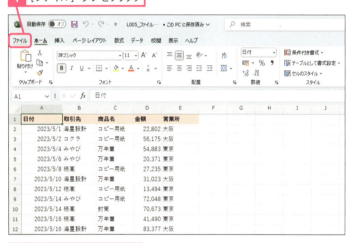

2 [上書き保存] をクリック

同じ保存場所で、ファイルが上書き保存される

キーワード
OneDrive　　　　　　　　　P.342
ブック　　　　　　　　　　P.346

ショートカットキー
上書き保存　　　　　　　Ctrl + S

使いこなしのヒント
上書き保存と名前を付けて保存の違いを知ろう

上書き保存をすると、データを元のファイルに保存します。元のファイルは上書きされるので編集前の内容は消えます。一方で、名前を付けて保存をすると、データを別のファイルに保存します。編集前の内容は、元のファイルにそのまま残ります。

時短ワザ
上書き保存する

画面左上のアイコンをクリックすると、上書き保存ができます。

使いこなしのヒント
[OneDriveに保存する] 画面が表示されたときは

未保存のファイルを上書き保存しようとすると、既存のファイルがなく上書き保存ができないため、自動的に [名前を付けて保存] の操作画面に移行します。このとき [OneDriveに保存する] 画面が表示される場合があります。[その他のオプション] をクリックすると、通常の [名前を付けて保存] の操作画面に移動することができます。

使いこなしのヒント
保存せずにファイルを閉じてしまった場合は

未保存でファイルを閉じてしまった場合でも、Excelが途中経過のファイルを内部で一時的に保存して、それを復元してくれる場合があります。ファイルが復元できる場合には、次にExcelを開いたときに確認画面が表示されるので、戻したいファイルを選択してください。なお、ファイルをOneDriveに保存しているときには、自動保存をするように設定できます。この設定をすると、数秒ごとにファイルが自動的に保存されます。

2 ファイルに名前を付けて保存する

手順1を参考に、Backstageビューを表示しておく

1 [名前を付けて保存] をクリック
2 [参照] をクリック

3 ファイルの保存場所を選択
4 ファイル名を入力
5 [保存] をクリック

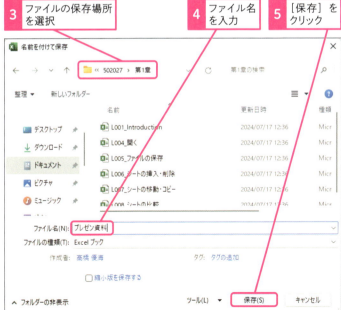

選択した保存場所に、新たにファイルが保存される

ショートカットキー

名前を付けて保存 　Alt + F2

使いこなしのヒント
ファイル名に使用できない文字がある

半角の「\」「/」「:」「*」「?」「"」「<」「>」「|」「[」「]」は、ファイル名として使用できません。その他の記号についても、トラブルの原因になりやすいため「-」（ハイフン）「_」（アンダーバー）以外の半角記号や、機種依存文字（丸数字の①など）は使わないことをおすすめします。

使いこなしのヒント
未保存のファイルを閉じると確認画面が表示される

保存して閉じるときには [保存する]、保存せずに閉じるときには [保存しない]、閉じないで元のファイルの編集を続けるときには [キャンセル] をクリックしてください。

まとめ　こまめにファイルを保存しよう

Excelには自動保存の機能がありますが、完全ではありません。変更した内容が消えてしまわないように、こまめにファイルを保存しましょう。ファイルを保存するときには、Ctrl + S を使いましょう。

レッスン 06 シートの挿入・削除・名前を変更するには

シートの挿入・削除

練習用ファイル　L006_シートの挿入・削除.xlsx

Excelでは、1つのブック内で複数のシートを作成することができます。複数の表を作成したい場合には、原則として、1つの表ごとに1つのシートを使って入力すると、わかりやすく整理ができます。

1 新しいシートを作成する

1 [新しいシート]をクリック

[Sheet2]という名前の新しいシートが作成された

さらにシートを追加する　　**2** [新しいシート]をクリック

[Sheet3]という名前の新しいシートが作成された

キーワード
アクティブシート	P.342
シート	P.344

用語解説
アクティブシート

操作対象として選択されているシートを「アクティブシート」といいます。アクティブシートは、シート一覧で背景色が白色で表示されます。

ショートカットキー
新しいシートを作成する
　　　　　　　Shift + F11

使いこなしのヒント
見出しをクリックすると表示されるシートが切り替わる

シート一覧のシート名の部分をクリックすると、選択したシートの内容が表示されます。以降、そのシートが、アクティブシートとして操作対象になります。

使いこなしのヒント
1つのシートには1つの表だけを入れよう

1つのブックの中に複数の表を作りたくなったときには、原則として新しくシートを挿入して表を作成するようにしましょう。例えば、1つ目のシートの明細データから集計資料を作るときには、2つ目のシートを追加して集計資料を作成しましょう。

2 シートを削除する

ここでは[Sheet3]シートを削除する

1 [Sheet3]を右クリック
2 [削除]をクリック

[Sheet3]シートが削除された

3 シートの名前を変更する

ここでは新しく作成した[Sheet2]シートの名前を、「集計」に変更する

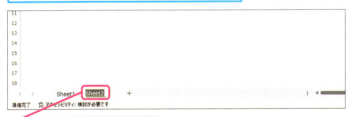

1 [Sheet2]をダブルクリック
2 「集計」と入力
3 Enter キーを押す

シートの名前が変更される

💡 使いこなしのヒント
1つのシートにデータをまとめたほうが良い場合

原則として、同じ形の表は複数のシートに分けずに1枚のシートにまとめて作ることをおすすめします。例えば、売上明細を作成するときに、1つ目のシートに1月分、2つ目のシートに2月分、というようにシートを分けて作成すると、作業効率を大きく下げる原因となります。まずは、1つのシートに、すべての月の売上明細をまとめた表を作成しましょう。ある月の売上明細だけを見たいときには、フィルターを使うと簡単に抽出できます。

⚠ ここに注意

シートを削除すると、元には戻せません。シート自体を戻すこともできませんし、シートに元々入力されていたデータを戻すこともできません。シートを削除しようとして警告が出た場合には、注意して操作するようにしてください。

💡 使いこなしのヒント
記号はシート名に使えない

シート名には半角の「:」「¥」「/」「?」「*」「[」「]」は使えません。なお、シート名は31文字まで付けられますが、長いシート名を付けると見にくくなるため、できるだけ短い名前を付けるようにしましょう。

まとめ シートの機能を上手に使おう

シートを分けると、作成する表をわかりやすく区分できます。原則として1つのシートには1つの表だけを入れ、複数の表を作りたいときはシートを分けましょう。また、シートが不要になったときには、そのままにしておくとわかりにくくなるので削除しましょう。

レッスン 07 シートを移動・コピーするには

シートの移動・コピー　　　　　　　　**練習用ファイル** L007_シートの移動・コピー.xlsx

シートの並び順は、マウス操作で簡単に変更できます。概要から詳細、新しいデータから古いデータなど、一定のルールに従ってシートを並べましょう。既存のシートに似たデータを作りたいときにはシートのコピーもできます。

キーワード
シート	P.344
ダイアログボックス	P.345

ショートカットキー
左のシートに移動する	Ctrl + Page Up
右のシートに移動する	Ctrl + Page Down

使いこなしのヒント
シート表示をスクロールする

全シート名がシート一覧に表示されていないときには、シート一覧の横向きの三角形 <　> をクリックして、目的のシートを表示させてください。

1 ここをクリック

シート表示の続きが表示された

1 シートを移動する

ここでは［集計］シートを、末尾に移動する

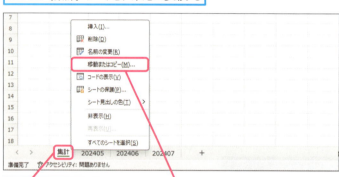

1 ［集計］を右クリック　　2 ［移動またはコピー］をクリック

［移動またはコピー］ダイアログボックスが表示された

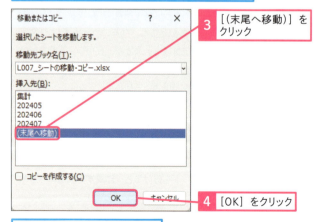

3 ［(末尾へ移動)］をクリック

4 ［OK］をクリック

［集計］シートが末尾に移動した

2 シートをコピーする

ここでは [202407] シートを [集計] シートの前にコピーする

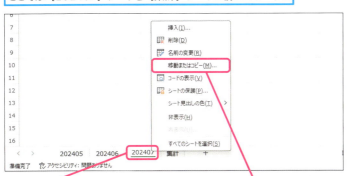

1 [202407] を右クリック
2 [移動またはコピー] をクリック

[移動またはコピー] ダイアログボックスが表示された

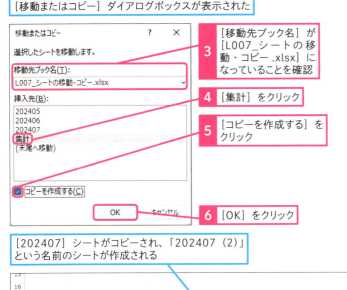

3 [移動先ブック名] が [L007_シートの移動・コピー .xlsx] になっていることを確認
4 [集計] をクリック
5 [コピーを作成する] をクリック
6 [OK] をクリック

[202407] シートがコピーされ、「202407（2）」という名前のシートが作成される

使いこなしのヒント
複数のシートを選択して移動することもできる

Ctrlキーを押しながらシートを選択すると複数のシートを選択できます。この状態で、本文で紹介したシートの移動やコピーの操作をすると、複数のシートをまとめて移動・コピーできます。移動やコピーが終わったら、意図しない動作を防ぐために、選択されているシート以外のシートを選択して、複数シートの選択を解除しておきましょう。なお、すべてのシートを選択している場合にはアクティブシート以外のシートを選択すると、複数シートの選択を解除できます。

まとめ
シートをわかりやすく整理しよう

複数のシートを作成するときには、一定のルールに基づいてシートを並べるようにしましょう。他の人が見たときに、シートが複数あることがわかりやすくなるように、1シート目に目次を作っておいてもよいでしょう。

使いこなしのヒント
ドラッグ操作でシートを移動・コピーする

シート名をドラッグして、シートの並び順を入れ替えることができます。また、Ctrlキーを押しながら、シート名をドラッグすると、シートをコピーできます。ただし、元のシートのすぐ左にはコピーできませんので注意してください。

●シートの移動

1 シート名をドラッグ

●シートのコピー

1 Ctrlキーを押しながらシート名をドラッグ

レッスン 08 同じブックの別のシートを比較するには

シートの比較 | 練習用ファイル L008_シートの比較.xlsx

同じブック内の複数のシートを同時に見たいときには、[新しいウィンドウを開く]機能を使って、ウィンドウを複数開きましょう。片方のウィンドウでデータを変更すると、もう片方のウィンドウに即座に反映します。

🔍 キーワード
Windows 11	P.342
ブック	P.346

💡 使いこなしのヒント
両方のウィンドウでの修正が反映される

複数のウィンドウを開いているときには、すべてのウィンドウでデータを変更できます。そして、変更内容は、すべてのウィンドウに即時反映されます。

1 同じブックを別のウィンドウで開く

1 [表示]タブをクリック
2 [新しいウィンドウを開く]をクリック

同じブックが別ウィンドウで開かれた
サムネイルに表示されるファイル名の横に枝番が付いた

3 タスクバーの[Excel]のボタンにマウスポインターを合わせる
同じブックが別ウィンドウで開いている

💡 使いこなしのヒント
任意のExcelのウィンドウを表示するには

[表示]タブの[ウィンドウの切り替え]を使うと、表示しているExcelのブックの中から、任意のブックだけを選択して表示することができます。複数のウィンドウの中から任意のブックを素早く表示したい場合に、この機能を使うと便利です。

2 ウィンドウを横に並べる

手順1を参考に、同じブックを別のウィンドウで開いておく
1つ目のウィンドウを選択しておく

1 [集計]をクリック

1 手順1を参考に[表示]タブをクリック
2 [ウィンドウの切り替え]をクリック

開いているブックを選んで表示を切り替えることができる

●ウィンドウをスナップする

2 ウィンドウの右端のここにマウスポインターを合わせる

配置したい位置を選択する

ここでは左端に配置する

3 ここをクリック

ウィンドウが左右に並んで表示された

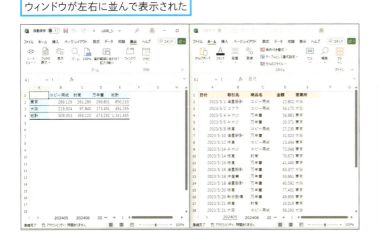

ショートカットキー

左右にスナップ

使いこなしのヒント
同じシートを開くこともできる

このレッスンでは同じブックの違うシートを開いて比較しますが、同じシートを開いて比較することもできます。縦や横に長い表の一部を比較したいときなどに使うと便利です。

使いこなしのヒント
ウィンドウを最大化するには

左右に並べて表示したウィンドウのうちどちらかを画面いっぱいに表示したいときは、[閉じる]の左にある最大化ボタンをクリックします。マウス操作の場合は、タイトルバーをクリックして画面の上にドラッグします。

まとめ
同じブック内の複数のシートを並べて表示する

[新しいウィンドウを開く]機能を使うと、同じブック内の複数のシートを同時に見ることができます。なお、ファイル保存時には開いているウィンドウの数も保存されることに注意してください。

スキルアップ
リボンの操作でウィンドウを整列するには

このレッスンではWindows 11の機能でウィンドウを整列しましたが、Excelのリボンからも同様の操作ができます。[表示]タブの[整列]をクリックして、[作業中のブックウィンドウを整列する]にチェックを入れると、ウィンドウを上下、左右に整列できます。ただし、画面は開いているブックの数で分割されます。Windows 11の機能とは異なり、任意のブックは選べないので注意しましょう。

1 [表示]タブをクリック　**2** [整列]をクリック

3 ここをクリック

4 [OK]をクリック

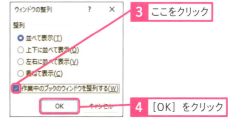

レッスン 09 Excelの設定を変更するには

Excelのオプション

練習用ファイル　なし

Excelは、個人の好みや環境に応じて設定を変えることができます。本レッスンでは、クイックアクセスツールバーに、指定した機能をボタンとして追加する方法を紹介します。よく使うボタンを追加すれば、わざわざリボンのタブを切り替えて元々のボタンを押さずに、簡単に指定した機能を実行できるようになります。

キーワード

オートコンプリート	P.343
リボン	P.346

使いこなしのヒント
［Excelのオプション］とは

［Excelのオプション］では、ファイルを自動保存するかどうか、新規ブック作成直後にシートを何枚作るか、などExcel全体の動きに関わる設定をすることができます。

1 ［Excelのオプション］を表示する

1 ［ファイル］タブをクリック
2 ［その他］をクリック
3 ［オプション］をクリック

［Excelのオプション］が表示された　ここでは特に操作をしない

4 ［OK］をクリックして閉じる

使いこなしのヒント
リボンを非表示にするには

リボンのタブの部分をダブルクリックすると、リボンの表示・非表示を切り替えられます。リボンを非表示にすると、縦方向にシートを表示する領域を増やせるので、データをたくさん表示したいときにはリボンを非表示にしましょう。

2 クイックアクセスツールバーにボタンを追加する

手順1を参考に［Excelのオプション］ダイアログボックスを表示しておく

1 ［クイックアクセスツールバー］をクリック

2 ［コマンドの選択］をクリック

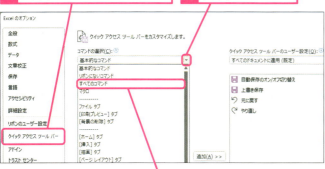

3 ［すべてのコマンドをクリック］をクリック

ここでは［新しいコメント］を追加する

4 ここをドラッグして下にスクロール

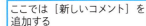

5 ［コメントの挿入］をクリック

6 ［追加］をクリック

選択した機能がクイックアクセスツールバーに追加された

7 ［OK］をクリック

クイックアクセスツールバーに、選択した機能が表示された

選択した機能が表示されたクリックすると、その機能を使用できる

用語解説
クイックアクセスツールバー

リボンの上または下に表示される領域で、メニューの中の好きな項目を登録できます。マウスでクリックするか、キーボードで Alt に続けて数字を入力すると、その機能を起動させることができます。なお、 Alt キーを押すと、各機能をどの数字で起動できるかが表示されます。

使いこなしのヒント
リボンからクイックアクセスツールバーに登録する

リボンに含まれる項目をクイックアクセスツールバーに追加したいときには、その項目の上で右クリックをして、右クリックメニューから［クイックアクセスツールバーに追加］を追加してください。なお、本文で紹介した手順であれば、［数式貼り付け］などリボンに含まれない項目も登録できます。

1 機能名を右クリック

2 ［クイックアクセスツールバーに追加］をクリック

まとめ　リボンの操作を覚えよう

［Excelのオプション］を変更すると、Excelの操作を好みに合わせて変えられます。ほとんどの項目は変更する必要はありませんが、本レッスンで紹介したクイックアクセスツールバーへの登録や、第2章で紹介する［オートコンプリート］の設定変更などは、うまく使えば作業効率が上げられます。積極的に活用してみてください。

この章のまとめ

用語を確認しながら読み進めよう

この章では、Excelの概要と基本的な操作を紹介しました。起動しやすいようにExcelをタスクバーに固定する設定はおすすめですので、ぜひ設定しておきましょう。また、本書の中では、「リボン」「行番号」「列番号」など、画面内の各要素を指す単語が、頻繁に出てきます。もし、読んでいて意味がわからない単語が出てきたときには、レッスン03「Excelの画面構成を確認しよう」に戻って、その都度確認してみてください。また、巻末の用語集では重要な用語を解説しています。こちらも合わせて参照して、学びを深めましょう。

❶リボン　❷クイックアクセスツールバー　❸タイトルバー　❹Microsoft Search　❺数式バー　❻列番号　❼行番号　❽セル　❾スクロールバー

改めて、Excelってすごいソフトですね！

使いやすくて奥が深い上に、バージョンアップされるごとにパワーアップしているんだ。

知らないこともけっこうありました～。覚えられるか心配……。

全部の機能を覚える必要はないから、本を読みながら必要なものを身に付けていこう。

基本編

第2章

セルの操作とデータ入力の基本をマスターしよう

この章ではExcelの基本的な操作を解説します。データの入力や編集、セルの幅や高さを変更する操作など、一通りできるようにしておきましょう。

10	セルとデータについて理解しよう	50
11	セルを選択するには	52
12	セルにデータを入力するには	54
13	様々なデータを入力するには	56
14	操作を元に戻すには	58
15	便利な入力機能を使うには	60
16	セルの幅や高さを変更するには	62
17	行・列の挿入や削除をするには	64
18	行や列の表示・非表示を変更するには	68

レッスン 10

Introduction この章で学ぶこと

セルとデータについて理解しよう

Excelではデータを1つ1つのマス目である「セル」に入力していきます。セルにデータを入力する際は、どのセルが選択されているのか、意識することが大切です。セルの選択やデータの入力は、基本中の基本なので、しっかりと確認しておきましょう。

基本編 第2章 セルの操作とデータ入力の基本をマスターしよう

最初のうちは「アクティブセル」を意識しよう

選択したセルにデータが入力できることは知ってるけど、「アクティブセル」って初めて聞いたなあ。

選択中のセルであり、入力の操作対象が「アクティブセル」だよ。データを入力する際には、セルを選択するわけだけど、思うように入力されないときはアクティブセルの場所を確認しよう！

◆アクティブセル
入力の対象となる選択中のセル

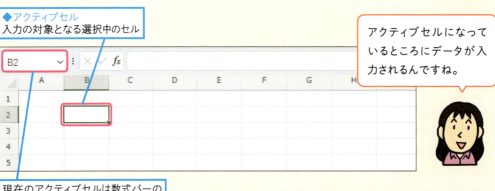

現在のアクティブセルは数式バーの「名前ボックス」に表示される

アクティブセルになっているところにデータが入力されるんですね。

複数のセルや、範囲を選択したときは、選択中のすべてのセルに色を付けたりできるけど、データが入力されるのは、そのときのアクティブセルなんだ。

複数のセルを選択したときは、その中の白いセルがアクティブセル

50 できる

Excelが入力した値を自動で判別する

そして、データの入力で知っておいてほしいのは、データには種類があること。文字列、数値、日付など様々なデータをセルに入力できるけど、Excelはデータが入力された際に、それらを判別するんだ！

自動で認識……。じゃあ、判別された結果は、どこで見ればいいんでしょうか。

セルにデータを入力したときの値の位置でおおよその判断が付くよ！

数値や日付・時刻の値はセルの右側に寄り、文字列はセルの左側に寄る

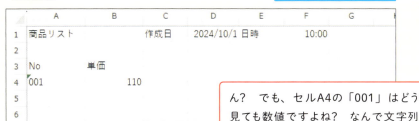

ん？　でも、セルA4の「001」はどう見ても数値ですよね？　なんで文字列と同じで左に寄っているんでしょうか。

数字だけのデータでも、入力の仕方によっては「数値」ではなく「文字列」にすることもできるんだ。この例の場合は先頭に「0」を表示させるために、あえて「文字列」になるようにしているのさ。

ちょっと難しくて、混乱してきました……。

「'001」と入力すると文字列として扱われる

データの扱われ方や見た目については、第3章で詳しく解説するから、ひとまずこの章では、データの種類をExcelが区別しているってことを押さえてほしい！

レッスン 11 セルを選択するには

セルの選択 　　　　　　　　　　　　　　　　　**練習用ファイル** なし

Excelで、データを操作するときの基本はセルです。セルにデータを入力したり、その他の操作をするときには、まず操作対象のセルを選択しましょう。1つのセルを選択する方法だけでなく、行・列など複数のセルや飛び飛びのセルをまとめて選択する方法も紹介します。

🔍 キーワード

セル	P.344
セル範囲	P.344

📖 用語解説

アクティブセル

アクティブセルとは処理対象となるセルのことをいいます。常に1つのセルだけがアクティブセルになります。アクティブセルは緑枠で囲まれ背景色が白色で表示されます。

1 セルやセル範囲を選択する

レッスン02を参考に空白のブックを表示しておく

1 セルB2をクリック

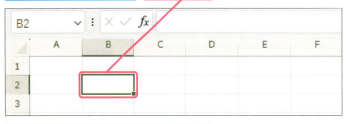

セルB2が選択され、アクティブセルになった

2 セルB2にマウスポインターを合わせる　　3 セルD3までドラッグ

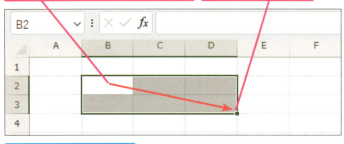

セルB2〜D3が選択された

💡 使いこなしのヒント

複数のセルを選択したときはどのセルがアクティブセルなの？

複数のセルを選択したときでもアクティブセルは常に1つだけです。手順1の「セルやセル範囲を選択する」の場合、選択したセル全体（セルB2〜D3）のことを選択済みセル、最初に選択したセル（セルB2）をアクティブセルと区別して呼びます。緑枠で囲まれた選択済みセルのうちでアクティブセルは背景色が白色で表示されます。

セルB2からセルD3にドラッグした場合、セルB2がアクティブセル

2 離れた場所のセルを複数選択する

1 セルA1をクリック　　2 Ctrlキーを押しながらセルC2をクリック

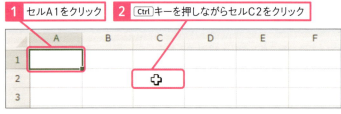

● 離れたセルが選択された

離れた場所のセルA1とセルC2を複数選択できた

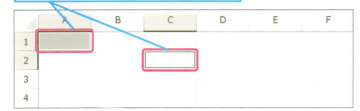

3 行を選択する

2行目全体が選択された

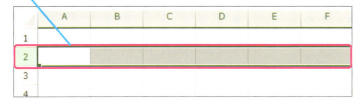

4 列を選択する

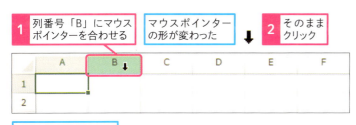

B列全体が選択された

使いこなしのヒント
複数の範囲を選択する

Ctrlキーを押して、複数の範囲を選択することもできます。

1 セルB2～B4を選択

2 Ctrlキーを押しながらセルD2にマウスポインターを合わせる

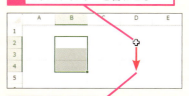

3 Ctrlキーを押したまま、セルD4までドラッグ

セルB2～B4と、セルD2～D4が選択された

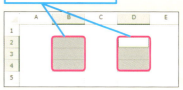

使いこなしのヒント
複数の行や列を選択するには

複数の行番号、複数の列番号にまたがるようにドラッグの操作をすると、複数の行、列全体を選択できます。

まとめ | **セルを選択する基本操作を理解しよう**

セルを選択したときには、選択したいセルをクリック、ドラッグしましょう。行番号や列番号をクリックやドラッグすると行全体、列全体を選択できることと、Ctrlキーで飛び飛びのセルを選択できることも覚えておきましょう。

レッスン 12 セルにデータを入力するには

データの入力 | 練習用ファイル なし

セルに値を入力したり、入力済みの値を修正・削除したりする方法を紹介します。対象のセルを左クリックで選択して操作をしていきましょう。セルをダブルクリックすると入力済みの文字列を一部だけ修正できます。

基本編 第2章 セルの操作とデータ入力の基本をマスターしよう

キーワード
日本語入力モード	P.345
入力モード	P.345

💡 使いこなしのヒント
入力の半角と全角を切り替えるには

一般的な日本語キーボードの場合は、入力の半角と全角を切り替えるには、キーボードの左上にある[半角/全角]キーを押します。

💡 使いこなしのヒント
入力を確定させるには

入力を確定させるには、[Enter]キーか[Tab]キーを押しましょう。[Enter]キーを押すと下のセルに、[Tab]キーを押すと右のセルに、アクティブセルが移動します。

💡 使いこなしのヒント
マウス操作でデータを消去するには

データを消去するセルを右クリックして、右クリックのメニューから[数式と値のクリア]をクリックするとデータを消去できます。

1 データを入力する

1. データを入力するセルをクリック
2. 「商品リスト」と入力
3. [Enter]キーを押す

データが入力されて、アクティブセルが下に移動した

2 入力したデータをすべて修正する

ここでは入力された「商品リスト」を「商品管理表」に修正する

1. 修正するデータが入力されたセルをクリック
2. 「商品管理表」と入力
3. [Enter]キーを押す

修正したデータが確定する

入力したデータが修正された

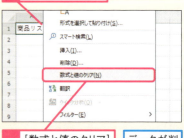

1. データを削除するセルを右クリック
2. [数式と値のクリア]をクリック

データが削除される

3 入力したデータの一部を修正する

4 データを消去する

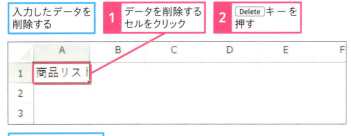

💡 使いこなしのヒント
矢印キーの挙動の違い

セルをダブルクリックして一部修正するときは矢印キーでセル内を移動できます。一方で、セルを一度だけクリックして新規入力・全修正するときに矢印キーを押すと隣のセルに移動します。セルの選択方法に応じて動きが変わるので注意しましょう。

⌨ ショートカットキー
編集/入力モードの切り替え　　F2

💡 使いこなしのヒント
セルの幅を超えたときは

セルからはみ出て表示されます。修正するときには、修正したいセルの内側をダブルクリックしましょう。

📙 まとめ　操作対象がセル全体か文字かを意識しよう

セルを1度クリックするとセル全体が操作対象に、セルをダブルクリックするとセル内部の文字が操作対象になります。特に、セルを1度クリックした後に文字の入力をすると、元々入力されていたデータがすべて消えることに注意しましょう。

レッスン
13 様々なデータを入力するには

数値や日付の入力　　　　　　　　　　　　　　　　**練習用ファイル** L013_数値や日付の入力.xlsx

数値・文字列・日付・時刻など、様々なデータを入力する方法を紹介します。0で始まる数字を入力する場合など、普通に入力すると入力内容と表示結果が変わってしまうときには、先頭に「'」を付けて入力しましょう。

1 日付を入力する

| 1 | セルD1をクリック | 2 | 「2024/10/1」と入力 | 3 | Tab キーを押す |

	A	B	C	D	E
1	商品リスト		作成日	2024/10/1	作成日時
2					
3	No	単価			

日付が入力されて、アクティブセルが右に移動した

	A	B	C	D	E
1	商品リスト		作成日	2024/10/1	作成日時
2					

2 時刻を入力する

| 1 | セルF1をクリック | 2 | 「10:00」と入力 |

	A	B	C	D	E	F
1	商品リスト		作成日	2024/10/1	作成日時	10:00
2						
3	No	単価				
4						
5						

| 3 | Tab キーを押す |

時刻が入力されて、アクティブセルが右に移動した

	A	B	C	D	E	F	G
1	商品リスト		作成日	2024/10/1	作成日時	10:00	
2							
3	No	単価					
4							
5							

🔍 キーワード

アクティブセル	P.342
表示形式	P.345

💡 使いこなしのヒント
半角と全角を切り替えよう

半角/全角 キーを押すと、半角入力（英数字や記号を入力できる状態）と全角入力（日本語などを入力できる状態）を切り替えられます。

💡 使いこなしのヒント
日付は年/月/日形式で入れよう

日付は「2024/2/1」など「年/月/日」の形式で入力をしましょう。一部を省略して「2/1」と入力すると「2月1日」、「2024/2」と入力すると「Feb-24」と表示されて、意図通りに表示されません。もし「2/1」「2024/2」のようなデータを入力したいときには、いったん「2024/2/1」と入力してから表示形式を設定しましょう（**レッスン21**参照）。なお、和暦を使って「令和6年2月1日」「R6.2.1」と入力することもできます。

💡 使いこなしのヒント
日付の見た目を変えるには

日付データの見た目を変えたいときには、**レッスン21**で紹介する「表示形式」を使いましょう。

3 数値を入力する

半角入力に切り替えておく

1 セルB4をクリック　2 「110」と入力　3 Enterキーを押す

数値が入力された

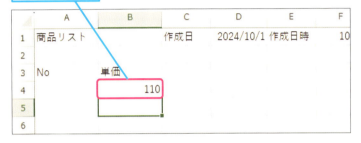

4 0で始まる数字を入力する

半角入力に切り替えておく　1 セルA4をクリック

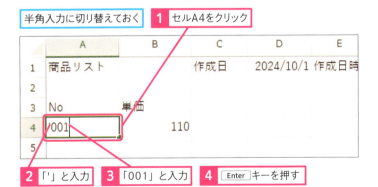

2 「'」と入力　3 「001」と入力　4 Enterキーを押す

0で始まる数字が入力された

使いこなしのヒント
日付や時刻を入力した後に数値を入力するには

日付や時刻を入力したセルに数値を入力しようとしても、正しく数値が表示されません。レッスン21で紹介する「表示形式」を再設定してください。

使いこなしのヒント
0で始まる数字を入力したいときは

「001」の他、「1-2-3」「(1)」など、そのまま入力すると違う値に変化してしまいます。その場合、最初に「'」を付けることで入力したままの形で表示することができます。先頭の「'」はアポストロフィと読み、Shift+7キーで入力することができます。これらの値を入力すると、セルの左上に緑色の三角マークが表示されます。これについては75ページで解説します。

「'001」と入力すると、セルには「001」と表示される

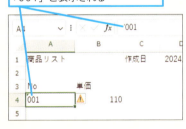

まとめ
入力内容が意図せず変化したときに注意

セルに「001」「(1)」「1-2-3」のようなデータを入力すると違う表示に変化します。このようなときには、先頭に「'」を付けると入力したままのデータを表示できます。一方で「2/1」「2024/2」など日付の一部を入力したいときには、先頭に「'」を付けるのではなくレッスン21で紹介する表示形式を使いましょう。

レッスン
14 操作を元に戻すには

元に戻す、やり直し　　　　　練習用ファイル　L014_元に戻す.xlsx

いったん行った操作を取り消して元に戻したり、元に戻す操作自体を取り消したりして再度やり直すことができます。セルへの文字入力だけでなく、ほとんどすべての操作を取り消して元に戻すことができます。

Q キーワード
セル	P.344
マクロ	P.346

ショートカットキー
元に戻す　　Ctrl + Z

1 操作を元に戻す

1 セルD3をクリック　2 「分類」と入力　3 Enter キーを押す

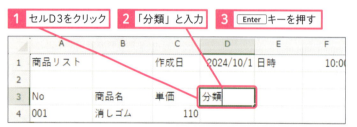

「分類」と入力された

4 ［元に戻す］をクリック

入力される前の状態に戻った

💡 使いこなしのヒント
履歴から操作を元に戻すには

［元に戻す］の右側のをクリックすると操作履歴が表示されます。戻したい操作にマウスポインターを合わせてクリックすると、直前の操作から選択した操作までを一気に取り消すことができます。

1 ［元に戻す］のここをクリック

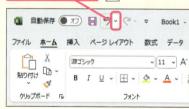

2 戻したい操作までマウスポインターを合わせてクリック

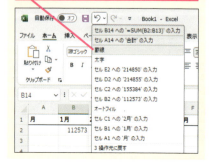

58　できる

👍 スキルアップ
処理を中断するには

セルへの入力中など処理の途中で、中断したいときには Esc キーを押します。処理によっては、Esc キーを複数回押す必要があるかもしれないことに注意しましょう。セル入力などの操作が終わった後に、処理を取り消したいときは、「元に戻す」の機能を使いましょう。

2 取り消した操作をやり直す

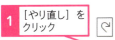

1 [やり直し] をクリック

取り消した操作がやり直された

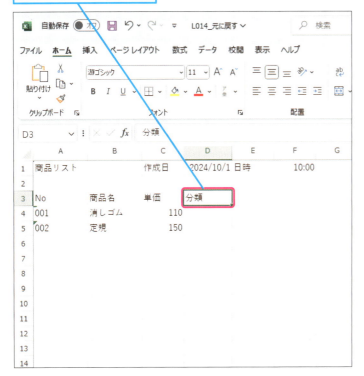

⌨ ショートカットキー
やり直し　　　　Ctrl + Y

💡 使いこなしのヒント
元に戻せない操作もある

シートを削除した後や、マクロを実行した後など、特定の操作をすると [元に戻す] の機能が使えなくなる場合があります。また、ブックを閉じた後や、再度開きなおしたときにも元に戻すことはできません。

👉 まとめ
とりあえず試してダメなら元に戻そう

操作した結果がどうなるか予想できない場合でも、とりあえず操作をして結果を確認してみましょう。意図通りにならなくても元に戻せるので、適当に操作をしても大きな支障はありません。元に戻し過ぎてしまったときには、やり直しの機能を使いましょう。

レッスン 15 便利な入力機能を使うには

オートコンプリート、オートコレクト

練習用ファイル L015_入力支援.xlsx

Excelでデータを入力するときには、オートコンプリート・オートコレクトなど様々な入力支援機能が働きます。それぞれの機能がどういうものかを把握して上手に使いましょう。邪魔なときには機能を無効化することもできます。

🔍 キーワード

セル	P.344
日本語入力モード	P.345

用語解説

オートコンプリート

データ入力時に同じ列の似たデータを入力候補として表示する機能です。同じデータの連続入力時には便利ですが、似て非なるデータの入力時には邪魔なときもあります。

1 入力候補から入力する

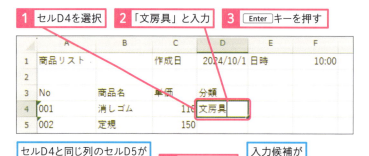

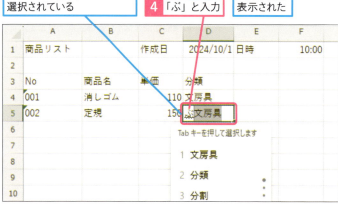

💡 使いこなしのヒント

予測変換機能を使って入力するには

日本語の一部を入力すると、入力箇所の下に変換候補の一覧が表示されます。表示された変換候補をクリックすると、その内容を入力できます。

2 入力内容を自動的に変換する

ここでは著作権表示を表す「マルシーマーク」に変換する

1 セルA2を選択

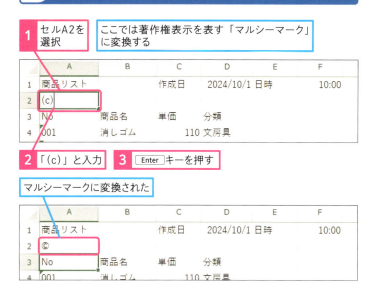

2 「(c)」と入力
3 Enter キーを押す

マルシーマークに変換された

用語解説
オートコレクト

事前の設定に従い、特定の文字を入力すると別の文字に自動修正される機能です。入力ミスの修正などに便利な一方、入力した文字が意図せず別の文字に置き換わる場合もあります。

まとめ
不要な機能は無効化しよう

オートコンプリート、オートコレクト、入力オートフォーマットなどの機能は作業内容によっては、かえって邪魔になる場合もあります。これらの機能が不要なときにはスキルアップを参考に無効化しましょう。

スキルアップ
自動入力されないように設定するには

オートコンプリートやオートコレクトは便利なときもある反面、予想外の動きをするときも多々あります。基本的には、これらの機能は無効化することをおすすめします。これらの機能を無効化するには、[Excelのオプション]から設定をしましょう。ここでは、URLやメールアドレスを入力したときに、自動的にリンク表示されてしまう機能の解除方法も合わせて紹介します。

レッスン09を参考に、[Excelのオプション]を表示しておく

1 [詳細設定]をクリック

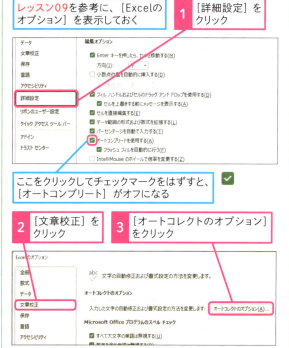

ここをクリックしてチェックマークをはずすと、[オートコンプリート]がオフになる

2 [文章校正]をクリック
3 [オートコレクトのオプション]をクリック

ここをクリックしてチェックマークをはずすと、[オートコレクトオプション]ボタンが非表示になる

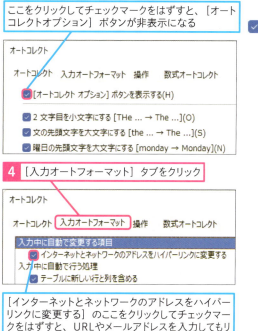

4 [入力オートフォーマット]タブをクリック

[インターネットとネットワークのアドレスをハイパーリンクに変更する]のここをクリックしてチェックマークをはずすと、URLやメールアドレスを入力してもリンクが設定されない

レッスン 16 セルの幅や高さを変更するには

セルの幅や高さの変更　　　　　練習用ファイル　L016_セルの幅と高さ.xlsx

セルの幅、高さは列・行ごとに変更できます。セルにたくさんの文字を入力したいときや行間を空けたいときには、セルの幅・高さを調整しましょう。マウスで操作するだけでなく幅・高さを数値で指定することもできます。

キーワード
行	P.343
書式	P.344

1 セルの幅を変更する

2 セルの高さを変更する

使いこなしのヒント
文字の表示がおかしくなったときは

列幅が狭すぎると、文字がすべて表示されないだけでなく「####」「1E+08」などと表示がされることがあります。このような場合には、列幅を広げてみてください。あるいは、適切な表示形式を設定したり、セル結合（レッスン22参照）をしたりすることで改善される場合もあります。

時短ワザ
ダブルクリックで変更できる

手順1の操作1で、マウスポインターの形が変わった際にダブルクリックすると、入力されたデータの長さに応じて、自動的に列の幅が変更されます。列に複数のデータが入力されている場合は、その列で最も長いデータに合わせて列の幅が変更されます。

使いこなしのヒント
同じシートに列幅が違う表を入れるには

同じシートに列幅が違う表を入れたいときには、[貼り付けのオプション]の[リンクされた図]機能を使いましょう。元のデータを変更すると、貼り付けた図も連動して変わるため、1つのシートに複数の表を入れたい場合に便利です。[リンクされた図]については、103ページの「スキルアップ」を参照してください。

3 複数のセルの幅や高さを変更する

ここでは3～9行目の高さを広げる　　**1** 3～9行目を選択

2 選択した最後の行と、次の行の間にマウスポインターを合わせる　　マウスポインターの形が変わった

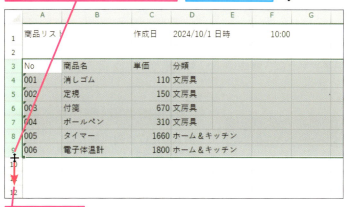

3 下にドラッグ

複数のセルの高さを一度で変更できた　　列の幅も、同様の操作で変更できる

4 列の幅を自動的に調整する

A列～F列の幅を、入力された文字列の幅に合わせて自動的に調整する

1 A列～F列を選択

2 選択した最後の列と、次の列の間にマウスポインターを合わせる

マウスポインターの形が変わった　　**3** そのままダブルクリック　　列の幅が自動的に調整される

💡 使いこなしのヒント

セルの幅や高さを数値で指定するには

セルの幅・高さを数値で指定することもできます。リボンで［ホーム］-［書式］-［列の幅］または［行の高さ］をクリックして、数値を入力しましょう。入力した数値に合わせてセルの幅・高さが調整されます。

幅を変更する列のセルを選択しておく

1 ［ホーム］タブをクリック　　**2** ［書式］をクリック

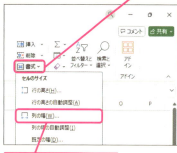

3 ［列の幅］をクリック

4 幅を数値で入力

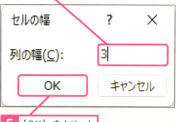

5 ［OK］をクリック

まとめ　マウスポインターの形に注目しよう

列の幅、行の高さを変えるときはマウスポインターの形に注目するのがポイントです。列番号・行番号の境目でマウスポインターの形が変わったところからドラッグを始めましょう。

レッスン 17 行・列の挿入や削除をするには

データの挿入、削除

練習用ファイル　L017_データの挿入、削除.xlsx

表を作成している途中で、行や列を挿入・削除や移動させたくなったときには、行番号や列番号の上でクリックをして行や列を選択後、リボンから操作をしましょう。複数の行や列を選択すれば、複数の行・列も一気に処理できます。

キーワード
行番号	P.343
列番号	P.346

1 行や列を挿入する

ここでは4行目と5行目の間に、新たに行を挿入する

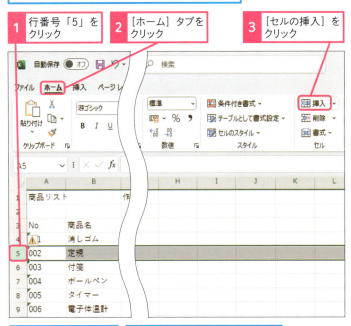

1. 行番号「5」をクリック
2. [ホーム]タブをクリック
3. [セルの挿入]をクリック

4行目と5行目の間に、新たな行が挿入された

5行目に入力されていたデータが、6行目にずれた

使いこなしのヒント
挿入した行や列の書式はどうなるの？

行を挿入したときには上の行の書式、列を挿入したときには左の列の書式が適用されます。

使いこなしのヒント
列を削除・挿入するには

削除したい列の列番号を選択して挿入または削除の操作をすると、選択した列を挿入または削除できます。例えば、列番号「D」をクリックしてリボンの[セルの挿入]をクリックすると、D列の左側（C列とD列の間）に列を挿入できます。

[▼]から実行する操作が選べる

2 行や列を削除する

ここでは手順1で挿入した5行目を削除する

1. 行番号「5」をクリック
2. [ホーム]タブをクリック
3. [セルの削除]をクリック

5行目は削除された
6行目に入力されていたデータが、5行目にずれた

3 複数の行や列を挿入する

ここでは3行目と4行目の間に、新たに行を2行挿入する

1. 4行目と5行目の行番号をドラッグして選択
2. [ホーム]タブをクリック
3. [セルの挿入]をクリック

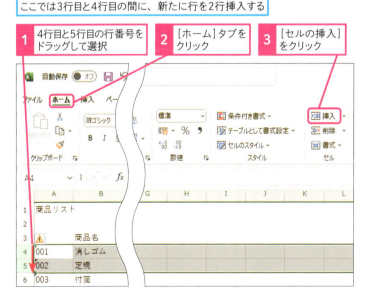

🔲 ショートカットキー

行の選択	Shift + space
列の選択	Ctrl + space
行や列の挿入	Ctrl + Shift + +
行や列の削除	Ctrl + −

💡 使いこなしのヒント

ショートカットキーで行や列を挿入・削除する

Shift + space 、Ctrl + space での行・列の選択と、Ctrl + Shift + + 、Ctrl + − でのセルの挿入・削除を組み合わせると、キーボードだけで行や列の挿入や削除の操作ができます。例えば、Ctrl + space 、Ctrl + Shift + + を連続で押すと、列を挿入することができます。

1. Ctrl キーを押しながら、space キーを押す

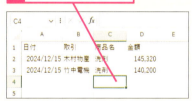

C列が選択された

2. Ctrl + Shift + + キーを押す

列が挿入された

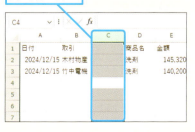

●複数の行が追加された

3行目と4行目の間に、新たな行が2行挿入された

4行目と5行目に入力されていたデータが、下にずれた

4 複数の行や列を削除する

ここでは手順3で挿入した4～5行目を削除する

1 4行目と5行目の行番号をドラッグして選択
2 [ホーム] タブをクリック
3 [セルの削除] をクリック

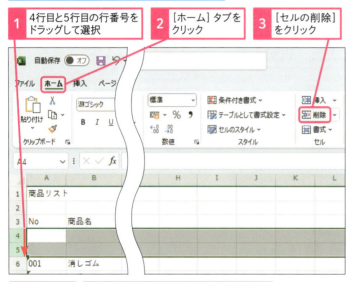

4～5行目が削除された

6行目と7行目に入力されていたデータが、それぞれ4行目と5行目にずれた

スキルアップ

セルを挿入・削除するには

セルを選択後、セルの挿入または削除の操作をしましょう。例えば、セルB4～C5を選択して［セルの挿入］-［右方向にシフト］をクリックすると、セルB4～C5に空欄が挿入され、元の値はその分だけ右側にずれます。

1 セルB4～C5をドラッグして選択

2 [ホーム] タブをクリック
3 [セルの挿入] をクリック

4 [セルの挿入] をクリック

5 [右方向にシフト] をクリック

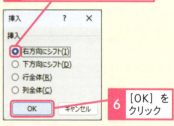

6 [OK] をクリック

セルB4～C5に空白のセルが挿入された

5 コピーした行や列を挿入する

ここでは7行目に入力されたデータをコピーして、下の行に挿入する

1 行番号「7」をクリック

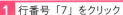

2 [ホーム] タブをクリック

3 [コピー] をクリック

4 行番号「9」をクリック

5 [セルの挿入] をクリック

7行目がコピーされて、9行目の上に挿入された

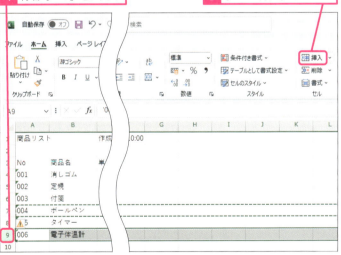

💡 使いこなしのヒント
挿入するときに選択する行や列

複数行を挿入したいときには、挿入する下の行から挿入したい行数分を選択しましょう。例えば、3行目の次に2行挿入したいときには4行目から2行分（＝4〜5行目）を選択します。
同様に、複数列をまとめて挿入したいときには、挿入する右の列から挿入したい列数分を選択しましょう。例えば、A列の次に2列挿入したいときには、B列から2列分（＝B〜C列）を選択します。

💡 使いこなしのヒント
コピーした状態を解除するには

Excelのセルや行、列をコピーすると、コピーした箇所が点線で囲まれます。この状態を解除するには、Escキーを押しましょう。なお、任意のセルに文字を入力しても、コピーの状態は解除されます。

まとめ　行や列の挿入・削除・移動を使いこなそう

行や列の挿入・削除・移動はかなり頻繁に出てくるので使いこなせるように練習しましょう。なお、セルの挿入・削除を使うと表の一部だけがずれるなどして、データの整合性が崩れる場合があります。セルの挿入・削除はできるだけ使わず、行・列の挿入・削除やレッスン12の手順4で紹介したデータの消去を使えないかを考えましょう。

レッスン 18 行や列の表示・非表示を変更するには

行や列の表示・非表示

練習用ファイル L018_行や列の表示非表示.xlsx

外部のデータを使って更新するデータなど、セルに入っている情報によっては、常に表示しておかなくてもよいものがあります。そういった情報は、行や列を一時的に非表示にして隠しておき、必要に応じて再表示しましょう。

1 行や列を非表示にするには

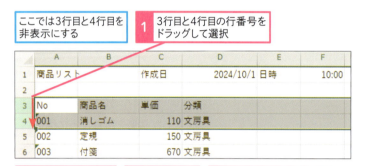

キーワード
行	P.343
列	P.346

使いこなしのヒント
マウス操作で表示・非表示を切り替えるには

レッスン16の使いこなしのヒントで紹介した「セルの幅や高さを変更するには」の操作で、列幅や行の高さを0にまで狭めると、その列・行を非表示にできます。また、マウスポインターを非表示にした行のやや下か非表示にした列のやや右に合わせると、マウスポインターの形が ╬ に変わります。そこからドラッグして行の高さや列の幅を広げる操作をしてください。

時短ワザ
右クリックしても非表示・再表示できる

行や列を選択後、右クリックメニューから[非表示]をクリックしても、本文と同じように行や列を非表示にできます。再表示については、非表示の行や列だけでなく前後の行や列も選択したうえで、右クリックメニューから[再表示]をクリックしてください。

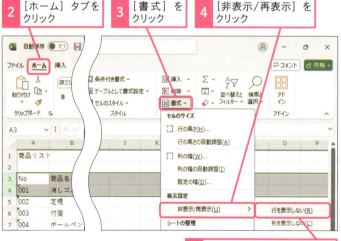

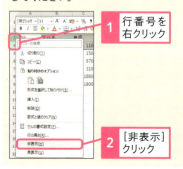

2 行や列を再表示するには

ここでは3行目と4行目を再表示する

1 2行目と5行目の行番号をドラッグして選択

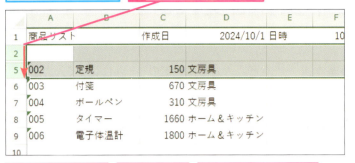

2 [ホーム]タブをクリック
3 [書式]をクリック
4 [非表示/再表示]をクリック

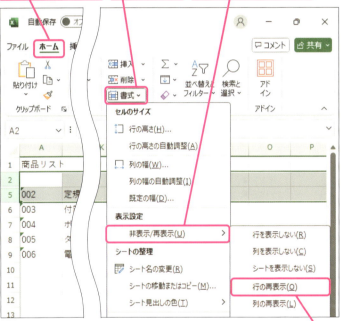

5 [行の再表示]をクリック

3行目と4行目が再表示された

使いこなしのヒント
すべての行や列を再表示するには

表の左上の□を押して全セルを選択した後に、行番号（1、2、3、・・・）の上で右クリックをして、右クリックメニューから[再表示]をクリックすると、すべての行を再表示できます。同じように、全セルを選択後、列番号（A、B、C、・・・）の上で右クリックをして、右クリックメニューから[再表示]をするとすべての列を再表示できます。

使いこなしのヒント
先頭の行や列を再表示するには

先頭の行や列を再表示する場合は、上の「使いこなしのヒント」の方法ですべての行あるいは列を再表示するか、前ページの使いこなしのヒントで紹介した行の高さ・列幅を広げる操作で再表示します。

まとめ　非表示は多用しないようにしよう

行や列は一時的に非表示にして隠すことができます。非表示にした場合も数式や関数で内容を参照することができるので、表示しなくてもよい元データを非表示にしておくといった用途に使えます。一方で、数式や関数が参照しているセルが、どこにあるかわかりにくくなるという欠点もあります。他の機能で代替できないときにだけ使うようにしましょう。

この章のまとめ

入力の基本操作を覚えよう

この章では、Excelにデータを入力する基本操作を学びました。特に重要なポイントは3つあります。1つ目は、オートコレクトなどを必要に応じて無効化して、意図通りに入力できるよう設定すること。2つ目は、日付は「年/月/日」形式で、0で始まる数字は先頭に「'」を付けて入力することなど、入力時に一定のルールに従って入力すること。3つ目は、行や列の挿入・削除、セルの幅や高さの変更など、セルに対していろいろな操作ができるということです。この3つのポイントをしっかり覚えておきましょう。

セルの選択やデータの入力を的確に行えるようにしよう

入力と一口に言っても、いろいろな方法があるんですね。

そうなんだ。Excelは「表」を使って「計算」をするためのアプリだから、実は入力が大事なんだよ。

行や列を選択するときや幅を変えるときは、マウスポインターの形に注目ですね！

そうだね。慣れてくれば意識せずに操作できるようになるから、練習用ファイルを使っていっぱい操作してほしい！

基本編

第3章

表やデータの見た目を
見やすく整えよう

この章では、セルの中での文字の配置場所を変える、文字の大きさ・色やセルの背景色を変える、罫線を引くなどの方法で、表の見栄えを整える方法を紹介します。

19	表を見やすく整えよう	72
20	セルの値について理解しよう	74
21	数字や日付の表示を変更するには	76
22	セルを結合するには	80
23	文字の位置を調整するには	82
24	文字やセルの色を変更するには	86
25	罫線を引くには	90
26	セルの書式のみをコピーするには	94

レッスン 19

Introduction この章で学ぶこと

表を見やすく整えよう

表にデータを入力したら、見栄えを整えましょう。表のタイトルや見出しを調整したり、列ごとに適切な文字詰めを設定したりすると見やすい表を作ることができます。また、表示形式を設定することで、入力された値の見た目を変えることもできます。

基本編 第3章 表やデータの見た目を見やすく整えよう

人から見てもわかりやすい表にしよう

罫線やセルの塗りつぶしなどを適用して表を見やすくする

この章では表の見た目を整える「書式」の機能を中心に解説していくよ！

	A	B	C	D	E	F	G	H
1	月別売上金額集計表			作成日	2024/8/3			
2								
3	商品区分	商品	4月	5月	6月	合計	構成比	
4	アルコール	ビール	557575	653607	261471	1472653	0.134605	
5		日本酒	477903	518797	785763	1782463	0.162923	
6	清涼飲料	水	1715175	1765532	1308372	4789079	0.437737	
7		緑茶	691696	720955	1483689	2896340	0.264735	
8	合計		3442349	3658891	3839295	10940535	1	
9								
10								

そのままの表より、色を付けたり文字のサイズを変えたりされていると、メリハリが付いて読みやすいですね。

	A	B	C	D	E	F	G	H
1	月別売上金額集計表			作成日	令和6年8月3日			
2								
3	商品区分	商品	4月	5月	6月	合計	構成比	
4	アルコール飲料	ビール	557,575	653,607	261,471	1,472,653	13%	
5		日本酒	477,903	518,797	785,763	1,782,463	16%	
6	清涼飲料水	水	1,715,175	1,765,532	1,308,372	4,789,079	44%	
7		緑茶	691,696	720,955	1,483,689	2,896,340	26%	
8		合計	3,442,349	3,658,891	3,839,295	10,940,535	100%	
9								

表のタイトルを強調することで、何の表かひと目でわかりますね！

ビジネス用の表は、派手にする必要はないから、読みやすさ見やすさを考慮して整えよう！

本来の値とセルの表示の関係を知ろう

第2章のレッスン10でExcelがデータの種類を区別していることを説明したよね。セルの値自体は変えずに見た目を変えるときに使うのが「表示形式」という機能。ボタンをクリックするだけで見た目を変えられるよ。

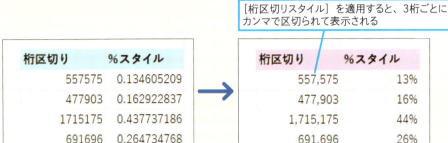

[桁区切りスタイル]を適用すると、3桁ごとにカンマで区切られて表示される

[パーセントスタイル]を適用すると、数値がパーセンテージで表示される

これはセルに直接「,」（カンマ）や「%」を入力しているわけではないんですね！

「表示形式」を使うことで、日付も様々な形式で表示できる

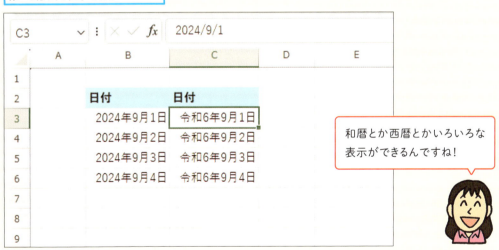

和暦とか西暦とかいろいろな表示ができるんですね！

セルに入力されている値と表示の関係は、Excelを使ううえで特に重要なことだから、レッスン20で詳しく解説するよ！

レッスン 20 セルの値について理解しよう

セルの3層構造

練習用ファイル　L020_セルの3層構造.xlsx

Excelでセルに値を入力すると、本来の値に、表示形式を適用して、セルにどう表示されるかが決まります。本来の値とセルの表示が全然違う場合があることに注意しましょう。また、さらに、本来の値も、数値・文字列などいくつかのデータの種類があります。

> **キーワード**
> 書式　P.344
> 表示形式　P.345

セルの3層構造とは?

それぞれのセルでは、本来の値、表示形式、画面に表示される値の3層のデータを持っています。

●セルの3層構造

層	区分	内容
①	本来の値	そのセルに入力されている「実際の値」
②	表示形式	日付形式や桁区切りスタイルなど、書式の情報を記録
③	画面表示	値に書式を適用した結果を表示

セルに値を表示するときには、「①本来の値」を「②表示形式」のフィルターを通して「③画面表示」が決まります。
実際の例を見てみましょう。

> **使いこなしのヒント**
> **セルに値を表示するイメージ**
> セルに値を表示するときには、「①本来の値」を「②表示形式」のフィルターを通して「③画面表示」が決まります。
>
>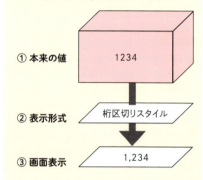

●入力されたデータの3層構造

層	区分	セルA1	セルB1	セルC1
①	本来の値	山田	1234	45545
②	表示形式	標準形式	桁区切りスタイル	日付形式（YYYY/MM/DD形式）
③	画面表示	山田	1,234	2024/9/10

「山田」に標準形式を適用した結果「山田」と本来の値が表示されている

「45545」に日付形式を設定した結果「2024/9/10」と表示されている

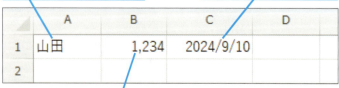

「1234」に桁区切りスタイルを適用した結果「1,234」と表示されている

> **使いこなしのヒント**
> **数式でセルを参照したときには「①本来の値」が使われる**
> Excelの数式内で他のセルを参照すると「①本来の値」が計算に使われます。このことが原因で、他のセルの数式から参照されたときに、セルの見た目とは違う計算結果になる場合もあるので、注意してください。

●本来の値を表示する

書式設定で表示形式を［標準］にすると本来の値が表示されます。

> セルA1 ～ C1の表示形式を［標準］に設定
> したので、本来の値が表示されている

	A	B	C	D
1	山田	1234	45545	
2				

「①本来の値」は、数値と文字列の2種類がある

「①本来の値」に入力される値は何種類かに分類されます。その中で、特に重要なのが数値と文字列です。

●「①本来の値」に入力される値の種類

区分	内容	例
数値	足し算など数値計算に使うための値	「123」「-12345」
文字列	数値計算に使わない文字として扱う値	「ABC」「山田」

先ほどの例に戻ると、セルA1の「山田」は文字列、セルB1の「1234」、セルC1の「44540」は数値です。

数字だけが並ぶデータに注意

数値か文字列は見た目だけでは区別が付かない場合があります。例えば「123」など数字だけが並ぶデータは、数値の場合も文字列の場合もありえます。数字だけが並ぶデータが文字列か数値かはエラーインジケーターで判断しましょう。文字列扱いされているときには、左上に緑三角マークが出ます。

> セルA1の「123」は数値で、
> 右詰めで表示される

> セルB1の「123」は文字列で、
> 左詰めで表示され、左上にエラー
> インジケーターが付く

	A	B	C	D	E
1	123	123			
2					

データが数値か文字列かによって、数式の処理結果が大きく変わる場合があるので注意しましょう。

🔅 使いこなしのヒント
セルに値を入力したとき

セルに値を入力したときには、セルに入力された内容を見て「①本来の値」と「②表示形式」が自動的に設定されます。例えば「1,234」と入力すると、「①本来の値」は「1234」、「②表示形式」は「桁区切りスタイル」に設定されます。意図しない見た目に変化したときには、先頭に「'」を入れて文字列として入力するか、表示形式を変更してください。

🔅 使いこなしのヒント
日付や時刻の「①本来の値」は数値

日付や時刻の「①本来の値」は数値であることに注意しましょう。例えば、「2024/9/10」の「①本来の値」は、数値の「45545」です。この数値はシリアル値といいます。Excelでは日付はシリアル値で管理されているため、日付の計算を簡単に行うことができます。詳細はレッスン76で解説します。

まとめ　セルの「①本来の値」に注目しよう

「①本来の値」に「②表示形式」を適用した結果が「③画面表示」されます。そして、数式では「①本来の値」を使って計算されることや、「①本来の値」が数値か文字列かで数式の処理結果が変わる場合があることに注意しましょう。

レッスン 21 数字や日付の表示を変更するには

表示形式

練習用ファイル L021_表示形式.xlsx

数値・日付・時刻は、表示形式を使うと、セルに入力したデータを変えずに見た目だけを変えることができます。例えば、数値を桁区切りスタイルやパーセント単位で表示したり、日付の年を省略して月日だけを表示できます。

キーワード
書式	P.344
ユーザー定義書式	P.346

用語解説
表示形式

表示形式とは、セルに入力したデータを変えずに見た目だけを変更する機能です。

1 桁区切りを付けて表示する

ここではセルC4～F8に入力された数値に、桁区切りを付けて表示する

1 セルC4～F8を選択

2 [ホーム]タブをクリック

3 [桁区切りスタイル]をクリック

数値が3桁ごとにカンマで区切られて表示された

使いこなしのヒント
通貨表示形式にするには

リボンから[ホーム]-[通貨表示形式]をクリックすると、金額の前に「¥」マークを付けて表示することができます。

表示形式を設定するセルを選択しておく

1 [通貨表示形式]をクリック

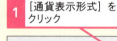

通貨表示になった

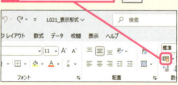

2 パーセントで表示する

ここではセルG4～G8に入力された数値を、パーセントで表示する

1 セルG4～G8を選択

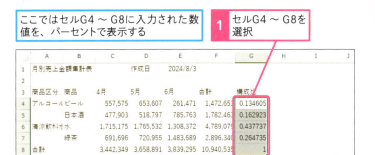

2 [ホーム]タブをクリック

3 [パーセントスタイル]をクリック

数値がパーセントで表示された

使いこなしのヒント

ダブルクリックで元の値が表示される

表示形式を設定すると表示されるときの見た目は変わりますが、セルに入力された元の値は変わりません。実際、セルをクリックで選択すると数式バーには元の値が表示されます。同様に、セルをダブルクリックするとセル内に元の値が表示されます。例えば、セルC4をダブルクリックするとセル内には「557575」と桁区切りが付かない形で表示されます。

スキルアップ

負の数の色を黒にするには

数値を桁区切りリスタイルに設定すると負の数が赤色で表示されます。負の数を正の数と同じ黒色で表示するには、[セルの書式設定]ダイアログボックスで、[表示形式]タブの[数値]から、[負の数の表示形式]を設定してください。

負の数は赤色で表示される

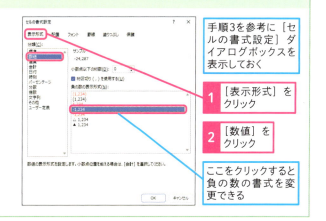

手順3を参考に[セルの書式設定]ダイアログボックスを表示しておく

1 [表示形式]をクリック

2 [数値]をクリック

ここをクリックすると負の数の書式を変更できる

3 日付の表示を「何年何月何日」で表示する

セルE1に入力された年月日の表示を変更する

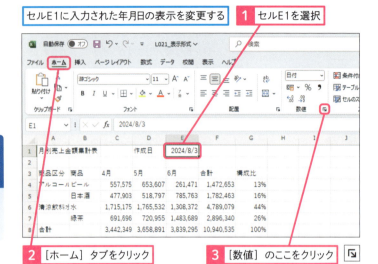

1 セルE1を選択
2 [ホーム]タブをクリック
3 [数値]のここをクリック

[セルの書式設定]ダイアログボックスが表示された

4 [表示形式]タブをクリック
5 [日付]をクリック

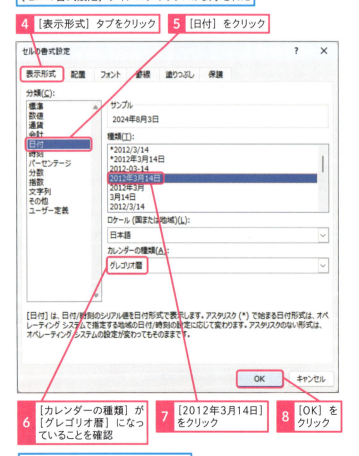

6 [カレンダーの種類]が[グレゴリオ暦]になっていることを確認
7 [2012年3月14日]をクリック
8 [OK]をクリック

日付が「何年何月何日」で表示される

使いこなしのヒント
表示形式を標準に戻す

一度、日付や時刻を入力したセルに数値を入力したいときには、表示形式を「標準」に設定してください。これで、通常通り、数値が入力できるようになります。

使いこなしのヒント
小数点以下を表示するには

小数点以下のデータについては、下記の手順で表示することができます。表示されたデータは、増やした桁数に四捨五入されています。表示のみの変更なので、元のデータは変更されません。

手順2を参考に、数値をパーセントで表示しておく

ここではセルE3〜E5の数値の小数点以下を表示する

1 [ホーム]タブをクリック
2 [小数点以下の表示桁数を増やす]をクリック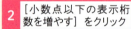

小数点以下が表示された

用語解説
グレゴリオ暦

現在、世界で一般的に使われている暦。いわゆる西暦のことをいいます。

4 日付の年を元号で表示する

セルE1に入力された年月日の表示を変更する

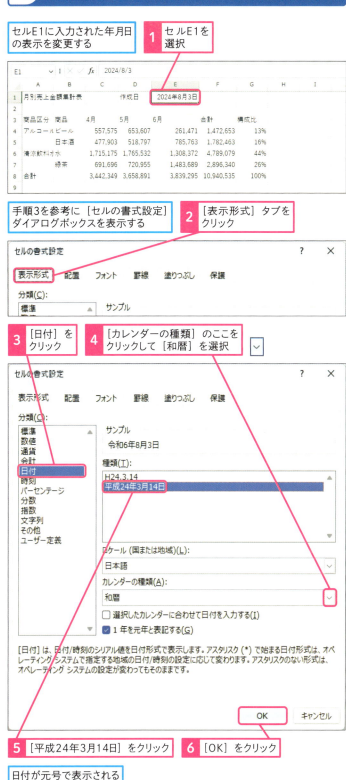

5 ［平成24年3月14日］をクリック
6 ［OK］をクリック

日付が元号で表示される

使いこなしのヒント
自分でオリジナルの表示形式を設定するには

「年/月」形式など、日付の種類欄に存在しない形式で日付を表示させたいときには、ユーザー定義書式の機能を使いましょう。［セルの書式設定］ダイアログボックスで、「表示形式」タブの分類の中から［ユーザー定義］をクリックし、［種類］欄に「yyyy/m」と入力しましょう。

手順3を参考に、［セルの書式設定］ダイアログボックスを表示して、［表示形式］タブをクリックしておく

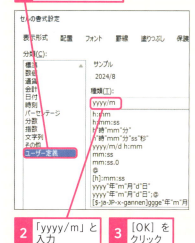

「西暦/月」の形で表示された

まとめ　見た目は最後に整えよう

セルに入力されたデータは、表示形式で見た目を変えることができます。セルへの入力時は見た目を気にせず入力し、最後に表示形式で見た目を整えましょう。

レッスン 22 セルを結合するには

セルの結合

練習用ファイル L022_セルの結合.xlsx

セル結合の機能を使うと、複数のセルにまたがって値を配置できます。表の見出しを複数のセルにまたがって表示したいときなど、帳票や報告書などを作るときに、ある程度自由にレイアウトを組みたいときに使いましょう。

キーワード

セル	P.344
データベース	P.345

💡 使いこなしのヒント
セルの結合は最終成果物の表を作るときだけ使おう

セルを結合すると、一番左上のセル以外は空欄として扱われます。その結果、フィルターで意図通りに絞り込めない、結合されたセルを参照する数式が意図通り動かない、など作業効率を大きく損なう原因になる場合があります。セルの結合は、最終成果物の表を作るときにだけ使うようにしましょう。

💡 使いこなしのヒント
複数行のセルをまとめて横方向に結合するには

複数のセルを選択した状態で、メニューから［ホーム］-セルを結合して中央揃えの右の▼-［横方向に結合］をクリックすると、選択したセルの中で、1行ごとに横方向だけ結合します。例えば、セルA1〜D2を選択して横方向に結合すると、セルA1〜D1とセルA2〜D2が結合されます。

1 セルを結合する

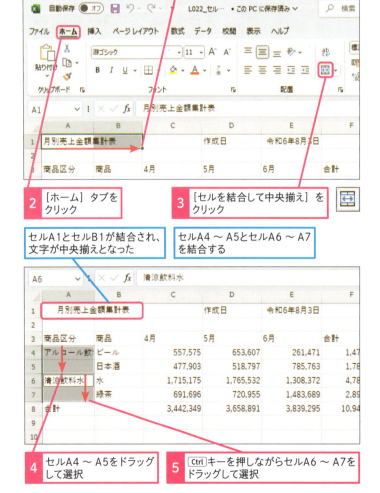

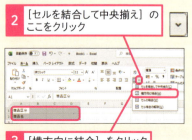

● セルを結合する

6 [ホーム] タブをクリック
7 [セルを結合して中央揃え] のここをクリック

8 [セルの結合] をクリック

セルA4〜A5とセルA6〜A7が結合された

使いこなしのヒント
データベース形式の表ではセル結合は厳禁

データベース形式の表でセル結合を使うと、後のレッスンで紹介する関数やピボットテーブルがうまく動かず、Excelの作業効率を大きく下げる原因となります。データベース形式の表ではセル結合を使わないようにしましょう。

まとめ
セルの結合は使いどころに注意

セル結合は、帳票や報告書を作るときには便利です。一方で、入力したデータを効率よく加工・集計したい場面では、セル結合を使ってしまうと作業効率を大きく下げる原因になります。セル結合は、最終成果物の表を作るときに限定して使いましょう。

スキルアップ
セルの結合を解除するには

結合されているセルを選択した状態で、メニューから[ホーム]-[セルを結合して中央揃え]をクリックすると、セルの結合を解除できます。これにより、セルごとに個別のデータを入力したり、書式設定を適用したりできます。

1 結合したセルを選択
2 [ホーム] タブをクリック

セルの結合が解除された

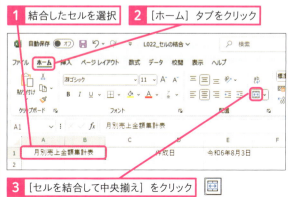

3 [セルを結合して中央揃え] をクリック

22 セルの結合

81

レッスン 23 文字の位置を調整するには

文字の位置　　　　　　　　　　　　　　練習用ファイル　L023_文字の位置.xlsx

セル内の文字を上下、左右どこに揃えて表示するかを変えたいときには、セル内の文字の配置の設定を変えましょう。また、データが1行に収まらない場合には、セル内で折り返して表示したり、縮小して表示したりすることもできます。

キーワード
書式	P.344
セル	P.344

1 文字の表示位置を変更する

ここではセルA1内で、左に揃うように文字の表示位置を変更する

1 セルA1をクリック

2 [ホーム] タブをクリック

3 [左揃え] をクリック

文字の位置が、セル内の左側に移動した

使いこなしのヒント
左右揃えの設定の初期状態

左右揃えの設定の初期状態は [標準] です。この状態では、セルに数値や日付などを入力したときには [右揃え]、文字列を入力したときには [左揃え] で表示されます。

使いこなしのヒント
上下左右に文字を配置できる

[配置] のアイコンを押すと、セルに入力した文字を上下・左右のどの位置に揃えて表示するかを指定できます。なお、設定済みの [左揃え] [中央揃え] [右揃え] のアイコンをもう一度クリックすると、左右揃えの設定は [標準] に戻ります。

●文字の配置

アイコン	名称	結果
≡	上揃え	Excel
≡	上下中央揃え	Excel
≡	下揃え	Excel
≡	左揃え	Excel
≡	中央揃え	Excel
≡	右揃え	Excel

2 文字を折り返して表示する

ここではセルA4～A5を結合して、入力されている文字を折り返して表示する

1 セルA4を選択
2 [ホーム] タブをクリック
3 [折り返して全体を表示する] をクリック

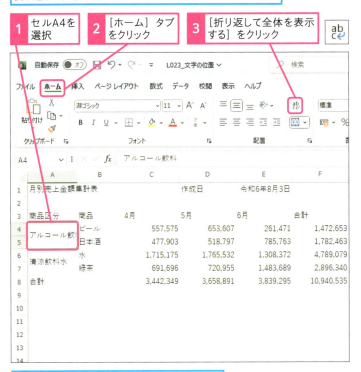

入力されている文字が、折り返して表示された

使いこなしのヒント

セル内改行をすると改行を表す特殊な文字が入力される

[Alt]+[Enter]キーを使ってセル内で改行を入れると、目には見えませんが、データとしてセルに改行を表す特殊な文字が入力されたものとして扱われます。その結果、フィルターに同じように見える項目が二重に表示される、このセルを参照する数式が意図通り動かない、など作業効率を大きく損なう原因になります。ですから、セル内改行は、最終成果物の表を作るときにだけ使うようにしましょう。なお、[折り返して全体を表示する]機能で折り返すだけなら改行を表す特殊な文字は入りません。どこでも自由に使ってください。

3 セル内で改行する

ここでは結合されたセルA4 〜 A5に入力された「アルコール飲料」という文字を、「アルコール」と「飲料」に分けて、セル内で改行する

1 セルA4をダブルクリック

2 「アルコール」と「飲料」の間にカーソルを合わせる

文字が編集できる状態になった

3 Altキーを押しながらEnterキーを押す

「アルコール」と「飲料」の間で改行された

4 Enterキーを押す

「アルコール」と「飲料」に分けて、セル内で改行された

ショートカットキー

編集/入力モードの切り替え　F2

使いこなしのヒント
連続した空白で位置を調整しない

セルの幅を変えたときに表示が乱れてしまうので、セル内で改行しているように見せるために連続した空白を入力するのはやめましょう。連続した空白での調整は、最終成果物かどうかを問わず、どのような場面でも使わないようにしましょう。

以下のように空白を入れることで改行したように見せるのは避けたほうが良い

4 文字を縮小して表示する

ここでは「アルコール飲料」という文字を、縮小してセルの幅に収める

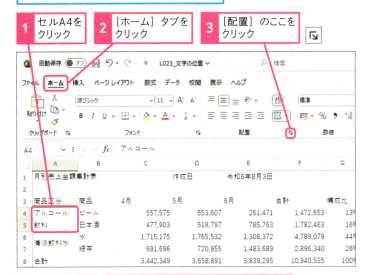

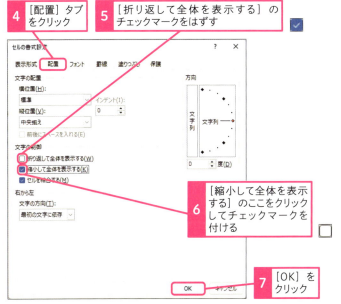

使いこなしのヒント

文字のサイズは自動的に決められる

[縮小して全体を表示する]を設定すると、セルの幅に合わせて文字が自動的に縮小されます。文字数が多くなるほど文字の大きさは小さくなるので、小さくて読みづらくなった場合は、セルの幅を広げるなどして調節しましょう。

ショートカットキー

[セルの書式設定]画面を表示　Ctrl + 1

まとめ　表示や改行の位置調整に空白は使わない

文字を右詰めにしたり改行位置を調整したりするときに、空白で調整しようとすると、セル内のデータの変更でずれるだけでなく、表示するパソコンにより、意図通りに表示されなくなる場合もあります。セル内の文字の配置を変えたいときには、空白で調整せず、適切なExcelの機能を使って調整するようにしましょう。

レッスン 24 文字やセルの色を変更するには

フォントや色の変更

練習用ファイル　L024_フォントや色の変更.xlsx

重要な部分を強調するために、下線を引いたり、文字の色、セルの背景色やフォントの種類・大きさを変えたりして表を見やすく整えましょう。セル内の一部の文字にだけ下線を引くなどの装飾をすることもできます。

キーワード
セル	P.344
リボン	P.346

使いこなしのヒント

文字の大きさはマウスでも変更できる

リボンの［ホーム］タブの中の［フォントサイズの拡大］（A˄）や［フォントサイズの縮小］（A˅）をクリックすると、文字の大きさを1段階大きく（あるいは小さく）変更できます。

1 文字の大きさを変更する

ここではセルA1の文字のフォントサイズを、「14」に変更して大きくする

① セルA1をクリック

② ［ホーム］タブをクリック

③ ［フォントサイズ］のここをクリック

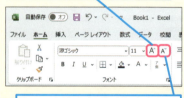

［フォントサイズの拡大］をクリックすると、文字を1段階大きくできる

［フォントサイズの縮小］をクリックすると、文字を1段階小さくできる

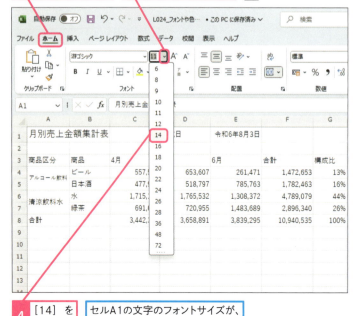

④ ［14］をクリック

セルA1の文字のフォントサイズが、「14」に変更されて大きくなる

用語解説

フォント

パソコンで使う文字の書体のことをフォントといいます。標準のフォントは游ゴシックです。フォント名に「UD」とついているフォントは、ユニバーサルデザインに準拠したフォントで、誰にでも読みやすい形になっています。

2 文字を太字にする

ここではセルA1の文字を、太字に変更する

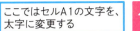

セルA1の文字が太字になった

3 文字の種類を変更する

ここではセルA1の文字のフォントを、「BIZ UDPゴシック」に変更する

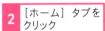

スキルアップ
色を付ける代わりに新しい列にデータを入力できないか考えよう

Excelは「色の付いているセルの金額だけを集計する」など、フォントや色に応じた処理をするのは苦手です。作業効率化の観点からは、フォント・色を変える代わりに、文字で情報を入力できないかを考えましょう。例えば、処理済みのデータを色で示す代わりに、新しい列に文字で「済」と入力すればフィルターや数式で処理がしやすくなります。なお第10章で紹介する条件付き書式の機能を使うと「済」と入力されたセルだけ、自動的に色を変えることもできます。

使いこなしのヒント
下線を引いたり、斜体にしたりするには

リボンの「ホーム」タブの中のUをクリックすると下線を引けます。また、Iをクリックすると文字をイタリック（斜体）にできます。

●下線

●イタリック

● 文字の種類を指定する

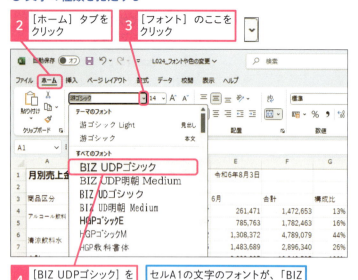

4 セルの色を変える

使いこなしのヒント
一覧にない色を使うには

色を選択するパネルにない色を使うには、色を選択するパネルで[その他の色]をクリックしてください。[色の設定]ウィンドウが表示されますので[OK]をクリックしましょう。

手順4の操作2〜3を参考に色の一覧を表示しておく

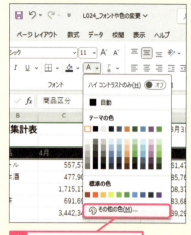

5 文字の色を変える

ここではセルA3～G3の文字の色を、白に変更する

1 セルA3～G3を選択

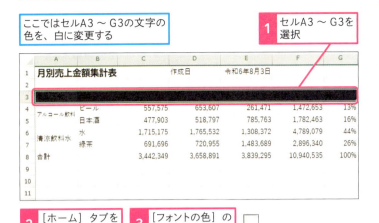

2 ［ホーム］タブをクリック

3 ［フォントの色］のここをクリック

4 ［白、背景1］をクリック

セルA3～G3の文字の色が、白に変更された

使いこなしのヒント
直前に使った色を繰り返し使える

［塗りつぶしの色］アイコンや、［フォントの色］アイコンには、直前に指定した色が表示されています。そのアイコンをクリックすると、前回指定した色を繰り返し使うことができます。

直前に指定した色が表示されている

使いこなしのヒント
一部の文字だけ装飾するには

セル全体ではなく、一部の文字だけ、色やフォントを変更したり下線を引いたりすることもできます。セルをダブルクリック後、一部の文字だけ選択をした状態で、このレッスンのように文字の色を変える操作をしましょう。これで、選択した文字だけ色が変わります。

まとめ
見やすい資料を作るために装飾をしよう

フォント・色などを変えすぎると、手間がかかる割にかえって見にくくなる場合もあります。ポイントを絞って装飾するようにしましょう。また、後続処理で使うような情報は、文字で表現することを心掛けましょう。

レッスン 25 罫線を引くには

罫線

練習用ファイル　L025_罫線.xlsx

表が完成したら、セルの境目に罫線を引いて表を見やすく整えましょう。元々画面に表示されているセルの境目の薄い線は印刷時には出力されないので、印刷時に罫線を出力したいときには、罫線を引く必要があります。

キーワード
罫線	P.343
セル範囲	P.344

1 複数のセルに罫線を引く

ここではセルA3〜G8に格子状の罫線を引き、外側だけ太線で囲む

1 セルA3〜G8をドラッグして選択

2 [ホーム] タブをクリック
3 [罫線] のここをクリック
4 [格子] をクリック

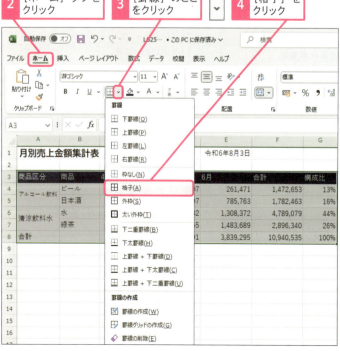

使いこなしのヒント
セルの境目の薄い線は印刷されない

元々画面に表示されているセルの境目の薄い線は印刷時には出力されません。印刷時に罫線を出力したいときには、このレッスンの手順で罫線を引きましょう。

使いこなしのヒント
罫線を消すには

手順1の操作4で [枠なし] を選択すると、選択したセルの内部・周囲の罫線がすべて消えます。

[罫線] の一覧を表示しておく

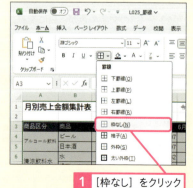

1 [枠なし] をクリック

● 選択したセル範囲に外枠を引く

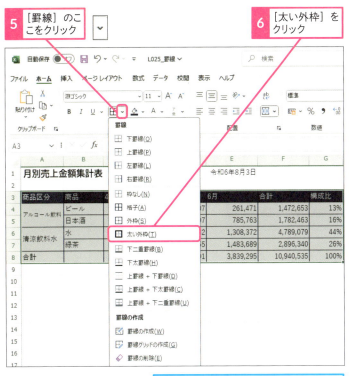

セルA3〜G8に格子状の罫線が引かれ、外側だけ太線で囲まれた

2 セルの下に罫線を引く

ここではセルA7〜G7の下に二重罫線を引く

1 セルA7〜G7をドラッグして選択

使いこなしのヒント
格子→太線の順で罫線を引こう

本文で紹介したように、表の内側の格子を細い線、表の外側を太い線で囲みたいときには格子→太い外枠の順番に罫線を引きましょう。この手順を逆にして、太い外枠→格子の順番に罫線を引くと、格子の罫線を引いたときに外側の太い線が細い線に置き換わってしまいます。

使いこなしのヒント
罫線を引くのは後回し

表を作り始めた段階で罫線を引いても、表を作成する過程でレイアウトが崩れてしまい、結局、最後にもう一度罫線を引きなおすことになりがちです。このような二度手間を防ぐために、罫線を引くのはできるだけ後回しにしましょう。

使いこなしのヒント
罫線に色を付けるには

罫線に色を付けるには次のページのスキルアップで紹介している［セルの書式設定］の［罫線］タブを使いましょう。［罫線］タブで［色］のプルダウンメニューをクリックして色を選択した後に、右側の［罫線］パネルで、罫線を引くと、指定した色で罫線を引くことができます。

次のページに続く→

25 罫線

できる 91

● 罫線を選択する

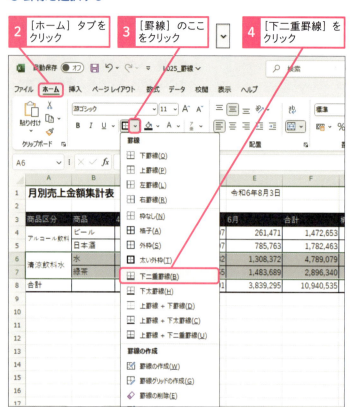

> 💡 **使いこなしのヒント**
>
> **線のスタイルを変更するには**
>
> ［罫線］の一覧を表示して［線のスタイル］をクリックすると、太い実線、点線、二重線などに線を変更できます。

👍 スキルアップ

表の内側の罫線だけ消すには

選択したセルの一部の罫線だけを消したいときには「セルの書式設定」の「罫線」タブを使いましょう。例えば、セルA3～G8に格子状に罫線が引かれているときにセルA8～B8を選択して「セルの書式設定」の「罫線」タブで「内部の縦線」を表すアイコンをクリックすると、合計欄（8行目）の縦の罫線だけを消すことができます。

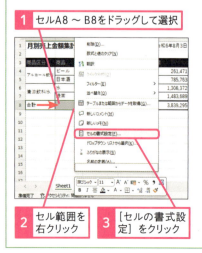

● セルに罫線が引かれた

セルA7～G7の下に二重罫線が引かれた

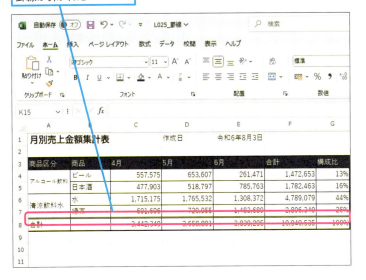

まとめ
表のレイアウトに合わせて、罫線で表を整えよう

表が完成したら、罫線を引いて表を見やすく整えましょう。情報量が少ないゆったりしたレイアウトのときには罫線は控え目に、情報量が多いレイアウトのときには格子の罫線を使って細かく罫線を入れると、見やすい資料になります。

スキルアップ
斜めの罫線を引くには

[セルの書式設定]の[罫線]タブで、斜めの罫線を表すアイコンをクリックすると斜めの罫線が引けます。なお、セルの結合をしたうえで斜めの罫線を引くと、複数のセルにまたがって斜線を引くことができます。

左のページのスキルアップを参考に、[セルの書式設定]ダイアログボックスを表示しておく

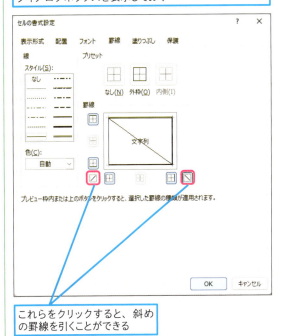

これらをクリックすると、斜めの罫線を引くことができる

斜めの罫線が引ける

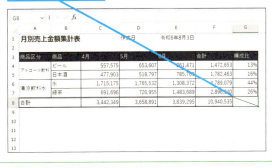

レッスン 26 セルの書式のみをコピーするには

書式のコピー

練習用ファイル　L026_書式のコピー.xlsx

書式貼り付けの機能を使うと、セルの値や数式はそのままの状態で、文字やセルの色、罫線などの書式だけを貼り付けることができます。すでに書式設定済の書式と、まったく同じ書式を他のセルに設定するときに便利です。

Q キーワード
罫線	P.343
書式	P.344

💡 使いこなしのヒント
セル上で書式のみを貼り付けるには

ショーカットキーでも書式貼り付けができます。書式をコピーしたいセルを選択してCtrl+Cキーを押した後、貼り付けたいセルを選択してCtrl+Vキーを押すと、いったん書式だけでなくセルの値も含めて貼り付きます。その後、貼り付けたセルの右下に表示される［貼り付けのオプション］をクリック後、［書式設定］をクリックすると、セルの値が消えて書式だけが貼り付きます。

1 セルの書式をコピーする

ここではセルB4の書式をコピーして、セルB5に貼り付ける

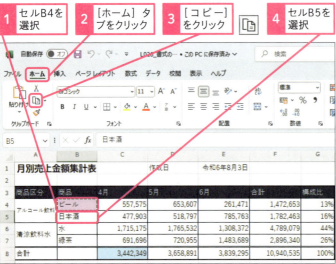

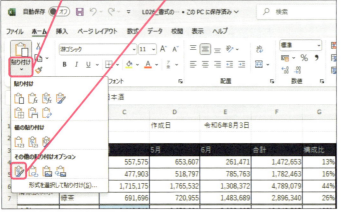

基本編　第3章　表やデータの見た目を見やすく整えよう

● 書式が貼り付けられた

書式のみが貼り付けられた

2 コピーした書式を連続で貼り付ける

ここではセルC8の書式をコピーして、セルD8〜F8に貼り付ける

1 セルC8を選択

2 [ホーム] タブをクリック

3 [書式のコピー／貼り付け] をクリック

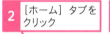　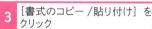　

マウスポインターの形が変わった

4 セルD8〜F8をドラッグ　　セルD8〜F8に書式が貼り付けられた

使いこなしのヒント

離れたセルにも連続して書式を貼り付けるには

コピーするセルを選択した後、[書式のコピー／貼り付け] をダブルクリックすると、離れたセルにも書式を連続して貼り付けられます。[書式のコピー／貼り付け] をクリック後、他のセルをクリックしていくと、書式を連続して貼り付けられます。貼り付け終わったら [書式のコピー／貼り付け] をクリックしてください。

コピーするセルを選択しておく

1 [書式のコピー／貼り付け] をダブルクリック

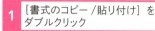

2 貼り付けるセルをクリック

3 続けて貼り付けるセルをクリック

[書式のコピー／貼り付け] をクリックすると、解除される

まとめ まったく同じ書式を適用するときに使おう

毎回、書式を手作業で設定すると、時間が掛かるだけでなく、微妙に色や罫線の種類が変わりがちです。同じレイアウトの表を作る場合など、まったく同じ書式を適用したいときには、書式貼り付けを使うようにしましょう。

この章のまとめ

シンプルな装飾を目指そう

この章では、表の見栄えを整える方法を解説しました。読みやすいフォントを選び、サイズや色も統一するなど、全体のバランスを考えて書式を設定しましょう。なお、ビジネス文書では、シンプルにポイントを絞って装飾をするほうが好まれる傾向にあります。作業効率の観点からも、装飾は必要最小限にして、できるだけセルへの文字入力で情報を表現するようにしましょう。また、表を修正する過程でレイアウトが崩れがちなので、二度手間を避けるために表の見栄えを整えるのは後回しにしましょう。

罫線や表示形式などを設定することで、表が見やすくなる

	A	B	C	D	E	F	G
1	月別売上金額集計表			作成日	令和6年8月3日		
2							
3	商品区分	商品	4月	5月	6月	合計	構成比
4	アルコール飲料	ビール	557,575	653,607	261,471	1,472,653	13%
5		日本酒	477,903	518,797	785,763	1,782,463	16%
6	清涼飲料水	水	1,715,175	1,765,532	1,308,372	4,789,079	44%
7		緑茶	691,696	720,955	1,483,689	2,896,340	26%
8	合計		3,442,349	3,658,891	3,839,295	10,940,535	100%

表がすっきり見やすくなりました！

Excelは計算だけではなく、見た目の表現力も高いことがわかってもらえてよかった。

うーん、うまくまとまらないです……。

そんなときは、装飾をぐっと減らしてみよう。あれこれ使わずに、ポイントを絞ることが重要だよ！

基本編

第4章

データ入力と表の操作を効率化しよう

この章では表を効率よく作成する方法、意図しないデータの入力を防ぐ方法、できあがった表から目的のデータを効率よく探す方法など、表を作成するときに作業効率を上げる方法を紹介します。

27	「データベース」について知ろう	98
28	連続したデータを入力するには	100
29	データのコピーや移動をするには	102
30	規則に基づきデータを自動入力するには	106
31	入力できるデータを制限するには	108
32	目的のデータを検索するには	110
33	検索したデータを置換するには	114
34	フィルターを使って条件に合う行を抽出するには	116
35	データの順番を並べ替えるには	122
36	先頭の項目を常に表示するには	124

レッスン

27

Introduction この章で学ぶこと
「データベース」について知ろう

Excelには便利な機能が多数備わっていますが、作業効率を上げるには「データベース」を作ることが大切です。この章で学ぶ多くの機能は、「データベース」の形式になっていなければ、その威力を十分に発揮できません。ここではまず「データベース」について知りましょう。

データベースとは何か

データって付いているから、何かのデータのことですか？

データベースは、簡単にいうと決まった形式でデータを蓄積したもののこと。Excelでは適切な形式でデータを貯めていくことで、その中から必要な情報をだけを取り出したり、見つけたりすることができるんだよ。

◆データベース

データを金額順に並べ替えられる

見たい商品のデータを瞬時に抽出できる

データベースって、見当も付かないぐらい膨大なデータを集めたものって思っていたけど、Excelで作る表も1つの「データベース」なんですね。

データベースを作るときのポイント

それで、データベースがこの章の内容にどんな関係があるんです？早く効率的なデータの入力方法が知りたいんですが。

もちろん、第4章では便利な入力方法も解説するよ。ただ、そういったテクニックを使ってデータを入力しても、次のような規則になっていなければ、この章で紹介する「並べ替え」や「フィルター」がうまくいかないんだ。

最初からデータの行を作らず、列見出しを入力する

データの中には空白の行は作らないようにする

	A	B	C	D	E	F	G	H	I
1	購入・配送明細								
2	No	購入日	購入者	商品名	注文店舗	金額	型番	サイズ	
3	1	2024/1/4	太田 司	テレビ	上板橋店	79,200	LC-40A	200	
4	2	2024/1/14	長野 さやか	冷蔵庫	池袋店	105,800	NR-F162AE	300	
5	3	2024/1/23	関 裕子	電子レンジ	上板橋店	14,680	T-230K	140	
6	4	2024/2/2	榊原 幹彦	冷蔵庫	上板橋店	46,980	MA-AA163T	240	
7	5	2024/2/2	原 さちこ	テレビ	上板橋店	22,800	HHA-26B	140	
8	6	2024/2/12	佐久間 啓介	テレビ	新宿店	79,500	LC-40A	200	
9	7	2024/2/14	笠原 夏希	電子レンジ	池袋店	7,990	T-100W	140	
10	8	2024/2/23	堀田 友佳	電子レンジ	上板橋店	35,200	RE-XE90	140	
11	9	2024/2/23	細川 美保	電子レンジ	上板橋店	56,250	RE-XE2500	160	
12	10	2024/3/4	伊藤 勉	冷蔵庫	池袋店	13,200	IASA-5A	200	
13	11	2024/3/9	松本 まり	テレビ	池袋店	98,300	HHA-43C	200	
14	12	2024/3/11	中尾 早希	冷蔵庫	上板橋店	26,980	NR-F82AE	280	
15	13	2024/3/13	星野 正和	電子レンジ	池袋店	10,980	T-180W	140	
16	14	2024/3/20	長岡 哲男	冷蔵庫	池袋店	36,800	MA-GA132J	220	
17	15	2024/3/26	滝沢 淳	冷蔵庫	上板橋店	23,682	IASA-9B	240	
18									

1行に1件のデータを入力する

隣接している行や列にはデータは入力しない

どんな難しいことをいわれるのかと思っていたけど、とてもシンプルなルールで安心しました。

逆にいえば、きちんとした形式になっていないと、作業も難航するってことか〜。

データは貯めて終わりじゃないからね。その後も、活用していくためには、最初から正しい形式にしておくことが、効率化の一番の近道なんだ。

レッスン 28 連続したデータを入力するには

オートフィル

練習用ファイル　手順見出し参照

複数のセルに同じデータを入力したいときや連番を入力したいときには、セルの右下にマウスを合わせてドラッグしましょう。この機能をオートフィルと呼びます。毎月末の日付や、1年ごとの日付を入力したいときも同じ方法で入力できます。

🔍 キーワード

オートフィル	P.343
セル範囲	P.344

💡 使いこなしのヒント

曜日の連続データを作成するには

セルに曜日を入力した後に、そのセルのフィルハンドルにマウスポインターを合わせてドラッグすると、曜日の連続データを入力できます。

1. セルB2の右下にマウスポインターを合わせる
2. セルB6までドラッグ

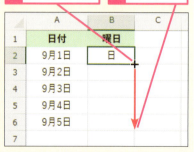

曜日の連続データが入力された

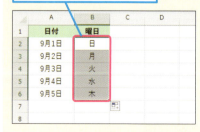

1 数字の連番を作成する

L028_連続データ_01.xlsx

ここではセルA3に入力された「1」から、セルA4〜A7に連続したデータ「2」「3」「4」「5」を作成する

1. セルA3の右下にマウスポインターを合わせる
　　マウスポインターの形が変わった

2. セルA7までドラッグ

3. [オートフィルオプション]をクリック

4. 「連続データ」をクリック

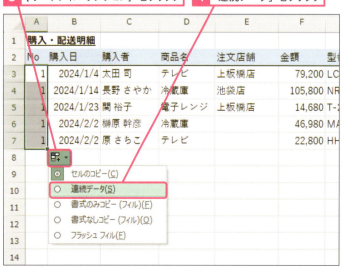

100　できる

● 連番が入力された

セルA4～A7に連番が入力された

2 月末日付を入力する

L028_連続データ_02.xlsx

ここではセルB2に入力された「2024/1/31」から、セルC2～E2に月末の日付を入力する

1 セルB2の右下にマウスポインターを合わせる / マウスポインターの形が変わった

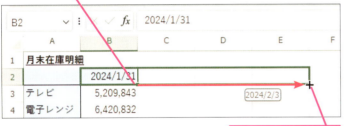

3 [オートフィルオプション]をクリック

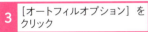

4 「連続データ（月単位）」をクリック

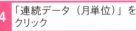

2 セルE2までドラッグ

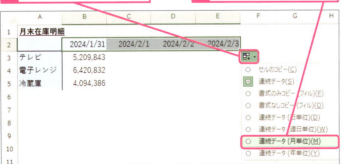

セルC2～E2に月末の日付が入力された

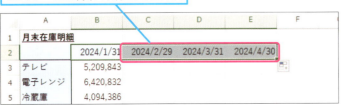

使いこなしのヒント
日や月初、年も選べる

月末日付以外にも、次のように様々な日付データを作成することができます。

● 連続する日付

◆連続データ（日単位）

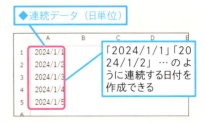

「2024/1/1」「2024/1/2」…のように連続する日付を作成できる

● 連続する月初日付

◆連続データ（月単位）

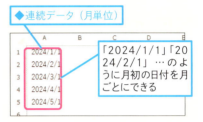

「2024/1/1」「2024/2/1」…のように月初の日付を月ごとにできる

● 1年ごとの日付

◆連続データ（年単位）

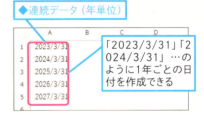

「2023/3/31」「2024/3/31」…のように1年ごとの日付を作成できる

まとめ
マウスポインターの形と使うボタンを意識しよう

オートフィルを行う際に、ドラッグ開始時のマウスの位置がずれると、セルのデータを別のセルに移動する操作になってしまう場合があります。マウスポインターの形に注意して操作をしてみてください。また、オートフィルを行った後には、意図通りの値が入力されているか確認するようにしましょう。

レッスン 29 データのコピーや移動をするには

データのコピー、移動

練習用ファイル　L029_コピー.xlsx

セルに入力したデータは他のセルにコピーしたり移動したりすることができます。ここでは、［コピー］と［貼り付け］の2つの操作でセルの値をコピーする方法と、［切り取り］と［貼り付け］の2つの操作で、セルの値を移動する方法を紹介します。

🔍 キーワード

オートフィル	P.343
数式	P.344

1 セルの内容をコピーして貼り付ける

ここではセルB7に入力されたデータを、セルB8にコピーする

1 セルB7をクリックして選択

2 ［ホーム］タブをクリック　**3** ［コピー］をクリック

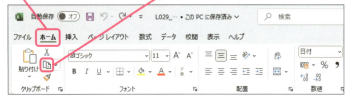

4 セルB8をクリックして選択

5 ［貼り付け］のここをクリック　**6** ［貼り付け］をクリック

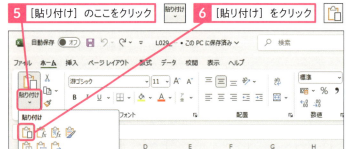

⌨ ショートカットキー

コピー	Ctrl + C
貼り付け	Ctrl + V

💡 使いこなしのヒント

右クリックメニューでコピーして貼り付ける

セルB7で右クリックをしてメニューから［コピー］をクリックをした後に、セルB8で右クリックをしてメニューから［貼り付け］をクリックすると、本文と同じようにセルの内容をコピーして貼り付けることができます。

セルB7を右クリック。右クリックメニューから［コピー］をクリックする

セルB8を右クリックして、右クリックメニューから［貼り付け］をクリックする

● コピーした内容を確認する

セルB7に入力されたデータが、セルB8にコピーされた

使いこなしのヒント

［貼り付け］ボタンをクリックしてもOK！

リボンの［貼り付け］のアイコン部分をクリックすると、［貼り付けのオプション］を開かずに通常の貼り付けができます。

スキルアップ

［貼り付けのオプション］を使いこなそう

通常の［貼り付け］を使うと、セルのすべての情報がそのまま貼り付けられます。セルの一部の情報だけを貼り付けたいときや、特殊な方法で貼り付けをしたいときには、［貼り付けのオプション］を使いましょう。

アイコン	種類	説明
	貼り付け	通常の貼り付け。入力された数式や書式など、セルのすべての情報が貼り付けられる
	数式	セルの数式だけを貼り付ける。セルに値が入力されている場合は、その値が貼り付けられる。なお、セルに書式が設定されていても、書式は貼り付けられない
	値	セルの値だけを貼り付ける。セルに数式が入力されている場合には、その計算結果が貼り付けられる。なお、セルに書式が設定されていても、書式は貼り付けられない
	書式設定	セルの書式だけを貼り付ける。セルに入力されている値や数式は貼り付けられない
	元の列幅を保持	貼り付け先のセルの列幅を、コピーしたセルの列幅に合わせる。列幅以外の書式、値や数式は貼り付けられない
	行/列の入れ替え	コピーしたセル範囲の縦・横を入れ替えて貼り付ける。入力された数式や書式など、セルのすべての情報が貼り付けられる
	図	コピーしたセルを、図として貼り付ける。貼り付けた結果が図になるので、セルの境界とは無関係に自由な場所に配置することができる
	リンクされた図	コピーしたセルを、元のセルとの紐付きを保ちながら図として貼り付ける。貼り付けた結果は、セルの境界とは無関係に自由な場所に配置できる。さらに、元のセルの値を修正すると、貼り付け先の図も連動して変わる

2 行や列全体をコピーして貼り付ける

ここでは6行目に入力されたデータを9行目にコピーする

1 行番号「6」をクリック
2 ［ホーム］タブをクリック
3 ［コピー］をクリック

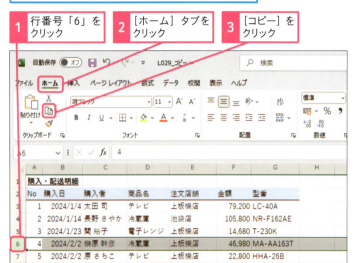

4 行番号「9」をクリック
5 ［貼り付け］のここをクリック

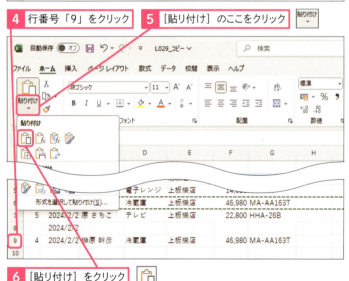

6 ［貼り付け］をクリック

6行目に入力されたデータが9行目にコピーされた

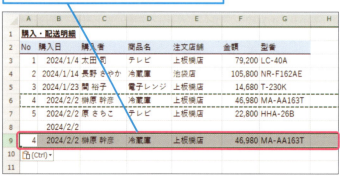

使いこなしのヒント

複数のセルをコピーして貼り付ける

複数のセルを選択して［コピー］をした後に、貼り付けたいセルを選択して［貼り付け］の操作をすると、複数のセルをまとめてコピーできます。なお、貼り付け時は、貼り付けたい範囲すべてを選択してもいいですし、左上のセル1つだけを選択しても問題ありません。

セルD3〜E4を選択しておく

1 ［ホーム］タブをクリック
2 ［コピー］をクリック

3 セルD10をクリック

4 ［貼り付け］のここをクリック

5 ［貼り付け］をクリック

セルD10〜E11に、コピーした複数のセルが貼り付けられる

3 セルの内容を切り取って貼り付ける

ショートカットキー

切り取り　　Ctrl + X

ここではセルB8に入力されたデータを切り取って、セルB10にコピーする

1 セルB8をクリックして選択

2 [ホーム] タブをクリック　**3** [切り取り] をクリック

4 セルB10をクリック

5 [貼り付け] のここをクリック　**6** [貼り付け] をクリック

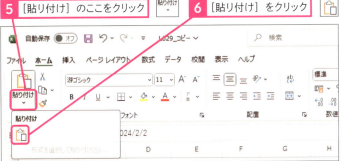

セルB8に入力されたデータが、セルB10に貼り付けられる

セルB8は空白セルになる

使いこなしのヒント

セルの枠をドラッグしてデータを移動する

セルを選択後、選択したセルの（右下隅以外の）枠にマウスポインターを合わせた状態から、違うセルにドラッグをすると、セルの内容を移動できます。これで手順3と同じ結果が得られます。なお、右下隅にマウスポインターを合わせてしまうと、データの移動ではなくオートフィル（100ページ参照）の処理が行われるので注意してください。

1 セルの枠（右下隅以外の場所）にマウスポインターを合わせる

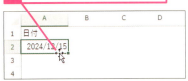

マウスポインターの形が変わった

違うセルまでドラッグすると、データを移動できる

まとめ
コピー・貼り付けのショートカットキーも覚えよう

コピー・貼り付けの操作は頻繁に出てくるので、ショートカットキーを使って操作ができると操作速度がかなり上がります。コピー（Ctrl + C）、貼り付け（Ctrl + V）のショートカットキーはExcel以外でも使えることが多いので使えるように練習してみてください。

レッスン 30 規則に基づきデータを自動入力するには

フラッシュフィル

練習用ファイル　L030_フラッシュフィル.xlsx

フラッシュフィルを使うと、あらかじめ変換後のデータをいくつか入力しておくことで、残りのデータについてパターンを認識してデータを自動的に生成してくれます。名前のリストから姓だけを抽出したり、日付の一部分を抽出するなど、手作業では大変な処理をするときに使うと便利です。

キーワード

関数	P.343
セル	P.344

使いこなしのヒント
変換後のデータを最低1つは入力する

フラッシュフィルを使うためには、最低1つは変換後のデータを入力しておく必要があります。本文の例では、あらかじめセルD3に「太田」と入力しています。フラッシュフィルのボタンをクリックすると、このデータを参考にして、下のセルにデータを生成します。

1 氏名から姓を抽出する

セルD4〜D22に［購入者］列の氏名から姓を抽出する

1 セルD3を選択
2 ［データ］タブをクリック
3 ［フラッシュフィル］をクリック

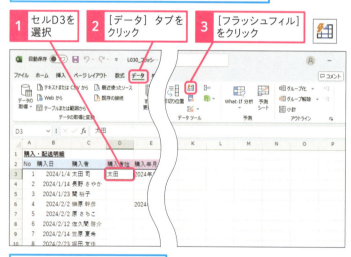

ここに注意
フラッシュフィルで値を入力する列と、元データが入っている列の間に空白の列を入れないようにしましょう。空いているとフラッシュフィルが使えないので注意してください。

使いこなしのヒント
フラッシュフィルの使いどころ

フラッシュフィルで作成したデータは、原理的に正確性が保証できません。ですから、関数で処理できるところは関数を使うことをおすすめします。基本的には、関数の使い方がわからず、関数を使って処理を書くのが大変な場合に、フラッシュフィルを使うようにしましょう。ただし、その場合にはフラッシュフィルでデータを生成した後、作成したデータが意図通りのものになっているか、必ず目視で確認するようにしましょう。

セルD4〜D22に姓が表示された

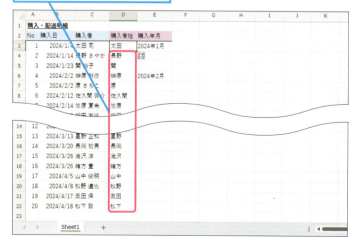

2 購入日から購入年月を抽出する

セルE4～E22に［購入日］列の日付から年月を抽出する

1 セルE3をクリックして選択

2 ［データ］タブをクリック

3 ［フラッシュフィル］をクリック

セルE4～E22に購入年月が表示された

使いこなしのヒント
変換後のデータを複数入力するとうまく動く場合もある

変換後のデータが1つではうまく動かないときは、2つ入力すると意図通りの結果になる場合があります。本文の例では、月の部分が違うデータを2つ適当に選んで入力したおかげでフラッシュフィルが正しく動作しました。一方で、本文の例で、セルE3だけ入力してセルE6を空欄にした状態でフラッシュフィルを実行すると、次のように購入年月の月が1ずつ増えたものが入力されてしまいます。

セルE3だけを入力した状態でフラッシュフィルを実行すると、意図した通りの結果にならない

使いこなしのヒント
フラッシュフィルのプレビュー

同じ列に、いくつかデータを入力していると、データの入力中にフラッシュフィルのプレビューが表示される場合があります。Enter キーを押すと、プレビューの内容で入力を確定できます。

まとめ
状況に応じてフラッシュフィルを上手に活用しよう

フラッシュフィルは便利な機能である一方、作成したデータの正確性は保証されません。フラッシュフィルでデータを生成した後は、目視で検証をするようにしましょう。実務的には、まず、関数で処理できないかを考えてみて、関数を組むことが現実的に難しい場合にフラッシュフィルを使うことを検討してみましょう。

レッスン 31 入力できるデータを制限するには

データの入力規則

練習用ファイル　L031_入力するデータを制限.xlsx

入力間違いを防ぐために、セルを選択したときにプルダウンメニューで入力候補を表示したり、入力した値に対して簡易的なチェックをかけることができます。ただし、チェック機能については完璧ではありませんので頼りすぎないように気を付けましょう。

キーワード
シート	P.344
ダイアログボックス	P.345

1 入力できるデータを選択できるようにする

ここではセルE3～E40に、「池袋店」「新宿店」「上板橋店」とだけ入力できるように設定する

1　セルE3～E40をドラッグして選択

2　[データ]タブをクリック

3　[データの入力規則]のここをクリック

4　[データの入力規則]をクリック

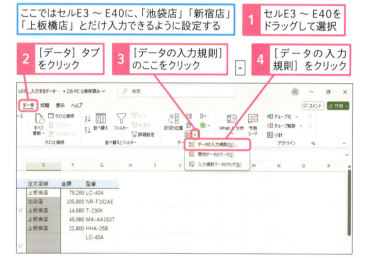

使いこなしのヒント
[元の値]をカンマ区切りで入力する

[元の値]には、入力候補に表示したい値をカンマ区切りで入力します。あるいは、入力したい値を別のセルに入れておき、そのセルを参照して[元の値]として設定することもできます。

[元の値]に、セル範囲を設定することもできる

[データの入力規則]ダイアログボックスが表示された

5　[設定]タブをクリック

6　[入力の値の種類]のここをクリックして[リスト]を選択

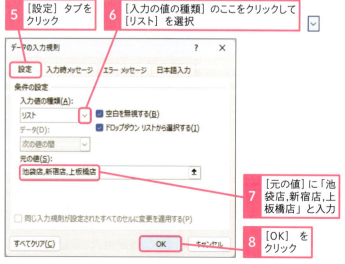

7　[元の値]に「池袋店,新宿店,上板橋店」と入力

8　[OK]をクリック

使いこなしのヒント
入力の誤りを絶対に防止することはできない

入力規則を使って入力可能な値を制限している場合でも、他のセルからコピー・貼り付けでデータを貼り付けると制限外のデータを入力できます。このように、入力規則では入力誤りを絶対に防ぐことはできません。必ず、別の手段で入力された値が制限範囲内かを確認するようにしてください。

● プルダウンメニューから選択してデータを入力する

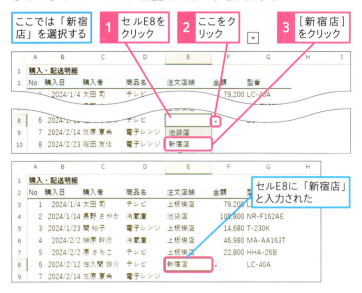

2 入力できる値を制限する

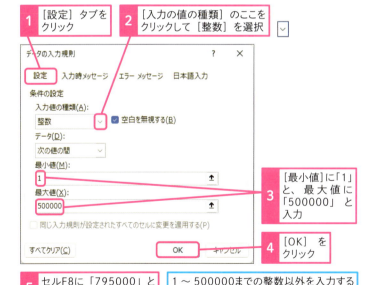

使いこなしのヒント

入力時メッセージを表示する

「入力時メッセージ」タブで、セルを選択したときにメッセージを表示させることができます。例えば、セルへの入力時の注意事項を表示することができます。

[データの入力規則] ダイアログボックスを表示しておく

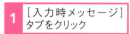

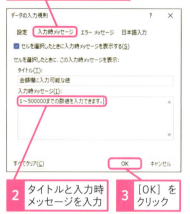

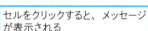

まとめ 他の人が使うシートには入力規則を設定しよう

社内用のテンプレートを作成した場合など、他の人にシートにデータを入力してもらうときには、入力規則を設定しておくと作成者の意図に沿った入力をしてもらえる可能性が上がります。積極的に入力規則を設定するとよいでしょう。

レッスン 32 目的のデータを検索するには

検索　　　　　　　　練習用ファイル　L032_検索.xlsx

データ量が増えて目視でデータを探すのが大変なときは検索機能を使いましょう。指定したデータが入力されているセルを簡単に探すことができる他、該当する箇所を一覧で表示することもできます。特定の列や範囲だけを対象にした検索もできます。

キーワード
アクティブセル　　　P.342
ダイアログボックス　P.345

ショートカットキー
［検索と置換］ダイアログボックスの表示
Ctrl + F

1 シート全体を検索する

ここではシート全体から、「テレビ」と入力されたセルを検索する

1 セルA1をクリック
2 ［ホーム］タブをクリック
3 ［検索と選択］をクリック

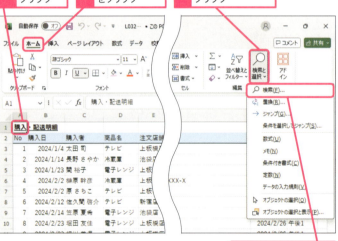

4 ［検索］をクリック

［検索と置換］ダイアログボックスが表示された

5 「テレビ」と入力

6 ［次を検索］をクリック

使いこなしのヒント
シート全体を検索するときはセルの選択範囲に注意する

選択しているセルが1つか複数かで、検索時の挙動が変わるので注意しましょう。本文のように1つのセルだけを選択した状態で検索をすると、シート全体あるいはブック全体から入力した値を検索できます。一方で、複数のセルを選択した状態で検索をすると、選択したセルの中だけから指定した値を検索できます。

● 検索を続ける

「テレビ」と入力された1つ目のセルが、アクティブセルになった

7 ［次を検索］をクリック

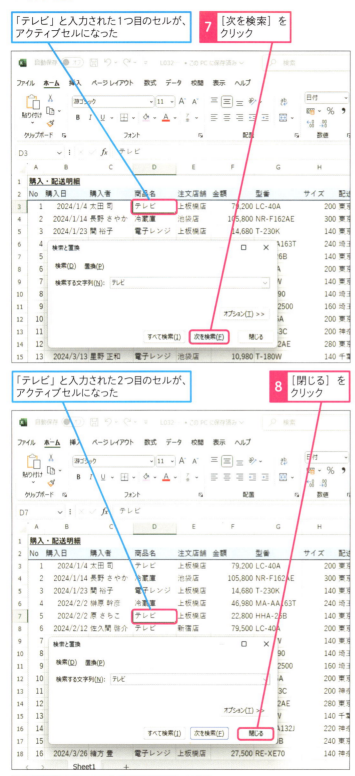

「テレビ」と入力された2つ目のセルが、アクティブセルになった

8 ［閉じる］をクリック

［検索と置換］ダイアログボックスが閉じる

使いこなしのヒント

検索結果を一覧で表示するには

［検索と置換］ダイアログボックスで、［次を検索］をクリックする代わりに［すべて検索］をクリックすると、検索結果を一覧で表示できます。

［検索と置換］ダイアログボックスを表示しておく

1 「テレビ」と入力

2 ［すべて検索］をクリック

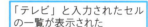

「テレビ」と入力されたセルの一覧が表示された

32 検索

2 指定したセル範囲を検索する

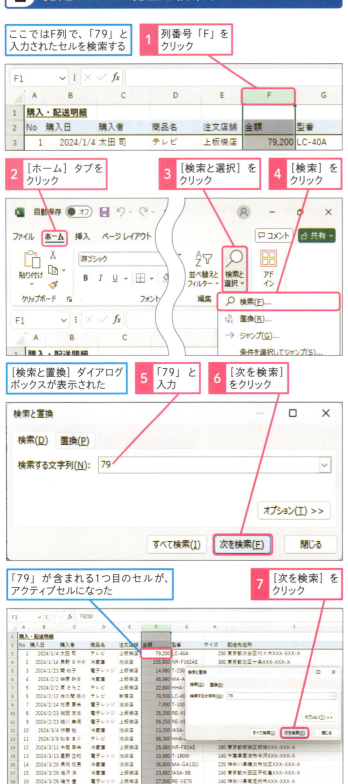

使いこなしのヒント

検索対象を設定しないと検索されないことがある

［検索対象］を［値］にするとセルに表示された内容から、［数式］にすると数式バーに表示された内容から検索をすることができます。例えば、セルに「105,800」、数式バーに「105800」と表示されているデータがある場合を考えてみましょう。このとき、このセルを「105,800」で検索するには［検索対象］を［値］に、このセルを「105800」で検索するには［検索対象］を［数式］にする必要があります。

［検索対象］を［値］に設定してある

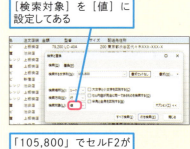

「105,800」でセルF2が検索対象となる

［検索対象］を［数式］に設定してある

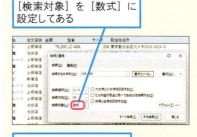

「105,800」だとセルF2は検索対象とならない

👍 スキルアップ

検索条件を詳細に設定するには

[検索と置換] ダイアログボックスで、[オプション] をクリックすると、より詳細な指定をする画面が出てきます。ここでは、重要なものをいくつか説明していきます。

● **検索場所**
検索場所を[シート]にすると表示しているシートから、[ブック]にするとブック（＝すべてのシート）から検索をすることができます。

● **検索対象**
検索対象を[値]にするとセルに表示された内容から、[数式]にすると数式バーに表示された内容から検索をすることができます。多くの場合、検索対象を[値]にしておくとよいでしょう。

● **セルの内容が完全に一致であるものを検索する**
チェックマークを入れると完全一致検索、チェックマークをいれないと部分一致検索になります。

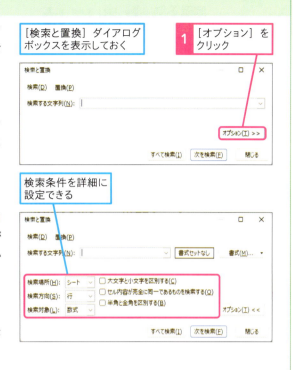

● 2つ目のセルが検索された

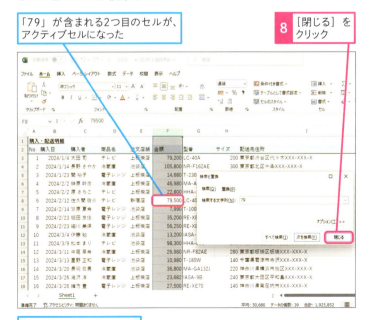

まとめ うまく検索できないときは「検索対象」を再確認

検索がうまくいかないときには[検索と置換]ダイアログボックスの[オプション]の設定を確認してください。特に、検索対象として[値][数式]のどちらが設定されているかは重要です。その設定に応じた検索文字列を入力しましょう。

レッスン 33 検索したデータを置換するには

置換　　　練習用ファイル　L033_置換.xlsx

［検索と置換］の機能を使うと、セルに入力されたデータのうち、指定したデータを別のデータに置き換えることができます。複数のセルに入力された内容を一気に修正したいときは、置換の機能を使うと漏れなく修正できます。

キーワード

数式バー	P.344
ダイアログボックス	P.345

ショートカットキー

［検索と置換］ダイアログボックスの表示
Ctrl + F

1 データを1つずつ置換する

ここではセルに入力された「テレビ」を「液晶TV」に置換する

1 セルA1をクリック
2 ［ホーム］タブをクリック
3 ［検索と選択］をクリック

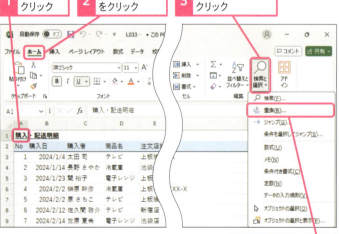

4 ［置換］をクリック

［検索と置換］ダイアログボックスが表示された

5 ［検索する文字列］に「テレビ」と入力

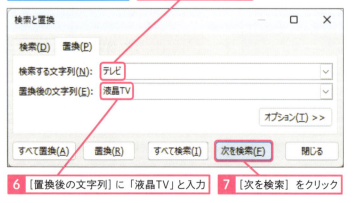

6 ［置換後の文字列］に「液晶TV」と入力
7 ［次を検索］をクリック

使いこなしのヒント

［検索する文字列］には数式バーの内容を入力する

［検索と置換］ダイアログボックスの［検索する文字列］には各セルの数式バーに表示された内容を入力しましょう。前のレッスンの［検索］では、検索対象を［数式］［値］などから選べました（112ページ参照）。一方で、置換では、検索対象は［数式］しか選べません。そのため、［検索する文字列］に数式バーの内容を入力しないと、うまく置換ができません。

● データを置換する

「テレビ」と入力された1つ目のセルが、アクティブセルになった

8 [置換]をクリック

「テレビ」が「液晶TV」に置換された

「テレビ」と入力された2つ目のセルが、アクティブセルになった

[置換]をクリックすると、2つ目のセルも「液晶TV」に置換できる

[閉じる]をクリックすると、[検索と置換]ダイアログボックスが閉じる

2 一度にデータを置換する

手順1を参考に、[検索と置換]ダイアログボックスを表示しておく

1 [検索する文字列]に「テレビ」と入力

2 [置換後の文字列]に「液晶TV」と入力

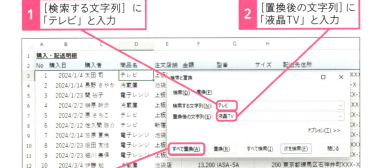

3 [すべて置換]をクリック

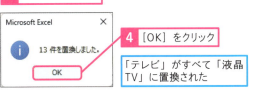

4 [OK]をクリック

「テレビ」がすべて「液晶TV」に置換された

使いこなしのヒント

範囲を指定して文字列を置換するには

シートの中の一部のセルの内容だけを置換したいときには、2つ以上のセルを選択した状態で置換処理を行いましょう。この状態で[すべて置換]をクリックすると、選択したセル限定で、一気に置換をすることができます。

ここではセルE3〜E40に入力された「池袋店」を「池袋東口店」に置換する

1 セルE3〜E40を選択

手順1を参考に、[検索と置換]ダイアログボックスを表示しておく

手順2を参考に[検索と置換]ですべて置換する

まとめ

置換時にはセルの範囲に気を付けよう

[すべて置換]の処理をするときには、必要なセルだけ置換されるように複数のセルを選択した状態で置換をしましょう。なお、置換時の[検索する文字列]には、数式バーに表示された内容を入力する必要があることに注意してください。

レッスン 34 フィルターを使って条件に合う行を抽出するには

フィルター

練習用ファイル　L034_フィルター.xlsx

表の中から目的のデータが入力された行だけを抽出して表示するには［フィルター］の機能を使いましょう。複数のデータを指定したり、「〜で始まる」「〜から〜まで」など複雑な条件を指定したりすることができます。

キーワード
関数	P.343
フィルター	P.346

ショートカットキー
フィルターボタンの表示
（フィルターが設定されていない状態で）
Ctrl + Shift + L

1 フィルターボタンを表示する

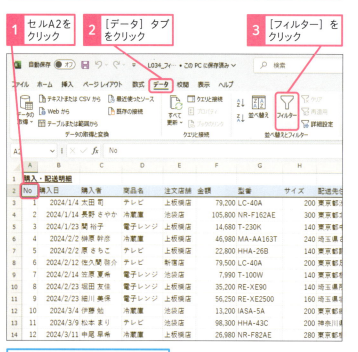

💡 使いこなしのヒント
表に空行・空列がないか注意しよう

フィルターボタンを表示する表に空行や空列があると、空行や空列の手前までしかフィルターの対象になりません。このようなトラブルを防ぐために、まずは、空行や空列がない表を作るように心掛けましょう。もし、表の中に空行や空列を入れざるを得ない場合には、表全体を選択してフィルターボタンを表示する操作をしましょう。これで、表全体をフィルターの対象にすることができます。

💡 使いこなしのヒント
フィルターボタンを表示するときは選択するセルに注意する

複数のセルを選択した状態でフィルターボタンを表示する操作をすると、表全体ではなく選択したセルの一番上の行を見出し行と認識してフィルターが設定されます。表全体にフィルターを設定したいときには、いったんフィルターボタンを消して、もう一度、1つのセルか表全体を選択した状態でフィルターボタンを表示する操作をやり直しましょう。

2 特定の条件を満たす行を抽出する

手順1を参考に、表にフィルターを設定しておく

ここではD列に「テレビ」と入力された行だけを抽出する

1 セルD2のフィルターボタンをクリック

2 [(すべて選択)]のここをクリックしてチェックマークをはずす

3 [テレビ]のここをクリックしてチェックマークを付ける

4 [OK]をクリック

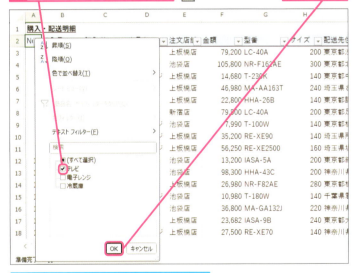

「テレビ」と入力された行だけが抽出された

使いこなしのヒント
複数の項目で絞り込むには

複数の項目にチェックマークを付ければ、複数の項目を条件に指定できます。

クリックしてチェックマークを付けた項目の行が抽出される

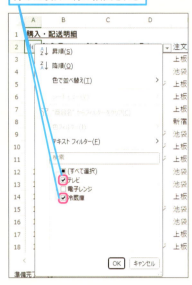

使いこなしのヒント
FILTER関数でもデータを抽出できる

レッスン87で解説しているFILTER関数でも、指定した条件でデータを抽出できます。フィルターだと手作業で操作をする必要がありますが、FILTER関数なら関数でデータを抽出できるので、作業の自動化に役立ちます。

使いこなしのヒント
フィルターボタンの形で抽出されているかどうかがわかる

フィルターで条件を指定している場合、フィルターボタンが の形に変わります。

117

③ 抽出条件を解除するには

1 フィルターボタンをクリック

2 ["(項目名)"からフィルターをクリア]をクリック

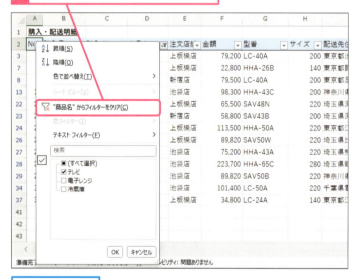

抽出が解除された

使いこなしのヒント

すべての列の抽出条件を一気に解除する

フィルターで条件を指定している場合に、[データ]タブをクリックして[並べ替えとフィルター]の[クリア]をクリックすると、すべての列のフィルターで設定した抽出条件を一気に解除できます。

1 [データ]タブをクリック　**2** [クリア]をクリック

抽出条件が解除された

4 複雑な条件で行を抽出する

手順1を参考にフィルターを設定しておく

ここでは、2024年3月1日から2024年3月31日までの日付のデータだけを抽出する

1 セルB2のフィルターボタンをクリック

使いこなしのヒント
「数値フィルター」と「テキストフィルター」

複雑な条件を指定するフィルターには[日付フィルター]の他に、[数値フィルター]と[テキストフィルター]があります。この3つのどれが表示されるかは、各列に入力されたデータに応じて決まります。例えば、[購入者]列には文字データが入力されているので、[購入者]列でフィルターボタンを押すと[テキストフィルター]が表示されます。[テキストフィルター]を使うと、[指定の値で始まる][指定の値で終わる]など、文字データを扱うのに適した様々な条件を指定できます。

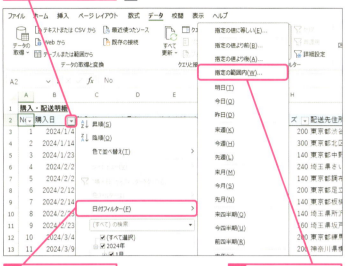

2 [日付フィルター]をクリック

3 [指定の範囲内]をクリック

[カスタムオートフィルター]が表示された

4 [購入日]の[以降]の右側に「2024/3/1」と入力

セルに文字列が入力されていると、テキストフィルターを選択できる

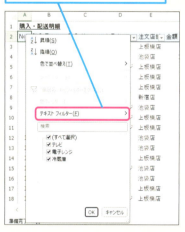

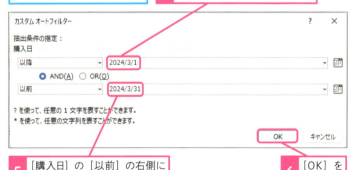

5 [購入日]の[以前]の右側に「2024/3/31」と入力

6 [OK]をクリック

2024年3月1日から2024年3月31日までの日付のデータだけが抽出された

5 複数の条件で行を抽出する

手順3を参考に、すべての列のフィルターを解除しておく

ここでは商品名が「冷蔵庫」で、金額が50000円以上の取引だけを抽出する

1 セルD2のフィルターボタンをクリック

2 ［(すべて選択)］をクリックしてチェックマークをはずす

3 ［冷蔵庫］をクリック　**4** ［OK］をクリック

5 セルF2のフィルターボタンをクリック

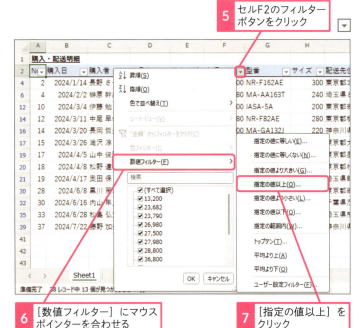

6 ［数値フィルター］にマウスポインターを合わせる

7 ［指定の値以上］をクリック

使いこなしのヒント
フィルターとコピー・貼り付けの関係に注意する

フィルターが掛かった状態の表をコピーして、別のシートに貼り付けをするとフィルターで表示されている行だけを転記できます。表の一部の行だけを転記したいときにとても便利です。
なお、コピーしたセルをフィルターが掛かった表に貼り付けてしまうと、フィルターで表示されていない行にも貼り付けが行われてしまい、トラブルの原因になります。貼り付け先のセルはフィルターを掛けていない状態にしておきましょう。

使いこなしのヒント
指定の値以下も指定できる

数値フィルターを使うと、本文で紹介した「指定の値以上」以外にも、「指定の値以下」「指定の値より大きい」「指定の値より小さい」「指定の値に等しい」「指定の値に等しくない」などを指定することもできます。

使いこなしのヒント
数値フィルターの指定は後から変更もできる

操作7で［指定の値以上］をクリックしたため、操作8では右の欄に［以上］と表示されます。ここで［以上］の部分をクリックすると［以下］など他の条件に変更できます。

● 2つ目の条件を設定する

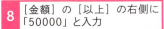
8 ［金額］の［以上］の右側に「50000」と入力

9 ［OK］をクリック

商品名が「冷蔵庫」で、金額が50000円以上の取引だけが抽出された

使いこなしのヒント
複数の列に対する条件は「〜かつ〜」で指定される

2つの列にフィルターの抽出条件を設定した場合、その2つの条件は「〜かつ〜」で指定したのと同じ意味になります。つまり、その2つの列の両方の抽出条件を満たす行だけが表示されます。なお、複数の列にまたがった「〜または〜」の条件を指定したいときには、新しく条件判定用の列を作って、その列でフィルターを掛けるなどの工夫が必要です。

ショートカットキー
フィルターボタンの消去
（フィルターが設定されている状態で）
Ctrl + Shift + L

6 フィルターを解除する

フィルターが設定されている
1 ［データ］タブをクリック
2 ［フィルター］をクリック

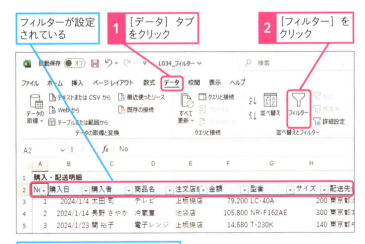

フィルターボタンが消え、フィルターも解除された

使いこなしのヒント
フィルターの表示と解除は同じショートカットキーを使う

フィルターの表示と解除のショートカットキーは、どちらも Ctrl + Shift + L に割り当てられています。このため、Ctrl + Shift + L を押すとフィルターの表示と解除を切り替えることができます。

まとめ
フィルターはExcelで最も重要な機能の1つ

フィルターはExcelで最も重要な機能の1つです。大量のデータを扱うときには、フィルターを上手に使えると作業効率が大きく上がります。思い通りの条件が指定できるように、練習してみてください。

レッスン 35 データの順番を並べ替えるには

並べ替え

練習用ファイル　L035_並べ替え.xlsx

作成したデータを見やすいように順番を並べ替えることができます。並べ替えの機能は一見便利ですが、安易に並べ替えを行うとデータが壊れたり、元の状態に戻すのが大変だったりする場合もあるため、使うときには注意が必要です。

🔍 キーワード

降順	P.344
昇順	P.344

1 データを並べ替える

ここでは金額順に行を並べ替える

1 セルF2をクリックして選択

2 [ホーム] タブをクリック

3 [並べ替えとフィルター] をクリック

4 [昇順] をクリック

金額順に行が並べ替えられた

💡 使いこなしのヒント

空行・空列がある表の並べ替えには注意する

本文の手順1のように、1つのセルを選択して並べ替えをした場合、表の中に空行・空列があると、空行・空列の手前までしか並べ替えが行われません。特に空列がある場合、並べ替えをするとデータの内容がずれてしまう可能性があり非常に危険です。ですから、この方法を使うときには、空行・空列がないかを必ず確認するようにしましょう。特に、個人情報などの重要なデータを扱うときには、次ページで紹介する、表全体を選択して [並べ替え] ダイアログボックスを使って並べ替えをすることを強くおすすめします。

💡 使いこなしのヒント

昇順と降順の違いとは

昇順はだんだん大きくなる順（1、2、3、…）、降順はだんだん小さくなる順（9、8、7、…）を表します。日付の場合には、昇順は、過去から未来の順（2024/1/1、2024/1/2、…）、降順は未来から過去の順（2024/1/31、2024/1/30、…）を表します。昇順・降順という用語は無理に覚える必要はありません。実務的には、とりあえず、片方の並び順を試して、意図と違ったらもう1つの並び順を試してみる、という方法でも十分でしょう。

2 複数の条件でデータを並べ替える

ここでは商品名で並べて、さらに購入日順に並べる

1 セルA2〜K40を ドラッグして選択
2 [データ] タブ をクリック
3 [並べ替え] を クリック

[並べ替え] ダイアログ ボックスが表示された

4 [レベルの追加] を クリック
5 [最優先されるキー] のここをクリック して [商品名] を選択

6 [次に優先されるキー] のここを クリックして [購入日] を選択
7 [OK] を クリック

商品名で並べて、さらに 購入日順に並べられた

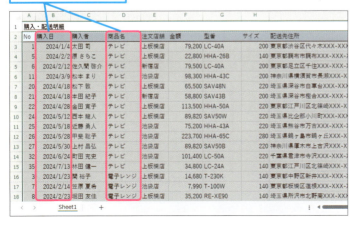

使いこなしのヒント

表全体を選択する代わりにシート全体を選択してもOK

表が大きくて表全体を選択するのが大変なときには、表全体を選択する代わりにシート左上の三角マークをクリックすると、シート全体を選択することができます。

スキルアップ

先頭行を見出しにする

[先頭行をデータの見出しとして使用する] にチェックを入れると、先頭行は見出しとして扱われて並べ替えの対象になりません。逆に、チェックを入れないと先頭行もデータとして並べ替えの対象になります。このチェックボックスは、データの内容により自動的にチェックが入る場合と入らない場合があるので、並べ替え前にチェックの有無を確認しましょう。

この部分のチェックを 確認する

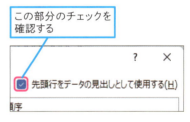

まとめ

並べ替えは表全体を選択しよう

並べ替えはExcelの主要な機能の1つですが、データによっては、内容がずれてしまう可能性があります。表全体に影響があり、元に戻らないこともあるので、使用は必要最小限に留めましょう。また、並べ替えをするときは、必ず、並べ替えたい範囲全体を選択しましょう。

レッスン 36 先頭の項目を常に表示するには

ウィンドウ枠の固定

練習用ファイル　L036_先頭の項目を常に表示.xlsx

大きな表を扱う場合には、表の見出しを固定して常に表示されるようにしましょう。この機能は、総合計金額などサマリー情報を固定表示する用途にも使えます。固定した行や列の中で表示する必要がない部分は非表示にしましょう。

🔍 キーワード

行	P.343
列	P.346

💡 使いこなしのヒント
列見出しだけを固定するには

A列のどこかのセルを選択してウィンドウ枠を固定すると、列見出し（画面上部の見出し）だけ固定できます。

1 ウィンドウ枠を固定する

ここでは、画面をスクロールしても、1行目～2行目とA列が常に表示されるように設定する

1 セルB3をクリック

2 ［表示］タブをクリック
3 ［ウィンドウ枠の固定］をクリック
4 ［ウィンドウ枠の固定］をクリック

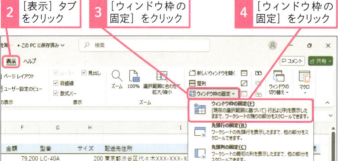

ウィンドウ枠が固定されて、黒い線が表示された

5 ここをドラッグして画面を下にスクロール

1行目～2行目が常に表示されている

💡 使いこなしのヒント
ウィンドウ枠を固定するときに選択するセルの意味

選択したセルの左上の頂点を基準にウィンドウ枠が固定されます。例えば、B3セルを選択してウィンドウ枠を固定すると、2行目と3行目の間、A列とB列の間でウィンドウ枠が固定されます。

セルB3でウィンドウ枠が固定されている

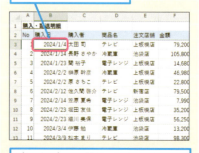

2行目と3行目の間と、A列とB列の間でウィンドウ枠が固定される

● A列が常に表示されるかどうか確認する

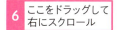
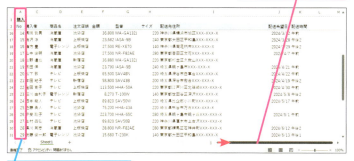

A列が常に表示されている

2 行や列の一部を非表示にする

手順1を参考に、セルB3で
ウィンドウ枠を固定しておく

1 1行目を選択

2 選択した行番号を右クリック
3 ［非表示］をクリック

1行目が非表示になった
4 画面を下にスクロール
2行目が常に表示されている

使いこなしのヒント

ウィンドウ枠の固定を解除するには

ウィンドウ枠を固定したときと同じ操作をもう一度行うと、ウィンドウ枠の固定を解除できます。リボンの［表示］タブから［ウィンドウ枠の固定］-［ウィンドウ枠の固定の解除］をクリックしましょう。

1 ［ウィンドウ枠の固定］をクリック

2 ［ウィンドウ枠の固定の解除］をクリック

使いこなしのヒント

途中の行だけを固定する

2行目だけを見出しとして常に表示させたいときには、ウィンドウ枠の固定で1〜2行目を固定したうえで、1行目を非表示にしましょう。

まとめ

大きな表を作るときにはウィンドウ枠を固定する

大きな表を作るときには、ウィンドウ枠を固定して見出しや総合計金額などのサマリー情報を常に見える状態にすると操作がしやすくなります。固定時に選択したセルの左上の点を基準にウィンドウ枠が固定されることも覚えておきましょう。

この章のまとめ

効率のよい方法をマスターしよう

この章では表を効率よく作成し、利用するのに便利な機能を紹介しました。この章で特に重要なポイントは3つあります。1つ目は検索時の検索対象の指定です。うまく検索できないときには、検索対象の「値」「数式」を切り替えて検索をしてみましょう。2つ目は並べ替えです。必ず、表全体など並べ替えたい範囲全体を選択しましょう。3つ目はフィルターです。作成した表の中から効率的に目的のデータを抽出するには、フィルターが欠かせません。Excelの中で最も重要な機能の1つですので使いこなせるように練習してみてください。

フィルター機能を使うと見たいデータを素早く抽出できる

数字の連番や日付を一気に入力できるなんて、知りませんでした。「オートフィル」は使う場面が多そう！

「フィルター」もすごく便利！ 見たいデータをすぐに取り出せますね。

うん！ ただ、「テレビ」「TV」とか、同じデータなのに表記が違うと、フィルターを使っても正しく抽出できないから、注意してね！

基本編

第5章

数式や関数を使って
正確に計算しよう

この章では、数式とはどういうものか、足し算・引き算などの計算をする方法、他のセルの値を参照する方法、関数を使う方法など、数式の基本的な使い方を紹介します。

37	数式とそのルールを知ろう	128
38	セルの値を使って計算するには	130
39	数式や値を貼り付けるには	132
40	文字データを結合するには	134
41	参照方式について覚えよう	136
42	絶対参照を使った計算をするには	138
43	複合参照を使った計算をするには	140
44	関数の仕組みを知ろう	142
45	関数で足し算をするには	144
46	平均を求めるには	146
47	四捨五入をするには	148
48	他のシートのデータを集計するには	150
49	累計を計算するには	152

レッスン 37

Introduction この章で学ぶこと

数式とそのルールを知ろう

数式は、セルに入力する計算式のことです。Excelの作業をするうえで欠かせない重要な機能となっています。まずは数式の入力方法や、基本的なルールをここで覚えましょう。

数式の基本を押さえよう

いよいよ難しくなってきましたね。何から覚えたらいいのか……。

まずは簡単なルールから覚えよう。数式は、最初に「=」を入力した後に計算式を入力すると、セルに計算結果が表示されるよ。数式は必ず半角で入力してね。

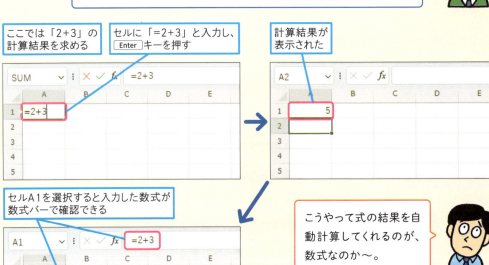

ここでは「2+3」の計算結果を求める

セルに「=2+3」と入力し、Enterキーを押す

計算結果が表示された

セルA1を選択すると入力した数式が数式バーで確認できる

こうやって式の結果を自動計算してくれるのが、数式なのか〜。

セルには計算結果が表示されて、入力した数式は数式バーで見られるんですね。

数式バー以外にも、数式を入力したセルをクリックして編集モードにしても、数式が表示されるよ。数式を変えたい場合は、セルや数式バーから編集しよう！

セルの参照や演算子を使おう

それから、数式内にセル番地を指定すると、セル内のデータを使って計算もできるんだ。この場合、数式内で使ったセルの値が変わると、計算結果も連動して変わるよ。

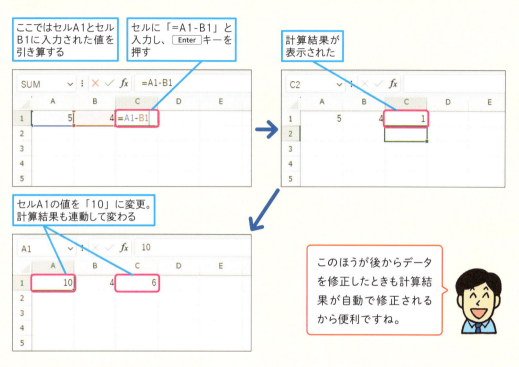

ここではセルA1とセルB1に入力された値を引き算する

セルに「=A1-B1」と入力し、Enterキーを押す

計算結果が表示された

セルA1の値を「10」に変更。計算結果も連動して変わる

このほうが後からデータを修正したときも計算結果が自動で修正されるから便利ですね。

ところで、さっき入力した式にあった「+」とか「-」は算数で使う記号でしょうか？数式にはこういった記号も使えるんですね～。

●演算子と意味

演算子	意味	計算式の例	計算結果
+	足し算	=14+2	16
-	引き算	=14-2	12
*	掛け算	=14*2	28
/	割り算	=14/2	7

これは「演算子」と呼ばれるもので、この表にあるものがよく使われるよ。掛け算・割り算の記号が日常で使う記号とは違うので気を付けよう。

レッスン 38 セルの値を使って計算するには

数式の入力

練習用ファイル L038_数式の入力.xlsx

数式では「B2」「C2」などのセル番地を入力すると、そのセルに入っている値を使って計算できます。セル番地は、数式入力中に参照したいセルをクリックすると入力できます。数式内で使ったセルの値が変わると計算結果も連動して変わります。

キーワード

入力モード	P.345
編集モード	P.346

使いこなしのヒント
「=」のみの場合は同じものが表示される

「=A1」「=B2」など、「=」の後にセル番地を入力すると、指定したセルの値をそのまま転記できます。なお、数式で指定したセルが空欄の場合には、例外的に計算結果は「0」になることに注意してください。例えば、セルA1が空欄のときに、セルB1に「=A1」と入力すると、セルB1には「0」と表示されます。

使いこなしのヒント
参照しているセルの値が変わると数式の計算結果も変わる

数式内で参照しているセルの値が変わると、自動的に数式の計算結果も更新されます。例えば、セルB3を「300」に修正すると、連動してセルD3の計算結果も「27000」に変わります。

1 他のセルを参照して計算する

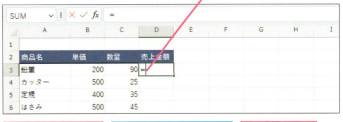

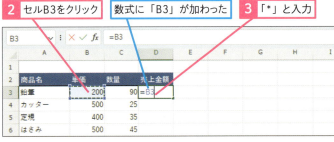

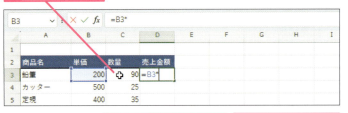

● 値の積が求められた

セルB3とセルC3に入力された値の積が求められた

2 矢印キーでセルを選択して計算する

ここではセルB4とセルC4に入力された値の積を求める

1 セルD4に「=」と入力
2 ←キーを2回押す

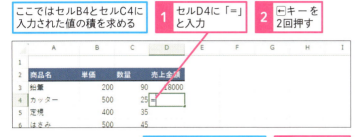

数式に「B4」が加わった
3 「*」と入力

4 ←キーを押す

数式に「C4」が加わった
5 Enter キーを押す

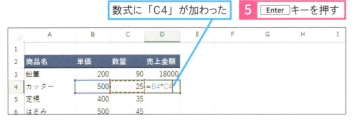

セルB4とセルC4に入力された値の積が求められた

使いこなしのヒント
入力モードと編集モード

セル入力時には、入力モードと編集モードという2つの状態があります。このうち、数式入力時に、矢印キーでセルを選択できるのは入力モードの場合だけです。入力モードと編集モードは F2 キーで切り替えられます。編集モードになっている場合には F2 キーで入力モードに切り替えてから矢印キーを押してください。どちらのモードになっているかは画面左下のステータスバーに表示されています。

● 入力モード

● 編集モード

使いこなしのヒント
セルに直接入力してもよい

数式内で参照するセルの番地は手入力もできます。ですから、「=B4*C4」とすべての文字をキーボードで入力して Enter キーを押しても構いません。また「=b4*c4」のように小文字で入力しても問題ありません。 Enter キーを押すと、自動的に大文字に変換されます。

まとめ セル番地を入れて他のセルを参照する

数式中に「A1」「B2」など、セル番地を入れると、そのセルの値を使って計算できます。セル番地は、①マウスでセルを選択する、②矢印キーでセルを選択する、③直接セル番地を手入力する、のいずれかの方法で入力しましょう。

レッスン 39 数式や値を貼り付けるには

数式のコピー、値の貼り付け

練習用ファイル L039_数式のコピー、値の貼り付け.xlsx

数式が入っているセルをコピーして貼り付けるときには、「数式」か「計算結果である値」かのどちらを貼り付けるかで結果が変わります。数式を貼り付けるときには、数式内のセル参照がずれて貼り付けられることに注意しましょう。

🔍 キーワード

オートフィル	P.343
数式	P.344

💡 使いこなしのヒント
数式内のセル参照は自動でずれる

数式が入っているセルをコピーして貼り付けると、数式内のセル参照は「貼り付けたセルの方向」に変化します。本文の例では、セルD4に入力された数式「=B4*C4」を1つ下のセルに貼り付けたので、数式内のセル参照も1つ下にずれて「=B5*C5」という数式に変わりました。同じように、数式を1つ右のセルに貼り付ければ数式内のセル参照は1つ右にずれますし、数式を2つ下のセルに貼り付ければ数式内のセル参照は2つ下にずれます。なお、コピー・貼り付け時にセル参照をずらさないようにする方法もあります（**レッスン42**参照）。

⚠ ここに注意

レッスン29で解説した通常の貼り付けでも、数式貼り付けと同じように数式の状態で貼り付けられます。一方で、通常の貼り付けだと、数式貼り付けとは違い、元の書式が消えてコピー元の書式で上書きされることに注意してください。

💡 使いこなしのヒント
セルをクリックして、貼り付けた数式を確認する

貼り付け後の数式は、貼り付けたセルをクリックして確認できます。本文の例では、セルD5をクリックすると、数式バーに「=B5*C5」と表示されます。

1 数式をコピーして貼り付ける

セルD4に入力された数式「=B4*C4」をコピーして、セルD5〜D8までに貼り付ける

1 セルD4を選択
2 セルD4の右下にマウスポインターを合わせる
マウスポインターの形が変わった

3 セルD8までそのままドラッグ

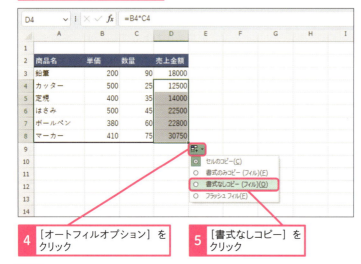

4 [オートフィルオプション]をクリック
5 [書式なしコピー]をクリック

132 できる

● 数式が貼り付けられた

セルを選択して数式バーを見ると、セル参照が自動でずれていることがわかる

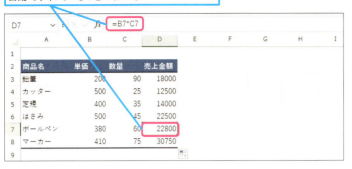

2 計算結果を貼り付ける

ここではセルD3～D8に入力された数式の計算結果を、セルE3～E8に貼り付けます

1 セルD3～D8を選択

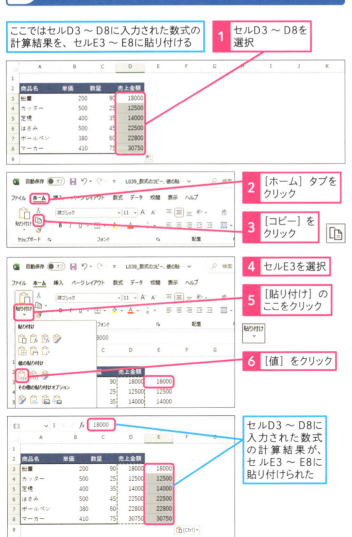

2 [ホーム] タブをクリック

3 [コピー] をクリック

4 セルE3を選択

5 [貼り付け] のここをクリック

6 [値] をクリック

セルD3～D8に入力された数式の計算結果が、セルE3～E8に貼り付けられた

使いこなしのヒント
値貼り付けとは

数式ではなく計算結果を貼り付けたいときには、値貼り付けを使いましょう。通常通りコピーの操作をした後、貼り付けるときに [値] のアイコンをクリックすると値で貼り付けることができます。なお、値貼り付けでも書式は貼り付けられません。

使いこなしのヒント
元のセルに値で貼り付けをして数式を計算結果に置き換える

数式が入力されているセルをコピーして同じセルに値貼り付けをすると、数式を値に置き換えることができます。例えば、本文のセルD3～D8をコピーして、同じセルに貼り付けるとセルD3～D8の数式が値に置き換わります。

まとめ
数式・値のどちらを貼り付けるかを意識しよう

フィルハンドルを使うと数式をコピーして貼り付けられます。書式を貼り付けたくないときにはオートフィルのオプションから書式なしコピーをクリックしましょう。計算結果を貼り付けたいときには値貼り付けを使いましょう。

39 数式のコピー、値の貼り付け

できる 133

レッスン 40 文字データを結合するには

文字データの結合 　　　　　　　　　　　　**練習用ファイル** L040_文字データの結合.xlsx

Excelの数式では、足し算・掛け算などの数値計算だけではなく文字列データの計算（処理）もできます。このレッスンでは、数式の中に文字列データを入力する方法と、2つのデータを結合する数式の書き方を紹介します。

🔍 キーワード

数式	P.344
セル	P.344

💡 使いこなしのヒント

数式内に文字列を指定する

数式中で空白文字を入力したいときには「"」と「"」の間に空白を入れて「" "」と入力しましょう。「"様"」のように、空白文字と他の文字を合わせて入力することもできます。

1 セルの文字同士を結合する

ここではA列とB列に入力されたデータを結合する

1 セルC2に「＝」と入力

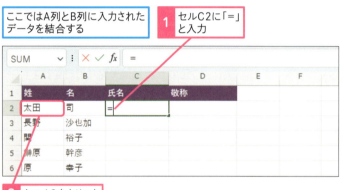

2 セルA2をクリック
3 「&」と入力

4 セルB2をクリック　**5** Enter キーを押す

1 「=A2&" "&B2」と入力

2 Enter キーを押す

空白を入れて［姓］と［名］が結合された

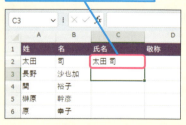

● 文字列が結合された

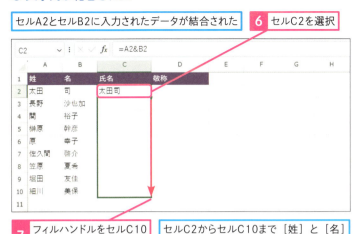

6 セルC2を選択
セルA2とセルB2に入力されたデータが結合された
7 フィルハンドルをセルC10までドラッグ
セルC2からセルC10まで［姓］と［名］の文字列が結合される

2 セルの内容に文字を追加する

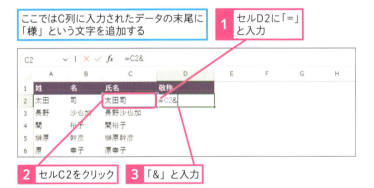

ここではC列に入力されたデータの末尾に「様」という文字を追加する
1 セルD2に「=」と入力
2 セルC2をクリック
3 「&」と入力

4 「"様"」と入力
5 Enter キーを押す

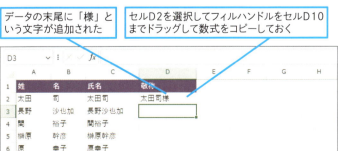

データの末尾に「様」という文字が追加された
セルD2を選択してフィルハンドルをセルD10までドラッグして数式をコピーしておく

💡 使いこなしのヒント
数式内に文字列を指定する

数式で文字列データを入力したいときには、文字列データを「"」（ダブルクォーテーション、Shift + F2 キー）で囲みます。例えば、「様」という文字列データを入力したいときには「"様"」と入力しましょう。

💡 使いこなしのヒント
0から始まる数字を追加するには

数式中に「015」など0で始まる数字を入力したい場合も、数字の部分を「"」で囲んで入力しましょう。

1 「="015"&A2」と入力

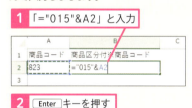

2 Enter キーを押す

0で始まる数字が入力された

まとめ　文字列は「"」で囲み「&」で結合する

Excelの数式では文字列データを扱うこともできます。数式の中に文字列データを入力するときには「"」で囲みましょう。また、文字列データを結合するには「&」を使いましょう。

レッスン 41 参照方式について覚えよう

参照方式　　　　　　　　　　　　　　　　　　　練習用ファイル　L041_参照方式.xlsx

数式で他のセルを参照する方法として、相対参照と絶対参照を解説します。絶対参照を使うと、数式をコピーして貼り付けたときに参照しているセルが動きません。さらに、列または行の片方だけ固定した複合参照にすることもできます。

キーワード
絶対参照	P.344
相対参照	P.345

1 相対参照と絶対参照

数式の中で他のセルを参照するには相対参照と絶対参照の2つの方法があります。「=A1」のようにセル番地だけを入力すると相対参照、「=$A$1」のようにセル番地の前に「$」を付けると絶対参照になります。数式をコピーして貼り付けたときに、相対参照だと参照するセルがずれますが、絶対参照だと変わりません。

● 相対参照のイメージ

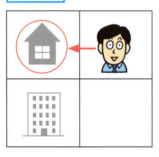
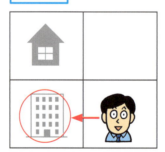

現在地によって目的地（参照先）が変わる

● 絶対参照のイメージ

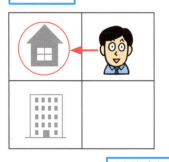
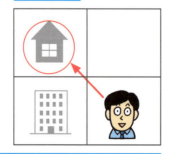

現在地がどこでも、目的地（参照先）は変わらない

💡 使いこなしのヒント
相対参照の名前の由来

相対参照は、「数式を入力したセルから見て、1つ左のセル」というように、数式入力地点から見た相対的な位置を指定しているイメージです。ですから、数式をコピーして別のセルに貼り付けると、参照先セルも連動して変わります。これは、目的地を「現在地から西に100m」としているイメージです。現在地が変わると目的地も変わってしまいます。

💡 使いこなしのヒント
絶対参照の名前の由来

絶対参照は「セルA1」「セルB4」というように、セルの位置そのものを指定しているイメージです。ですから、数式をコピーして別のセルに貼り付けても、参照するセルは変わりません。これは、目的地を「丸の内1-2-3」と基準が決まっている住所を指定するイメージです。現在地がどこであっても、目的地の場所は変わりません。

2 参照方法を変更するには

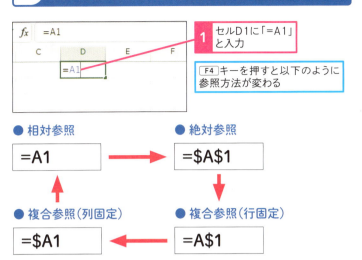

使いこなしのヒント
絶対参照の使いどころ

絶対参照を使うべき場面の1つに「数式を入力する表の外側を参照する」場合があります。例えば、このレッスンの練習用ファイルで手数料率が入力されているセルB1は、数式を入力する表（セルA3〜C7）の外側にあります。こういうときには、セルB1への参照を絶対参照で入力しておくと、数式をコピーして、別のセルに貼り付けても正しい数式になります。

3 絶対参照を入力するには

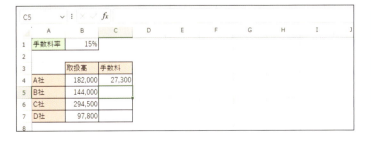

使いこなしのヒント
複合参照の使いどころ

「$A1」「A$1」など、列または行のみを固定した形式を複合参照と呼びます。複合参照は、マトリックス型の表を作成するときに使います。詳細はレッスン43を参照してください。

まとめ
絶対参照と相対参照を使い分けよう

数式をコピーして貼り付けたときに、参照するセルを固定したいときには絶対参照、貼り付けたセルの方向にずらしたいときには相対参照を使います。数式を入力する表の外部のセルを参照するときには絶対参照を使うべきか検討しましょう。

レッスン 42 絶対参照を使った計算をするには

絶対参照

練習用ファイル　L042_絶対参照.xlsx

数式をコピーして貼り付けるときに、参照するセルをずらしたくないときには絶対参照を使いましょう。例えば、売上構成比を計算するときに、総合計への参照を絶対参照で指定すると、入力した数式をコピーして貼り付けるだけで正しい計算ができるようになります。

🔍 キーワード
絶対参照	P.344
表示形式	P.345

1 構成比を計算する

1 セルE3に「=D3/D9」と入力　　2 [F4]キーを押す

「D9」が絶対参照の「$D$9」に切り替わった

3 [Enter]キーを押す

💡 使いこなしのヒント
数式内のセル参照は自動でずれる

売上先の全体に対する構成比は「売上先ごとの売上高」÷「総合計」で計算をします。例えば、左の表でセルE3に「=D3/D9」と入力すると、売上構成比（0.14931…）が計算できます。ただし、この数式をセルE4以下に貼り付けてしまうと、セルE4の数式が「=D4/D10」のように参照先がずれて、正しく計算ができません。そこで、分母であるセルD9への参照を絶対参照にして入力する必要があります。

セルE4の数式「=D4/D10」となり、参照先がずれている

● 構成比が求められた

| 4 | セルE3を選択 |
| 5 | セルE3の右下にマウスポインターを合わせる |

| 6 | フィルハンドルをセルE9までドラッグ |

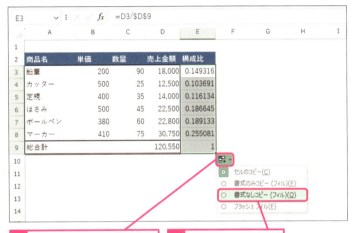

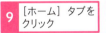
7 [オートフィルオプション]をクリック

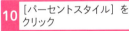
8 [書式なしコピー]をクリック

| 9 | [ホーム]タブをクリック |
| 10 | [パーセントスタイル]をクリック |

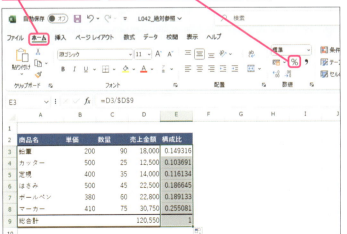

セルE3～E9の値がパーセントで表示される

使いこなしのヒント

パーセンテージの桁数を設定するには

リボンの[ホーム]タブの[パーセントスタイル]をクリックした後に、その近くにある[小数点以下の表示桁数を増やす]（アイコン）や[小数点以下の表示桁数を減らす]（アイコン）をクリックすると、小数第何位まで表示するかを指定できます。

| 1 | [ホーム]タブをクリック |
| 2 | [小数点以下の表示桁数を増やす]をクリック |

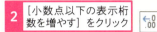

小数点以下の表示桁数が増えた

まとめ 絶対参照で数式を貼り付けられるようにしよう

数式のコピー・貼り付けで参照先セルを変えたくないときには絶対参照を使いましょう。コピー・貼り付けできる数式を入力すると、数式を何回も入力しないで済むので素早く表を作成できます。

42 絶対参照

レッスン 43 複合参照を使った計算をするには

複合参照　　　　　　　　　　　　　　　　　　　練習用ファイル　L043_複合参照.xlsx

数式で他のセルを参照するときには、複合参照にすることで列または行のみを固定することができます。マトリックス型の表を作るときには、これらの参照方法を使うと数式を簡単にコピーして貼り付けられるようになります。

キーワード
セル	P.344
複合参照	P.346

使いこなしのヒント

複合参照による参照先セルの変化

「=$B3」のように参照先を指定すると列「B」が固定されます。列番号は常に「B」となるため、数式を縦方向に貼り付けると行番号はずれ、横方向に貼り付けると参照先セルは変わりません。逆に「=C$2」のように指定すると行「2」は常に固定され、縦方向に貼り付けても参照先セルは変わりませんが、横方向に貼り付けると列番号がずれます。

1 マトリックス型の計算をする

1 セルC3に「=B3」と入力　　2 F4 キーを3回押す

「B3」が「$B3」に変わった　　3 「*C2」と入力　　4 F4 キーを2回押す

「C2」が「C$2」に変わった　　5 Enter キーを押す

数式を横方向に貼り付けても参照先セルは変わらない

数式を縦方向に貼り付けると参照先セルが変わる

数式を横方向に貼り付けると参照先セルが変わる

数式を縦方向に貼り付けても参照先セルは変わらない

基本編　第5章　数式や関数を使って正確に計算しよう

● 数式をコピーする

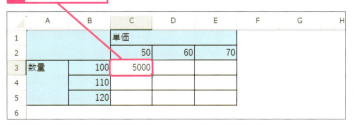

 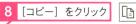

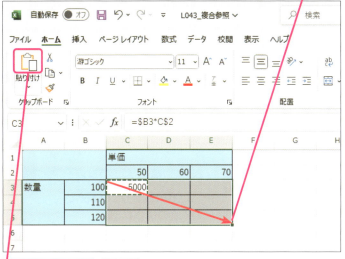

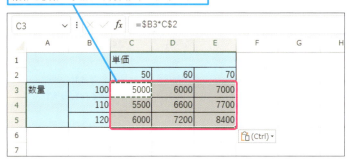

使いこなしのヒント
マトリックス型の表とは?

表の左と上に見出しがあり、その交点に計算結果を表示するような表をマトリックス型の表と呼びます。

使いこなしのヒント
数式をコピーして縦・横の両方に貼り付けるには

オートフィルの機能を使うと、縦方向・横方向どちらかの方向にしかコピー・貼り付けできません。縦・横の両方にコピー・貼り付けをしたいときには、右クリックメニュー・リボンやショートカットキーを使ってコピー・貼り付けの操作をしてください。

使いこなしのヒント
複合参照の使いどころ

表の左と上に見出しがあり、その交点に計算結果を表示するマトリックス型の表を作るときには、複合参照を使って、表の左端や上端を参照します。

まとめ
マトリックス型の表は効率よく作成しよう

マトリックス型の表を作るときには、表の左端は「=$B3」、表の上端は「=C$2」というように複合参照で参照しましょう。複合参照を使って数式を入力した後、その数式をコピーして貼り付ければ、表ができあがります。

レッスン 44 関数の仕組みを知ろう

関数の仕組み、入力方法 | 練習用ファイル　なし

関数とは、数式中で使える定型の計算を行う機能で、与えられた値に応じた計算結果が得られます。関数を使うと、複数のセルの合計を取る・四捨五入するなど様々な計算をすることができます。

キーワード
関数	P.343
引数	P.345

用語解説
引数（ひきすう）

引数とは、関数の計算に使う値です。関数は、引数に応じて、決められた計算をして、その計算結果を返します。

1 関数とは

関数とは、数式中で使える定型の計算を行う機能で、与えられた値に応じた計算結果が得られます。関数は数式内で使います。ですから、まず、先頭に数式を表す「＝」を入力し、その後に関数を入力していきます。関数は、関数名の後に括弧で囲んで「引数」を入力します。引数が2つ以上あるときには、引数を「,」（カンマ）で区切って指定します。

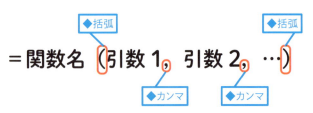

2 関数の具体例を見る

具体例を見てみましょう。次の例では「ROUND」関数が入力されています。括弧の中には、1つ目の引数「12.5」、2つ目の引数「0」がカンマで区切って指定されています。なお、細かい関数の説明は後で行いますので、現時点では、この関数がどういう意味かわからなくても大丈夫です。ここでは、関数の書式だけ注目してください。

使いこなしのヒント
よく使う関数は20個程度、必須の関数は5個

Excelには、約500個の関数があります。ただ、このうち頻繁に使う関数は20個程度で、その中でも必須の関数は次の5個です。すべての関数の使い方を覚えようと思わず、頻繁に使う関数の使い方を集中的に覚えるようにしましょう。

関数名	機能
SUM	合計
SUMIFS	条件付き合計の集計
COUNTIFS	条件付き件数の集計
VLOOKUP	検索
IF	条件分岐

3 関数を入力するには

関数を入力するには、①[オートSUM]を使う、②[関数の挿入]ダイアログボックスを使う、③数式内で直接入力する、の3つの方法があります。①が一番簡単で②、③の順に難しくなります。最初のうちは①、②の方法を使い、慣れてきたら③の方法にチャレンジしてみてください。

●①オートSUMを利用する

[オートSUM]でSUM関数を入力する
→レッスン45

●②関数の挿入を利用する

[関数の挿入]ダイアログボックスで関数を入力する
→レッスン47

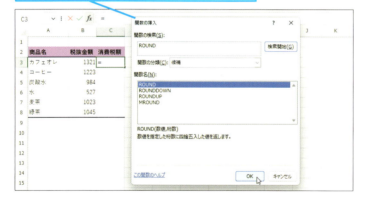

●③直接入力する

セルや数式バーに、直接関数式を入力する
→レッスン46

使いこなしのヒント

関数は手入力もできる

本文では3つの入力方法を紹介しました。このうち、①[オートSUM]はSUM関数など一部の関数にしか使えない、②[関数の挿入]ダイアログボックスは、関数の中に関数を入れるといった複雑な関数が入力できない、という欠点があります。そのため、関数の入力に慣れてきたら、③数式内で直接入力する方法を使うことをおすすめします。直接入力時には、関数名の自動候補表示や引数の入力ガイドを活用できるので、関数の書式を暗記していなくても入力できます。

まとめ 関数が入った数式は括弧とカンマに注目

関数の意味を理解するために最も重要なのは、関数名と引数を把握することです。括弧とカンマを手掛かりにして、関数名が何で、どういう引数が指定されているかを意識するようにしましょう。

レッスン 45 関数で足し算をするには

SUM関数、オートSUM　　　　　　　　　練習用ファイル　L045_オートSUM.xlsx

SUM関数を使うと、指定したすべての数値やセルの合計を計算できます。「+」で足し算をする場合と違い、連続する複数のセルをまとめて指定できます。連続したセルの合計を取りたいときに使いましょう。

キーワード
数式	P.344
セル範囲	P.344

数学・三角

数値の合計を計算する

=SUM(サム)(数値)

SUM関数は、指定したすべての数値、セル、セル範囲の値を合計する関数です。セル範囲は「A1:B10」のように左上と右下のセルを「:」（コロン）でつないで指定します。複数の数値、セル、セル範囲を指定したいときには「=SUM(10,20)」「=SUM(B4,B7)」「=SUM(A1:B10,10,C5)」のようにカンマ「,」で区切って指定します。

ショートカットキー
オートSUM　　Shift + Alt + =

用語解説
セル範囲
連続する複数のセルのことをセル範囲といいます。

引数

数値　合計したい数値やセル、セル範囲を1つ以上指定します。

例1：
= SUM(B2：B4)
セル範囲 B2 から B4 の値を合計する

例2：
= SUM(B4, B7)
セル B4 とセル B7 の値を合計する

使いこなしのヒント
[オートSUM]とメニューで操作が異なる

オートSUMを使うときにはクリックする場所で挙動が変わります。[オートSUM]（Σ）の部分をクリックすると即座にSUM関数が入力されます。一方で、その下のオートSUMをクリックすると計算方法を選択するサブメニューが表示されます。そのサブメニューから「合計」を選ぶとSUM関数が入力されます。

引数に指定した範囲の値を合計できる

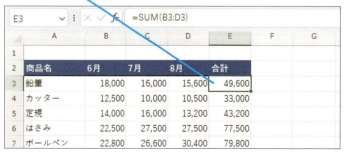

1 オートSUMで計算する

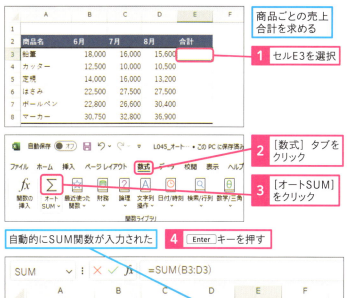

商品ごとの売上合計を求める
1 セルE3を選択
2 [数式]タブをクリック
3 [オートSUM]をクリック
自動的にSUM関数が入力された
4 Enter キーを押す

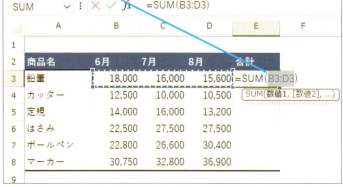

セルB3～D3の合計が表示された
5 セルE3を選択
6 セルE3の右下にマウスポインターを合わせる

7 フィルハンドルをセルE8までドラッグ

レッスン39を参考に[オートフィルオプション]で[書式なしコピー]をクリックしておく

商品ごとの売上合計が求められる

時短ワザ
縦横計を計算する

次のような表があるときに、セルB3～E9を選択して、[オートSUM]をクリックすると、セルB9～D9、セルE3～E9にSUM関数が入力され、縦計・横計を一度に計算できます。

1 セルB3～E9を選択

2 [オートSUM]をクリック

縦横計が一度に計算された

まとめ うまくいかないときは数値を含めて選択する

SUM関数を入力したいセルを選択してオートSUMを使うと、SUM関数を入力できます。ただし、縦横計を計算するときなど、数値が入力されたセルを含めて選択してからオートSUMを使わないとダメなときもあるので注意しましょう。

レッスン 46 平均を求めるには

AVERAGE関数　　練習用ファイル L046_AVERAGE関数.xlsx

AVERAGE関数は、指定した数値、セル、セル範囲の平均を計算する関数です。3か月間の売上金額の平均、1年間の給与支給額の平均など、セルに入力されている数値の平均を計算したいときに使いましょう。

キーワード
オートフィル	P.343
関数	P.343

統計
数値の平均を計算する
=AVERAGE(数値)

AVERAGE関数は、指定した数値、セル、セル範囲の値の平均（＝合計÷件数）を計算する関数です。なお、「0」が入力されたセルは、平均を計算するときの分母の件数に含まれますが、文字列のデータが入力されたセルや空欄のセルは、平均を計算するときの分母の件数に含まれないことに注意してください。

引数
数値　　平均を求めたい数値やセル、セル範囲を1つ以上指定します。

使いこなしのヒント
［オートSUM］ボタンからもAVERAGE関数を挿入できる

AVERAGE関数を入力したいセルを選択して、リボンから［数式］-［オートSUM］の横の［▼］-［平均］をクリックすると、自動的にAVERAGE関数が挿入されます。

1 売上の平均を求める

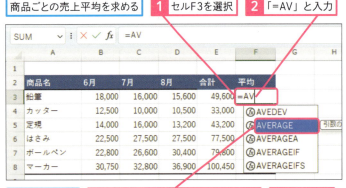

146　できる

● 関数が入力された

入力する関数が選択された　　5　セルB3～D3をドラッグ

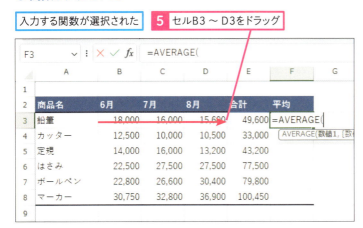

平均する範囲が選択された　　6　「)」と入力　　7　Enter キーを押す

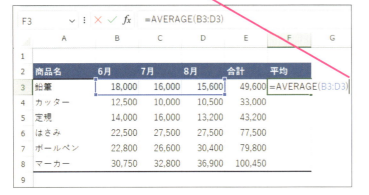

セルB3～D3の平均が表示された　　8　セルF3の右下にマウスポインターを合わせる

9　フィルハンドルをセルF8までドラッグ

レッスン39を参考に［オートフィルオプション］で［書式なしコピー］をクリックしておく

数式がコピーされ商品ごとの売上平均が求められる

使いこなしのヒント
関数名の入力補完機能を使おう

関数を直接入力する場合でも、関数名を完璧に覚える必要はありません。本文で紹介したように、関数名の一部を入力すると、該当する関数の一覧が表示されます。後は、↑↓キーで選択した後に Tab キーを押すと関数を入力できます。

使いこなしのヒント
入力時の関数のヒントに注目

関数を入力している途中で、入力しているセルの下を見ると、関数のどの引数を入力しているかがわかります。例えば、「=SUM(」まで入力すると、画面下に「SUM(数値1,[数値2], ...)と表示されます。数値1の部分が濃く表示されていることから、現在「数値1」に当たる部分を入力中であることがわかります。

関数を途中まで入力すると、入力中の引数が太字で表示される

まとめ　AVERAGE関数では文字列・空欄セルに注意

AVERAGE関数でセル範囲を指定すると、セル範囲に入力された値の平均が計算できます。ただし、セル範囲の中に文字列が入力されたセルや空欄のセルがある場合には、意図と違う計算結果になる場合があるので注意しましょう。

レッスン 47 四捨五入をするには

ROUND関数 　　　　　　　　　　　　　　　　　　　練習用ファイル　L047_ROUND関数.xlsx

計算結果を四捨五入するときはROUND関数を使いましょう。例えば、本体代金から消費税額を計算する場合や、定価に値引率を掛けて値引額を計算する場合など、計算結果に端数が出る場合にはROUND関数で端数処理をしましょう。

キーワード

ダイアログボックス	P.345
表示形式	P.345

数学・三角

数値を指定した桁数に四捨五入する

=**ROUND**(数値, 桁数)

ROUND関数は、指定した数値を四捨五入して、指定した桁数に丸める関数です。桁数は、2つ目の引数で指定します。例えば、四捨五入した結果、整数にしたいときには「0」、小数1位まで表示したいときには「1」、10の位まで表示したいときには「-1」を指定します。

引数

数値	四捨五入する数値を指定します。
桁数	四捨五入した結果をどの桁数まで表示するかを指定します。

使いこなしのヒント

桁数の設定で計算結果が変わる

ROUND関数の2つ目の引数には、四捨五入してどの桁数まで表示するかを数字で指定します。例えば、元の数値が「123.456」のとき、桁数の指定に応じて計算結果は次の表のように変わります。

●桁数の指定と計算結果

桁数の指定	四捨五入した後の表示	計算結果
2	小数第2位まで	123.46
1	小数第1位まで	123.5
0	整数	123
-1	10の位まで	120
-2	100の位まで	100

1 消費税を四捨五入する

ここではセルB3に入力された金額の10%の値を求め、四捨五入して整数にする

● ROUND関数の入力を続ける

[関数の挿入] ダイアログボックスが表示された

四捨五入した結果をどの桁まで表示するかを指定する

3 「ROUND」と入力

4 [検索開始] をクリック

5 [ROUND] をクリック

6 [OK] をクリック

7 セルB3をクリック

8 「*10%」と入力

9 「0」と入力

10 [OK] をクリック

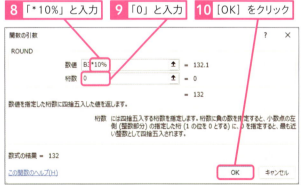

セルB3に入力された金額の10%の値を求め、四捨五入して整数にできた

レッスン39を参考に数式をコピーしておく

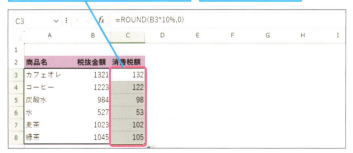

使いこなしのヒント
ROUND関数と表示形式を使い分けよう

ROUND関数は、本文中の例のように四捨五入した結果の数値が必要なときに使いましょう。一方で、端数処理結果を画面上に表示したいだけなら関数を使う必要はありません。このときには、表示形式の分類で「数値」を選ぶと、小数の指定した桁数で四捨五入で表示できます（レッスン21参照）。

使いこなしのヒント
切り捨て、切り上げをしたいとき

切り捨て処理、切り上げ処理をしたいときには、それぞれROUNDDOWN関数、ROUNDUP関数を使いましょう（レッスン74参照）。

まとめ
端数処理後の表示桁数を指定する

端数を四捨五入をしたいときには、ROUND関数を使いましょう。ROUND関数の2つめの引数は、端数処理をした結果、どの桁まで表示するかを指定していると考えると意味が覚えやすくなります。

レッスン 48 他のシートのデータを集計するには

他のシートの参照　　練習用ファイル　L048_他のシートの参照.xlsx

他のシートのセルを選択する場合にも、ほとんど同じ操作で、数式を入力できます。次の［月］シートに入力された材料費の2024年1月～2024年3月の合計金額を計算して［集計］シートに転記してみましょう。

キーワード
絶対参照	P.344
相対参照	P.345

使いこなしのヒント

他のシートへの参照は「!」で表す

数式の中で、他のシートへの参照は、数式内で「月!B3:D3」など「(シート名)!(セル)」という形式で表されます。また、シート名によっては、シート名の前後に「'」が付け加えられる場合もあります。シート名が長いと数式が読みにくくなるので、シート名はできるだけ短くしましょう。

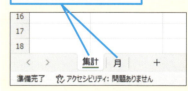

シート名は短いものにする。日本語表記でも問題ない

1 他のシートのセルを参照する

［集計］シートを表示しておく
1 ［集計］シートのセルC3を選択
2 「=SUM(」と入力

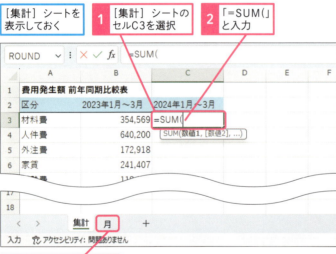

3 ［月］シートをクリック

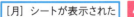

［月］シートが表示された
4 セルB3～D3をドラッグして選択

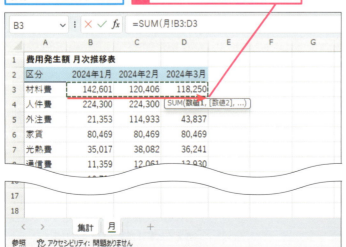

● 引数が指定された

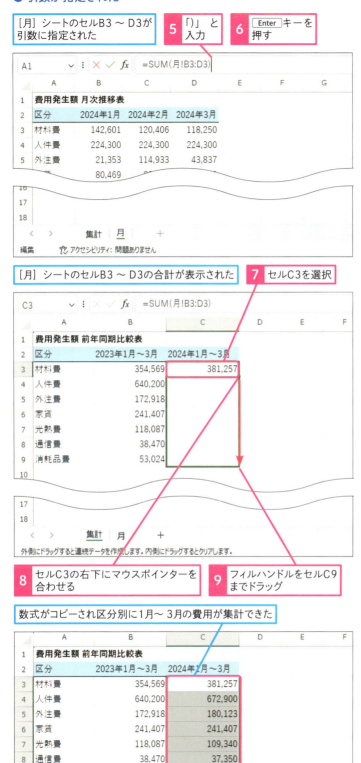

> 使いこなしのヒント
>
> **他のシートへの参照と
> 相対参照・絶対参照**
>
> 他のシートへの参照についても、相対参照であれば数式のコピー・貼り付けに伴い参照しているセルがずれます。例えば、セルC4を見ると、参照先がずれることがわかります。

参照先のセルが「B4:D4」で1つずれている

> **まとめ**
>
> **数式で他のシートのセルも参照できる**
>
> 数式内で、他のシートのセルを参照して計算をすることができます。数式入力中に、マウスでシート一覧からシートを選択後、参照したいセルをクリックして、セル参照を入力しましょう。数式中にシート名が表示されるので、シート名はできるだけ短く・シンプルにしましょう。

レッスン 49 累計を計算するには

累計の計算　　　　　　　　　　　　　　　　　　　練習用ファイル　L049_累計の計算.xlsx

SUM関数を使って、各行の金額を上から次々に足していって累計金額を計算する方法を紹介します。この方法を使うと、在庫移動データを累計して在庫数を計算したり、入場者データを累計して累計入場者数を計算したりすることができます。

キーワード
#VALUE!	P.342
相対参照	P.345

使いこなしのヒント

相対参照で「1つ上」「1つ左」のセルを参照する

本文で紹介した数式「=SUM(D2,C3)」では、参照しているセル「D2」「C3」を相対参照で指定しているのがポイントです。相対参照なので、セルD3から見て、1つ上のセルD2と1つ左のセルC3の合計を取る計算をしていることになります。この数式をコピーして下に貼り付けていくと、1つ上のセル（前日の累計人数）に、1つ左のセル（その日の入場者数）を足して、当日の累計人数が計算できます。

1 相対参照のSUM関数を入力する

1 セルD3に「=SUM(D2,C3)」と入力　　**2** Enter キーを押す

	A	B	C	D	E	F	G
				=SUM(D2,C3)			
1	入場者数 日次推移					(参考：前年)	
2	日付	曜日	入場者数	入場者数累計		入場者数	入場者数累計
3	2024/8/1	木	403	=SUM(D2,C3)		394	394
4	2024/8/2	金	455			418	812
5	2024/8/3	土	1,026			820	1,632
6	2024/8/4	日	1,052			1,009	2,641
7	2024/8/5	月	672			651	3,292
8	2024/8/6	火	438			367	3,659

セルD2とセルC3を合計した結果が表示された

	A	B	C	D	E	F	G
1	入場者数 日次推移					(参考：前年)	
2	日付	曜日	入場者数	入場者数累計		入場者数	入場者数累計
3	2024/8/1	木	403	403		394	394
4	2024/8/2	金	455			418	812
5	2024/8/3	土	1,026			820	1,632
6	2024/8/4	日	1,052			1,009	2,641
7	2024/8/5	月	672			651	3,292
8	2024/8/6	火	438			367	3,659

● 数式をコピーする

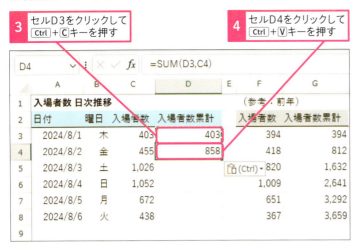

数式がコピーされた

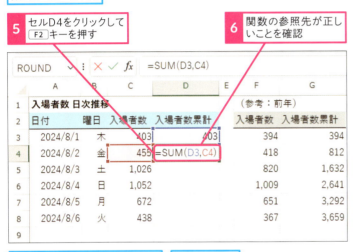

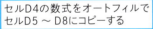

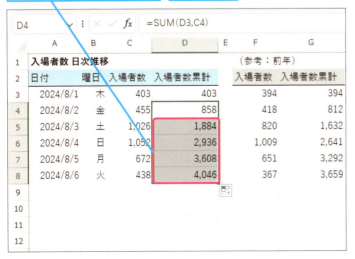

> ☀ 使いこなしのヒント
>
> **足し算で集計するとエラーが出る**
>
> セルD3にSUM関数の代わりに「=D2+C3」と入力すると「#VALUE!」エラーが発生します。足し算では、参照しているセルに文字列データが入力されているセルがあると「#VALUE!」エラーが発生します。一方で、本文のように「=SUM(D2,C3)」と入力すると、文字列データは無視されます。セルD2は文字列データなので無視され、計算結果はセルC3の値である「403」になります。

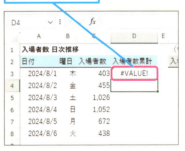

エラーが表示された

> **まとめ　相対参照の使い方を理解しよう**
>
> 相対参照で「1つ上」「1つ左」のセルの値を参照して累計の計算をしました。このように、相対参照を使って「1つ上」「同じ行」のセルの値を参照して処理をするパターンは、いろいろなところで使われます。ぜひ、このパターンを使いこなせるように練習してみてください。

この章のまとめ

数式や関数で計算しよう

この章では数式や関数の基本を解説しました。この章で特に重要なポイント5つを再確認しましょう。1つ目は、数式は半角モードで入力し「＝」で始めること。2つ目は、A1・C2などのセル番地を使って他のセルの値を参照できること。3つ目は、数式内に文字列データを入れるときは「"」で囲んで入力すること。4つ目は、関数は関数名に続けて、括弧の中に引数を指定すること。最後は、数式を貼り付けると参照先がずれることです。第8章以降では数式や関数についてさらに深く解説していきます。

離れた位置や別シートにあるセルの値を使って計算できる

関数って参照先や参照方式を変えることでいろんな使い方ができるんですね。

SUM関数って単純な足し算しかできないと思ってた！

ね！ 便利でしょ。特に絶対参照は最初のうちは混乱することもあるから、使いながらしっかり覚えよう。

基本編

第6章

用途に応じて的確に表を印刷しよう

この章では、Excelの印刷について基本から説明します。用紙設定その他の印刷準備をし、印刷イメージのチェック後、作成した表を印刷する方法を紹介します。合わせて、PDFファイルの作成方法も紹介します。

50	印刷時の注意点を押さえよう	156
51	印刷の基本を覚えよう	158
52	表に合わせて印刷するには	162
53	改ページの位置を調整するには	164
54	ヘッダーやフッターを印刷するには	166
55	見出しを付けて印刷するには	168
56	印刷範囲を指定するには	170
57	PDFファイルに出力するには	172

レッスン 50

Introduction この章で学ぶこと

印刷時の注意点を押さえよう

表を作成したら印刷準備をして印刷しましょう。Excelでは画面表示と印刷イメージがしばしばずれるので、出力前に事前に印刷プレビューで印刷イメージを確認しましょう。また、PDFファイルを作成する方法も紹介します。

印刷プレビューで印刷後のイメージを確認しよう

印刷って正直面倒くさいです。

せっかく作った資料も、最後の印刷でミスしたら台なしだよ！　Excelの印刷は、画面の表示と違うことがあるから、正しく出力されるよう設定が必要なんだ。

画面上では1つの表でも、そのまま印刷すると複数ページに分かれて出力されることもある

◆印刷プレビュー
印刷後のイメージが確認できる

中途半端な位置で別のページに印刷されるようにもなっちゃってますね。

こういったことにならないように、適切に設定して、正しい形になっているか、印刷プレビューを確認する必要があるんだ！

印刷範囲やプラスアルファの設定で見やすくしよう

印刷で特に重要になるのが、印刷範囲や改ページの設定。これを設定することで、最後のページに1ページだけ列がはみ出て印刷される、なんてことを回避できるよ！

[改ページプレビュー]で印刷される範囲や改ページの位置を確認・変更できる

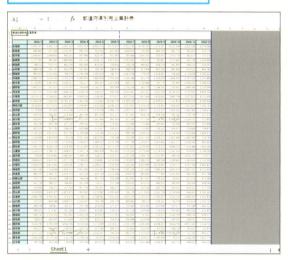

1ページ目や2ページ目に印刷される範囲も「1ページ」「2ページ」と表示されていてわかりやすいですね。

区切りのいい位置で改ページすれば、資料も見やすくなりそう！

それからプラスアルファのテクニックも、この章で解説するよ！ 何ページもある表に共通の見出しを設定したり、ページ番号を入れて出力できたりするんだ。

用紙の上部や下部の余白にファイル名やページ番号、印刷日時などを出力できる

50 この章で学ぶこと

レッスン 51 印刷の基本を覚えよう

印刷の基本　　　　　　　　　　　　　　**練習用ファイル** L051_印刷の基本.xlsx

作成した表を印刷する前に用紙の向き・サイズ・余白などを設定しましょう。また、印刷前には印刷プレビューでイメージを確認して、意図通りに印刷されるかどうかを確認しましょう。

キーワード
印刷プレビュー	P.342
罫線	P.343

1 ［印刷］画面を表示する

1 ［ファイル］タブをクリック

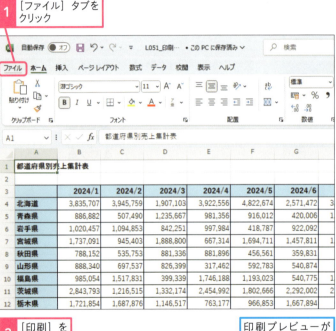

2 ［印刷］をクリック

印刷プレビューが表示された

使いこなしのヒント
文字がはみ出ていないか確認しよう

印刷プレビューでは、文字がセルからはみ出ていないか確認しましょう。文字がセルからはみ出ていると、①文字の末尾が印刷されない、②文字の末尾が別のページに印刷される、③文字の末尾の近くの罫線が消えるといった現象が起きます。これを解消するには、列の幅を広げる（レッスン16）、縮小して全体を表示する（レッスン23）といった方法があります。

ショートカットキー
［印刷］画面を表示　　Ctrl + P

使いこなしのヒント
図形がずれていないか確認しよう

印刷プレビューでは、図形などのオブジェクト（第7章参照）とセルに入力された文字の位置がずれていないかどうかも確認しましょう。ずれている場合には手作業で位置合わせをする必要があります。

2 プリンターを選択する

手順1を参考に、[印刷]画面を表示しておく

1 [プリンター]のここをクリック

2 プリンター名をクリック

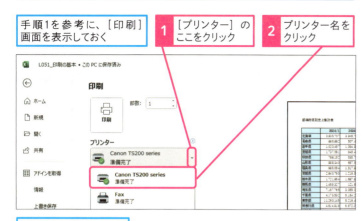

プリンターが選択された

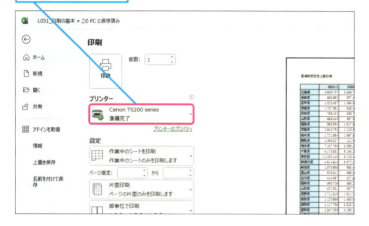

3 印刷の向きを設定する

手順1を参考に、[印刷]画面を表示しておく

ここでは横方向に変更する

1 [縦方向]をクリック

2 [横方向]をクリック

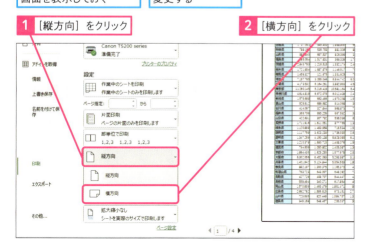

使いこなしのヒント

印刷プレビューを拡大表示するには

印刷プレビューの見た目が小さいときには、プレビュー画面右下の[ページに合わせる]アイコンをクリックしましょう。通常のシートで拡大倍率100%の際と同じ大きさでプレビューを表示できます。もう一度、[ページに合わせる]アイコンをクリックすると、元の大きさに戻ります。

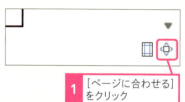

1 [ページに合わせる]をクリック

印刷プレビューが拡大表示された

ここを左右上下にドラッグすると見たい場所に移動できる

もう一度[ページに合わせる]をクリックすると、元の表示に戻る

使いこなしのヒント

プレビュー画面が使いにくいと感じたら

プレビュー画面で印刷イメージを確認する代わりに、PDFファイルを作成して印刷イメージを確認する方法もあります。PDFファイルの作成方法はレッスン57で紹介します。

● 用紙の向きを確認する

4 用紙の種類を設定する

手順1を参考に、[印刷]画面を表示しておく　ここではA5に設定する

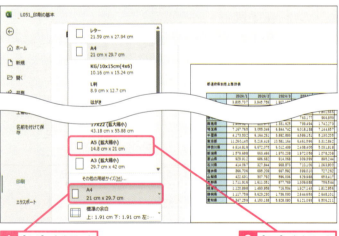

1 [A4]をクリック　　2 [A5]をクリック

用紙がA5に設定された

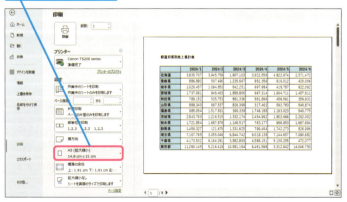

使いこなしのヒント
プリンタードライバーでも同じ設定にする

Excelで設定した印刷の向きや用紙の種類の設定通りに印刷されないときには、プリンタードライバーの設定を確認してみてください。プリンタードライバーの設定を合わせると、うまく印刷できるようになる場合があります。

使いこなしのヒント
[ページレイアウト]タブから設定するには

印刷の向き、用紙の種類と余白は、以下のようにリボンの[ページレイアウト]タブからも設定できます。

[ページレイアウト]タブからでも、印刷設定ができる

スキルアップ
印刷部数を変更するには

印刷部数を変更したいときには、[印刷]画面の上部にある[部数]の数字を変更しましょう。直接数字を入力するか、右のボタンをクリックして、部数の数字を増減させましょう。

印刷したい部数を[部数]の欄で指定できる

5 余白を設定する

手順1を参考に、[印刷]画面を表示しておく

ここでは余白を広げる

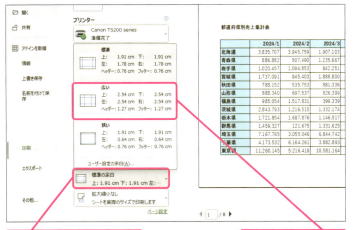

1 [標準の余白]をクリック

2 [広い]をクリック

広い余白に設定された

印刷プレビューも余白が広がった状態に変更された

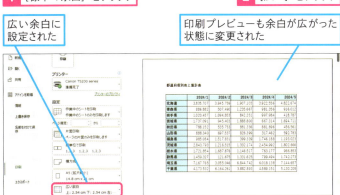

6 印刷する

1 印刷プレビューを確認　**2** [印刷]をクリック　印刷が実行される

スキルアップ
余白を細かく設定するには

余白を細かく設定するには、[印刷]画面で、余白設定のプルダウンをクリックした後、出てきたメニューの一番下にある[ユーザー設定の余白]をクリックしましょう。[ページ設定]ウィンドウの[余白]タブが表示されるので、余白を調整してください。設定が終わったら[OK]をクリックして、変更を確定させましょう。

手順5の1枚目の画面を表示しておく

1 [ユーザー設定の余白]をクリック

余白を細かく設定できる

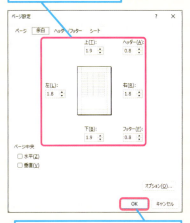

設定したら[OK]をクリックしておく

まとめ　印刷前に印刷プレビューを確認しよう

表を印刷する場合は、印刷前に、印刷プレビューを見てレイアウトが崩れていないかチェックをしましょう。特に、セルから文字がはみ出していないか、オブジェクトと文字がずれていないかに気を付けてください。

レッスン 52 表に合わせて印刷するには

印刷設定

練習用ファイル　手順見出し参照

大きい表を印刷するときに便利な、全体を1ページに収めるように縮小率を自動調整する機能を解説します。縦に長い表を印刷するときには、横方向だけ1ページに収めて縦方向は何枚かに分けて印刷する設定もできます。

キーワード
印刷プレビュー	P.342
行	P.343

1　1ページに収めて印刷する

L052_印刷設定_01.xlsx

レッスン51を参考に、印刷の向きを［横方向］に設定しておく

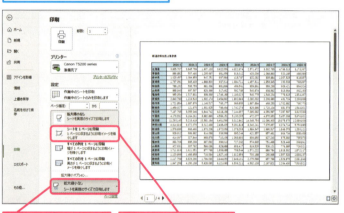

1　［拡大縮小なし］をクリック

2　［シートを1ページに印刷］をクリック

使いこなしのヒント
用紙の向きとも組み合わせて調整しよう

横幅のある表を横1ページに収めたいときには、［シートを1ページに印刷］を指定するだけでなく、印刷の向きを横方向にして余白を小さくすると、より原寸に近い大きさで印刷できます。

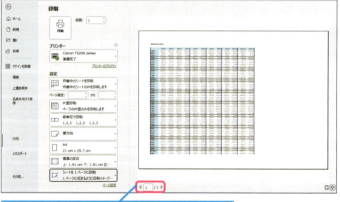

すべてのデータが1ページに収まるように設定された

使いこなしのヒント
すべての行を1ページに収めても同じ結果になる

本文で紹介した印刷方法の他、［すべての行を1ページに印刷］という方法も選ぶことができます。この練習用ファイルの場合は、［シートを1ページに印刷］と同じ結果になります。

👍 スキルアップ

倍率を手動で設定するには

倍率を手動で設定するには、[ファイル] - [印刷] をクリックした後、[拡大縮小なし] をクリックし、出てきたメニューの中から [拡大縮小オプション] をクリックしましょう。[ページ設定] ウィンドウの [ページ] タブが表示されるので、[拡大/縮小] で倍率を調整してください。設定が終わったら [OK] をクリックして、変更を確定させましょう。

手順2の画面を表示しておく

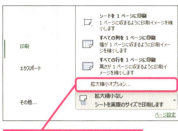

1 [拡大縮小オプション] をクリック

ここでは50％に設定する

2 「50」と入力

[OK] をクリックすると倍率が50％に設定される

2 縦長の表を印刷する

L052_印刷設定_02.xlsx

レッスン51を参考に、印刷の向きを [縦方向] に設定しておく

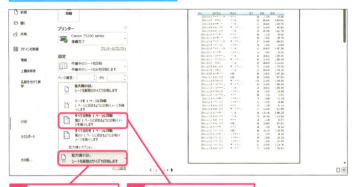

1 [拡大縮小なし] をクリック

2 [すべての列を1ページに印刷] をクリック

1ページには収まり切らないので、2ページで収まるように設定されている

💡 使いこなしのヒント

設定を戻すときは縮小倍率も手動で戻す

本文で紹介した [シートを1ページに印刷]、[すべての列を1ページに印刷]、[すべての行を1ページに印刷] の操作をすると、縮小倍率が自動で設定されます。なお、設定を元に戻しても、自動では倍率が100％に戻りません。倍率を100％に戻したいときには、手動で倍率を設定しなおしてください。

まとめ 表が収まるように自動調整する

作成した表が1ページに収まらないときには、縦、横または全体を1ページに収めるように縮小倍率を自動調整する機能を使うと便利です。これらはリボンの [ページレイアウト] タブからも設定できます。

レッスン 53 改ページの位置を調整するには

改ページプレビュー

練習用ファイル　L053_改ページプレビュー.xlsx

キリのいい位置で改ページをするように手動で調整したいときには、改ページプレビューの画面を使いましょう。改ページプレビューを使うと、印刷時にレイアウトが崩れないかどうかの確認もできます。

🔍 キーワード

印刷プレビュー	P.342
改ページプレビュー	P.343

📖 用語解説

改ページプレビュー

改ページプレビューとは、改ページがどこで行われるかを確認しながら、シートの内容を編集できる機能です。改ページプレビューの画面では、改ページの位置は青の点線、印刷範囲は青の実線で表示されます。

1 改ページプレビューを表示する

1 ［表示］タブをクリック
2 ［改ページプレビュー］をクリック

改ページプレビューが表示された　　青い点線の位置で、改ページされる

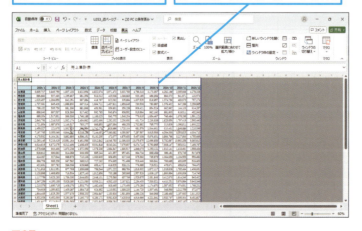

💡 使いこなしのヒント

表示を元に戻すには

［改ページプレビュー］から、通常の表示に戻すには、［表示］タブをクリックして、［標準］をクリックしてください。

1 ［標準］をクリック

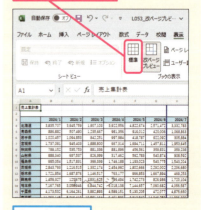

表示が元に戻る

2 改ページの位置を変更する

手順1を参考に、改ページプレビューを表示しておく

ここではA列からG列まででいったん改ページを入れる

1 青い点線にマウスポインターを合わせる

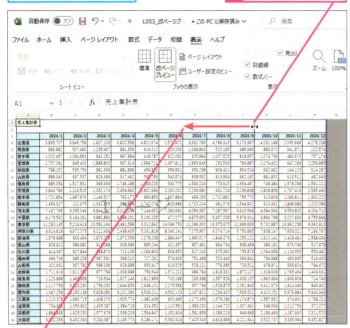

2 ここまでドラッグ

改ページの位置が変更された

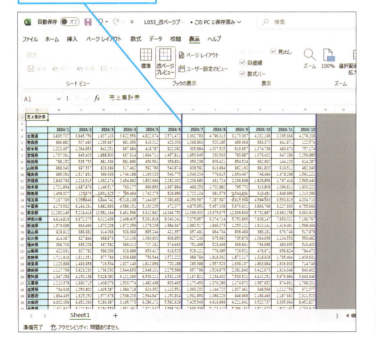

使いこなしのヒント
ページレイアウトプレビューとは

［ページレイアウトプレビュー］を使うと、印刷時の出力イメージを見ることができます。改ページの位置がわかるだけでなく、レッスン54で紹介するヘッダー・フッターや余白も合わせて確認できます。

使いこなしのヒント
改ページや印刷範囲がおかしくないか確認しよう

改ページの位置（青の点線）や印刷範囲（青の実線）が意図しない場所に入っている場合には、文字がセルからはみでていないか確認しましょう。画面上では文字がセルに収まっているのに、印刷すると文字がセルからはみでてしまう場合があるためです。

まとめ
改ページプレビューで細かい調整ができる

改ページを細かく調整したいときや、レッスン56で紹介する印刷範囲を調整するときは、改ページプレビューを使いましょう。なお、改ページの位置を広げると、自動的に縮小倍率が上がってしまい表の文字や数字が小さくなる場合もあるので注意しましょう。

レッスン 54 ヘッダーやフッターを印刷するには

ヘッダー、フッター

練習用ファイル　L054_ヘッダーとフッター.xlsx

印刷時に、用紙の上部や下部の余白にファイル名やページ番号、印刷日時などを出力するには、ヘッダーやフッターを設定しましょう。詳細設定画面で設定をすると、すべてのページに共通する図や文字を出力することもできます。

キーワード
フッター	P.346
ヘッダー	P.346

用語解説
ヘッダー

ヘッダーとは用紙の上部の余白に出力されるデータのことをいいます。ヘッダーは、セルに入力するデータとは別に設定をします。その設定は、同じファイル（ブック）内のすべてのシートに適用されます。

1 ヘッダーの設定をする

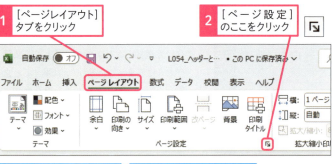

使いこなしのヒント
余白を十分にとる

ヘッダーは上の余白、フッターは下の余白に出力されます。余白が十分にないとヘッダーやフッターが本体の表の上に出力されてしまうので、余白を十分取るようにしましょう。［ページ設定］の［余白］タブの「上」欄で上の余白、「下」欄で下の余白の大きさを設定できます。詳しくは161ページの「スキルアップ」を参照してください。

用語解説
フッター

フッターとは用紙の下部の余白に出力されるデータのことをいいます。出力位置が違う以外は、機能的にはヘッダーとまったく同じです。

2 フッターの設定をする

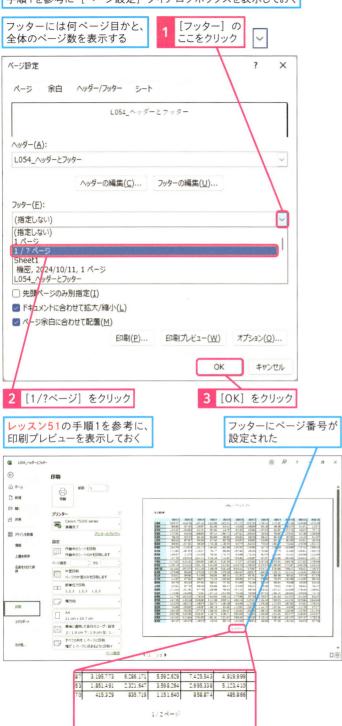

スキルアップ

ヘッダーやフッターを細かく設定するには

［ページ設定］ウィンドウの［ヘッダー/フッター］タブで、［ヘッダーの編集］または［フッターの編集］ボタンをクリックすると、詳細設定のウィンドウが表示されます。このウィンドウでは、ヘッダーやフッターの左・真ん中・右のそれぞれの出力内容を個別に設定できます。ここで設定を行うと、ファイル名、シート名、ページ数、印刷日時を出力できます。また、すべてのページに共通して出力する図や文字も設定できます。

［ページ設定］ダイアログボックスを表示しておく

1 ［ヘッダーの編集］をクリック

フッターを細かく設定するときは、［フッターの編集］をクリックする

ヘッダーの細かい設定ができる

まとめ　日時やページ数などを入れて印刷できる

印刷日時やページ数などの情報を印刷したいときにはヘッダー・フッターを使いましょう。ヘッダー・フッターで指定した内容は通常の操作画面では表示されません。印刷時にだけ必要な情報をヘッダー・フッターに指定してください。

レッスン 55 見出しを付けて印刷するには

印刷タイトル

練習用ファイル　L055_印刷タイトル.xlsx

大きい表を複数ページにまたがって印刷するときには、印刷タイトルの設定をして、それぞれのページに表の見出しやタイトルを印刷しましょう。ウィンドウ枠の固定をしているシートを印刷するときに、この機能を使うと、ディスプレイ上の表示と印刷結果が近くなって便利です。

🔍 キーワード

印刷プレビュー	P.342
シート	P.344

💡 使いこなしのヒント

コメントとメモを出力するには

レッスン110で説明している［コメント］や［メモ］も出力することができます。コメントとメモを出力するには、［ページ設定］ダイアログボックスの［シート］タブにある［コメントとメモ］のプルダウンリストで、出力方法を選択してください。

1 タイトル行を設定する

ここでは、セルA1に入力された表のタイトルと見出しをタイトル行として設定する

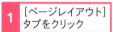
1　［ページレイアウト］タブをクリック

2　［印刷タイトル］をクリック

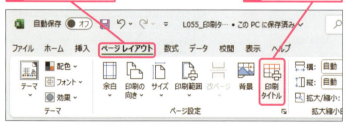

［ページ設定］ダイアログボックスが表示された

3　［タイトル行］のここをクリック

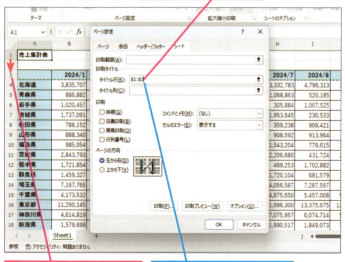

4　行番号「1」をクリックして「3」までドラッグ

［タイトル行］に「$1:$3」と入力される

［ページ設定］ダイアログボックスを表示しておく

1　ここをクリック

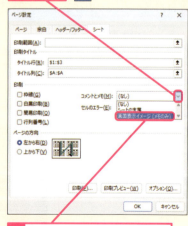

2　［画面表示イメージ（メモのみ）］をクリック

メモがシートの上に印刷される

2 タイトル列を設定する

見出しとして、A列の都道府県名がすべての
ページに表示されるように設定する

1 ［タイトル列］のここをクリック

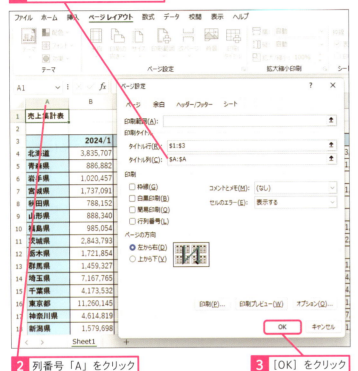

2 列番号「A」をクリック

3 ［OK］をクリック

● 印刷プレビューを確認する

レッスン51の手順1を参考に、
印刷プレビューを表示しておく

4 ここをクリック

2ページ目にも、表のタイトルと見出しが表示された

使いこなしのヒント
印刷タイトルは印刷画面から変更できない

印刷に関連する設定のほとんどは、［ファイル］タブをクリックして、［印刷］をクリックし、［ページ設定］の画面から変更できます。ところが、このレッスンで紹介する印刷タイトルの設定と、レッスン56で紹介する印刷範囲の設定は、読み込み専用の状態になってしまい、設定を修正することができません。この2つの設定を変更したいときには、［ページレイアウト］タブからの操作で修正をするようにしてください。

使いこなしのヒント
横方向に改ページが入るときは印刷結果に注意

表の幅が広く、横方向に改ページが入るシートで［印刷タイトル］の設定をする場合には、タイトルの末尾が切れずに表示されているか確認しましょう。例えば、タイトルがA列からはみでているような表を［印刷タイトル］で1～3行目とA列を指定して印刷すると、タイトルが切れて表示されます。このような場合は、A列の幅を調整するなどして、タイトルがA列に収まるようにしましょう。

まとめ
印刷タイトルの設定もしよう

印刷タイトルを設定して出力するときの操作は、ウィンドウ枠を固定して画面に表示するときの操作と同じです。ウィンドウ枠の固定をしているシートを印刷するときは印刷タイトルの設定をして、各ページにタイトルが印刷されるようにしましょう。

レッスン
56 印刷範囲を指定するには

印刷範囲

練習用ファイル　L056_印刷範囲.xlsx

シート全体ではなくシートの一部分だけを印刷したいときには、印刷範囲を設定しましょう。印刷範囲は、通常の画面や、[ページ設定]ウィンドウの他、改ページプレビューの画面でも確認と変更ができます。

キーワード

印刷プレビュー	P.342
シート	P.344

1 印刷範囲を選択する

使いこなしのヒント
印刷範囲の設定を解除するには

印刷範囲の設定を解除するには、[ページレイアウト]タブをクリックして、[印刷範囲]をクリックしてから[印刷範囲のクリア]をクリックしてください。

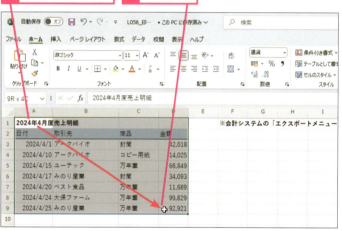

- セルA1～D9だけを印刷する
- セルF1に入力されたメモは印刷しない
1 セルA1にマウスポインターを合わせる
2 セルD9までドラッグ

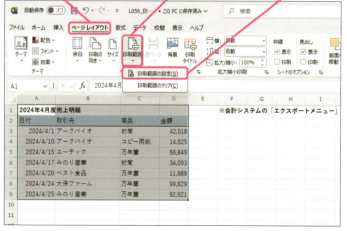

3 [ページレイアウト]タブをクリック
4 [印刷範囲]をクリック
5 [印刷範囲の設定]をクリック

1 [ページレイアウト]タブをクリック
2 [印刷範囲]をクリック
3 [印刷範囲のクリア]をクリック

基本編　第6章　用途に応じて的確に表を印刷しよう

170　できる

スキルアップ

［シート］画面から印刷範囲を設定できる

リボンの［ページレイアウト］→シートのオプションの右横の矢印をクリックすると、［ページ設定］ウィンドウが表示されます。このウィンドウで、［印刷範囲］フィールドを選択後、セルを指定して［OK］をクリックしても、印刷範囲を指定できます。

1 ［ページレイアウト］タブをクリック

2 ［シートのオプション］のここをクリック

3 ［印刷範囲］のここをクリック

4 セルA1〜D9をドラッグして選択

5 ［OK］をクリック

● 印刷範囲が指定された

6 セルA1をクリック

印刷範囲がグレーの実線で囲まれた

レッスン51の手順1を参考に、印刷プレビューを表示しておく

セルF1に入力されたメモは印刷範囲に含まれていない

使いこなしのヒント

改ページプレビューで印刷範囲を確認・変更するには

改ページプレビューでは印刷範囲は青の実線で表示されます。この青の実線をドラッグすると印刷範囲を変更できます。操作方法はレッスン53を参照してください。

青の実線の中が印刷される

まとめ

印刷したい範囲だけ印刷できる

シートの中に印刷したくないデータが含まれている場合は、まずは別のシートに入力できないかを考えましょう。やむを得ず、同一シート内に印刷したくないデータが入っているときには印刷範囲を設定しましょう。

PDFファイルに出力するには

PDF出力

練習用ファイル　L057_PDF出力.xlsx

PDFファイルを作成したいときは、[エクスポート] の機能を使ってPDFファイルを出力しましょう。印刷プレビューの代わりにPDFファイルを作成して、印刷前に印刷イメージを確認することもできます。

🔍 キーワード

PDF	P.342
エクスポート	P.342

💡 使いこなしのヒント

印刷プレビューの代わりに使える

印刷前に印刷プレビューで確認する代わりに、いったんPDFファイルに出力してPDFファイルで印刷イメージを確認することもできます。印刷プレビューに比べてPDFファイルを開くほうが操作性も良く便利です。PDFファイルで確認が終わったら、レイアウトがずれる可能性を下げるため、Excelファイルを印刷するのではなく、PDFファイルを紙に印刷しましょう。

1 [エクスポート] 画面を表示する

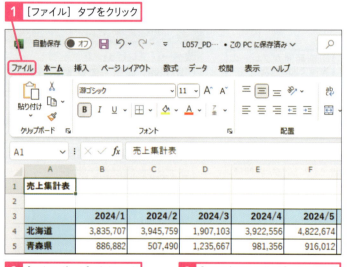

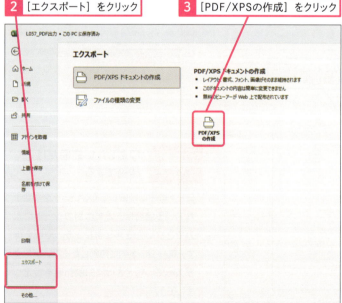

📖 用語解説

PDFファイル

PDFファイルとは、Adobe社が開発し、ISOで標準化されたデータ形式で記録されたファイルのことをいいます。作成した図表を、紙に印刷する代わりにデータとして保存できます。

基本編　第6章　用途に応じて的確に表を印刷しよう

172　できる

● PDFファイルの保存場所を選択する

2 PDFファイルを開く

Microsoft Edgeが起動して、PDFファイルが表示された

スキルアップ

Adobe Acrobat Readerを使おう

Windows 11の初期状態では、PDFファイルをダブルクリックすると、Microsoft Edgeが起動してPDFファイルを表示します。その代わりにAcrobat Readerをインストールして使うこともできます。Acrobat Readerインストール時に、「McAfee Security Scan Plus」というセキュリティソフトも合わせてインストールするかどうかを選択できます。PDFファイルを開くのに「McAfee Security Scan Plus」は不要ですので、「McAfee Security Scan Plus」をインストールする旨のチェックをはずしたままにしておきましょう。

以下のURLのWebページを開いておく

▼Adobe Acrobat Readerのダウンロードページ
https://www.adobe.com/jp/acrobat/pdf-reader.html

まとめ
PDFファイルを印刷プレビューに使おう

［エクスポート］の機能を使うと、印刷と同じレイアウトのPDFファイルを作成できます。PDFファイルを作成したいときだけでなく、紙出力前の印刷プレビューの代わりにも活用しましょう。

できる 173

この章のまとめ

意図通りに印刷しよう

この章では、表を印刷する方法を紹介しました。この章での一番のポイントは、画面表示と印刷イメージがしばしばずれることを意識して作業を行うことです。印刷前には、改ページプレビュー、印刷プレビュー、PDF出力など、あなたの環境に合った方法で印刷イメージが適切か確認しましょう。また、意図せずセルから文字がはみでることが多い場合には、表を作成するときに、列幅を自動調整の列幅よりも若干広い目に取る（**レッスン16**）、縮小表示の設定をする（**レッスン23**）などの方法を使いましょう。

丁寧に設定してイメージ通りに印刷する

そのまま印刷すると、ミスが起こりやすいってことに気付けてよかったです。

ページ番号を入れることで、共有相手に配慮した資料にもなりますね。

そうだね。紙であってもPDFであっても、共有相手のことを考慮して見やすく出力することが大切だよ！

基本編

第7章

グラフと図形でデータを視覚化しよう

この章では、データを視覚化して情報を効果的に伝えるための方法を紹介します。グラフの基本的な作成方法や、位置や大きさ・色などの調整方法、複合グラフの作成方法などを解説するとともに、表に図形を挿入する方法も紹介します。

58	数値データを視覚的に表現しよう	176
59	グラフを作るには	178
60	グラフの位置や大きさを変えるには	182
61	グラフの色を変更するには	184
62	縦軸と横軸の表示を整えるには	188
63	複合グラフを作るには	192
64	図形を挿入するには	196
65	図形の色を変更するには	198
66	図形の位置やサイズを変更するには	200

レッスン 58

Introduction この章で学ぶこと

数値データを視覚的に表現しよう

グラフの作成はExcelの主な機能の1つです。様々な種類のグラフを、マウスの操作だけで簡単に作ることができます。データの内容に合わせて、適したグラフを選びましょう。この章では図形についても紹介します。

グラフでデータを視覚化しよう

いよいよ、基本編の最後の章ですね！

グラフはExcelが得意とする機能。グラフの基本操作から、グラフの色を変えたり、種類を変えたりといった必須の操作まで解説するよ。

表のデータを基にグラフを素早く作成する

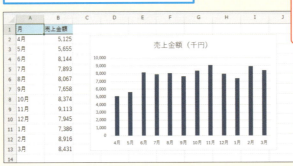

いつも上司にグラフが見づらいって言われます。

作成直後のままだと、グラフから何を伝えたいのか、意図が伝わりにくいんだ。系列の色を変えたり、データラベルを表示したりすると、わかりやすくなるよ。

強調したい月のデータの色を変える

データラベルを表示して数値を確認できるようにする

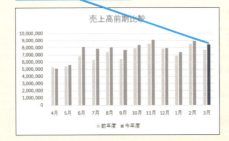

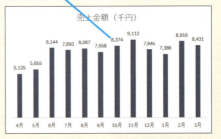

複数のデータを1つにまとめた複合グラフも作ろう

最近は複数のデータを一度に分析するケースも多くなってきているよ。そんなときは、グラフを組み合わせて一度に表示する「複合グラフ」が便利なんだ！

そうそう、これです！ 2つのグラフのバランスを整える方法、知りたかったんです！

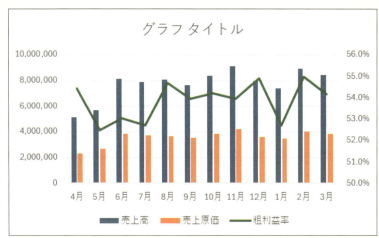

さらに、Excelに図形を入れる方法も紹介するよ。Excelで図形を扱う場面はそれほど多くないけど、図形にグラフで伝えたいことを記載すれば、端的に伝わるよ。

グラフで伝えたいことを理解してもらう手段の1つとして「図形」を使うこともできる

確かにこのほうが、伝えたいことがダイレクトにわかりますね！

レッスン 59 グラフを作るには

おすすめグラフ | 練習用ファイル 手順見出し参照

作成した表は、グラフを使って見やすく表示しましょう。表を選択して、[おすすめグラフ]の機能を使うと、グラフを簡単に挿入することができます。[おすすめグラフ]の機能を使うと棒グラフ、折れ線グラフ、円グラフなどが作れます。

🔍 キーワード

グラフ	P.343
グラフエリア	P.343
グラフタイトル	P.343

1 グラフの要素を確認する

グラフは、下記のように様々な要素で構成されています。グラフの見た目を変更するときには、各要素ごとに変更していくことになるので、このような要素がある、ということを意識しておきましょう。

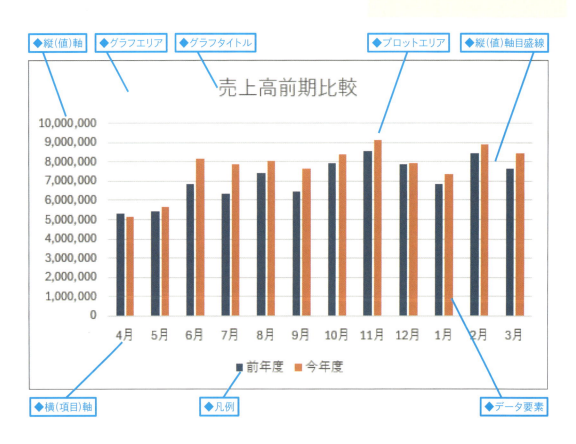

2 棒グラフを作る

L059_おすすめグラフ_01.xlsx

ここでは月別の売上金額を棒グラフにする

1 セルA1〜B13をドラッグして選択
2 [挿入] タブをクリック
3 [おすすめグラフ] をクリック

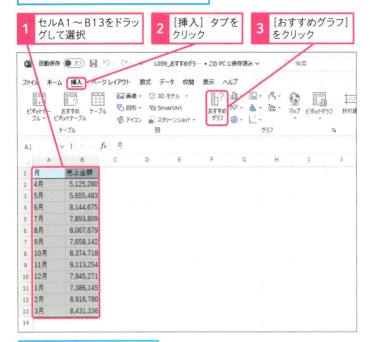

[グラフの挿入] ダイアログボックスが表示された

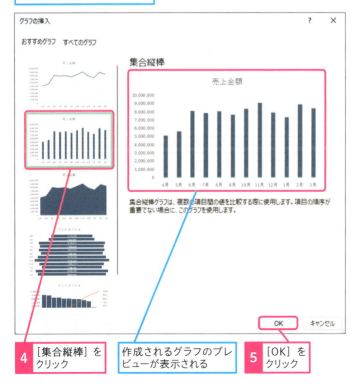

4 [集合縦棒] をクリック
5 [OK] をクリック

作成されるグラフのプレビューが表示される

使いこなしのヒント
グラフの種類を変えるには

本文の手順と同じようにグラフ化したい範囲を選択して [挿入] - [おすすめグラフ] をクリックします。その後、[グラフの挿入] ダイアログボックスで [すべてのグラフ] タブをクリックすると、より多くの種類からグラフを変えることができます。

1 [すべてのグラフ] タブをクリック

より多くの種類からグラフを選択できる

使いこなしのヒント
データに応じてグラフの候補が表示される

[グラフの挿入] ダイアログボックスでは、データに応じて、それに適したグラフの候補が表示されます。候補の中から好みのグラフを選択するか、[すべてのグラフ] タブをクリックして、自分でグラフの種類を選びましょう。

● グラフを確認する

月別の売上金額が棒グラフになった

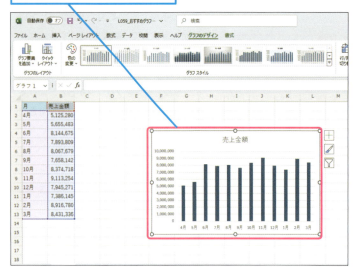

使いこなしのヒント
折れ線グラフ・円グラフの使いどころ

棒グラフの他に折れ線グラフ、円グラフなどもよく使われます。時系列データなどの場合は折れ線グラフ、全体の内訳を表す場合には円グラフを使うと、見やすいグラフになる場合が多いです。もし、棒グラフでは、適切に表現できないと感じたときには、これらのグラフも使ってみてください。

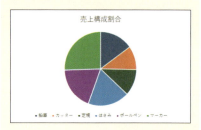

3 データを比較するグラフを作る
L059_おすすめグラフ_02.xlsx

ここでは前年度と今年度の月別の売上金額を比較する棒グラフを作る

1 セルA1〜C13をドラッグして選択
2 [挿入] タブをクリック
3 [おすすめグラフ] をクリック

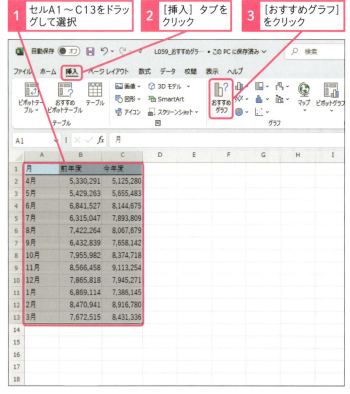

使いこなしのヒント
列を分けると別系列のデータとしてグラフ化される

グラフで2つ以上のデータを比較するときには、比較したいデータを横に並べた表を準備しましょう。今回は前年度・今年度の2つのデータを比較しましたが、前々年度、前年度、今年度など3つ以上のデータを比較したグラフを作成することもできます。

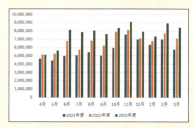

● グラフの種類を選択する

［グラフの挿入］ダイアログボックスが表示された

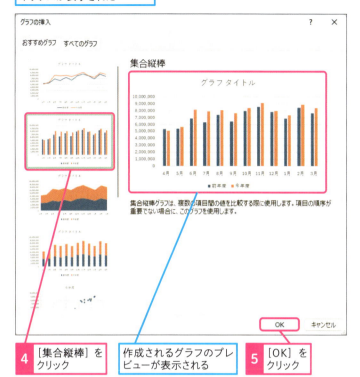

4 ［集合縦棒］をクリック

作成されるグラフのプレビューが表示される

5 ［OK］をクリック

前年度と今年度の月別の売上金額を比較する棒グラフが作成された

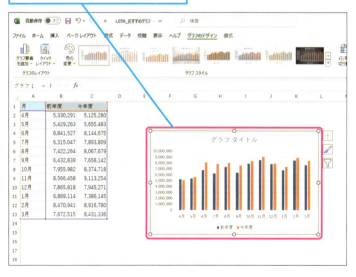

使いこなしのヒント

グラフ挿入後にグラフの種類を変えるには

いったんグラフを挿入した後に、グラフの種類を変えるには、グラフ上部の余白部分をクリックしてグラフ全体を選択した後に、リボンから［グラフのデザイン］タブをクリックし、［グラフの種類の変更］をクリックしてください。

1 グラフの上部余白をクリック
2 ［グラフのデザイン］タブをクリック

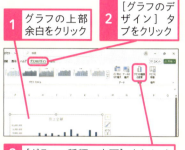

3 ［グラフの種類の変更］をクリック

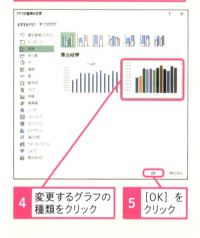

4 変更するグラフの種類をクリック
5 ［OK］をクリック

まとめ Excelの機能だけでグラフが作れる

このレッスンでは、おすすめグラフの機能を使ってグラフを挿入しました。Excelの機能を使うだけで簡単にグラフが作成できますが、細部の調整はしていません。次のレッスン以降で、グラフの色を調整したり、グラフの大きさ・位置を変更したりするなど、グラフの細部の調整を行う方法を解説していきます。

レッスン
60 グラフの位置や大きさを変えるには

グラフの移動、大きさの変更　　　　練習用ファイル　L060_グラフの調整.xlsx

シートに挿入したグラフはマウスで位置や大きさを変更することができます。グラフは、セルの中には入らず、自由に調整できます。また、グラフタイトルには、好きな文字を入力して大きさや色も変えることができます。

🔍 キーワード
グラフ	P.343
グラフエリア	P.343
グラフタイトル	P.343

① グラフを移動する

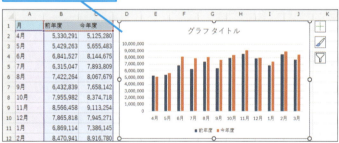

💡 使いこなしのヒント
グラフ全体を選択するには？

グラフの移動・大きさの変更など、グラフ全体に関わる操作をするときには、グラフエリア上部の余白部分をクリックして、グラフ全体を選択しましょう。グラフの各要素の上でクリックをすると、その要素だけが選択された状態になり、後の操作がうまくいかない場合があるので、注意してください。

グラフ全体が選択される

💡 使いこなしのヒント
タイトルの文字の大きさや色を設定するには

グラフタイトルを1回クリックすると、グラフタイトル全体が選択された状態になります。この状態で、リボンの[ホーム]タブを使うと、文字の大きさや色を設定できます。同じように、グラフタイトルをゆっくり2回クリックして文字を入力する状態にした後に、一部の文字だけを選択して、リボンの[ホーム]タブを使うと、選択した文字だけ大きさや色を変更できます。

② グラフの大きさを変更する

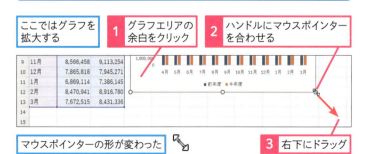

● グラフの大きさを確認する

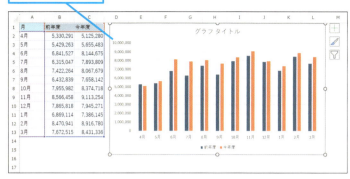

グラフが拡大された

3 グラフタイトルを変更する

ここではグラフタイトルを「売上高前期比較」に変更する

1 グラフタイトルをゆっくり2回クリック

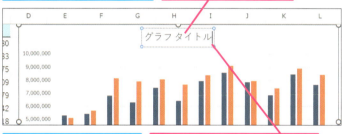

グラフタイトルが編集可能な状態になった

2 元のグラフタイトルを消去して、「売上高前期比較」と入力

グラフタイトルが「売上高前期比較」に変更された

3 グラフエリアのグラフタイトル以外の場所をクリック

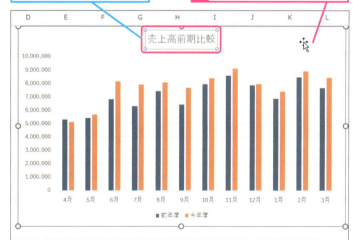

グラフタイトルの選択が解除される

使いこなしのヒント

縦軸、横軸も自動で調整される

グラフを拡大すると、見やすくなるように縦軸・横軸の目盛りが自動的に調整されます。

スキルアップ

グラフだけ別のシートに移動するには

グラフだけを別のシートに移動するには、グラフ全体を選択後に右クリックをして、右クリックメニューから[切り取り]をクリックしてください。その後、移動先のシートで[貼り付け]をすると、グラフだけを別のシートに移動できます。

1 グラフエリアの余白を右クリック

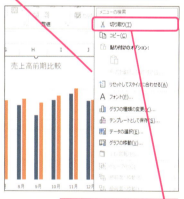

2 [切り取り]をクリック

グラフがクリップボードにコピーされて、別のシートに貼り付けられるようになる

まとめ　極端な調整は避けよう

このレッスンで見てきたように、グラフの位置や大きさは自由に変更することができます。ただし、グラフの大きさを小さくしすぎると、軸の表示などがおかしくなる場合があります。文字が見えなくなるような極端な調整は避けましょう。

60 グラフの移動、大きさの変更

できる 183

レッスン 61 グラフの色を変更するには

グラフの色の変更

練習用ファイル　L061_グラフの色の変更.xlsx

Excelでグラフを作成すると、自動的に色の組み合わせが決められます。このグラフの色は全体、系列、個別のそれぞれをマウスで変更できます。強調したい項目の色を変更することで、効果的なグラフが作れます。

キーワード

グラフ	P.343
グラフエリア	P.343
系列	P.344

1 グラフ全体の色を変更する

ここではグラフ全体の色を変更する

1 グラフエリアの余白ををクリック

ここではグラフ全体の色を変更する

2 [グラフのデザイン] タブをクリック

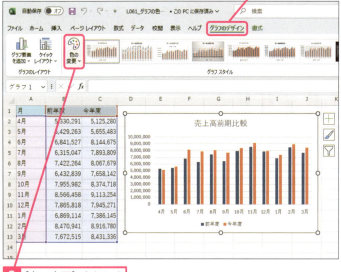

3 [色の変更] をクリック

使いこなしのヒント
グラフを選択すると [グラフのデザイン] タブが表示される

リボンの [グラフのデザイン] と [書式] タブは、グラフを選択したときにだけ表示されます。このように、Excelでは、選択している場所に応じて、リボンに表示されるタブが変わる場合があるので注意しましょう。

[ヘルプ] の右側に追加で表示される

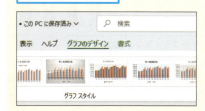

使いこなしのヒント
グラフエリアの余白をクリックしてグラフ全体を選択する

グラフとして着色されている部分や、縦軸、横軸の数値など、何か要素が配置されている箇所をクリックすると、その要素だけが選択されます。今回のように、グラフ全体に関わる操作をするときには、グラフエリアの余白をクリックして、グラフ全体を選択するようにしましょう。

基本編　第7章　グラフと図形でデータを視覚化しよう

184　できる

● グラフの色を選択する

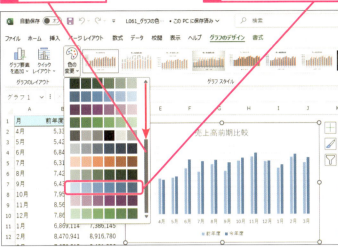

4 ここをドラッグして下にスクロール
5 [モノクロパレット11] をクリック

系列が青色と水色に変更された

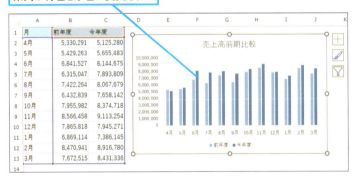

2 系列ごとにグラフの色を変更する

ここでは前年度の系列が目立たないように色を変更する

1 前年度の系列をクリック

使いこなしのヒント
色味を統一しよう

グラフを作成するときには、できるだけ色味を統一しておくと、見やすいグラフができあがります。[色の変更]の機能を使うときは[モノクロ]の中からパターンを選択すると、色味を簡単に統一できます。

用語解説
系列

系列とは、グラフに表示されるデータで、1つのグループとしてまとめて扱われる単位のことをいいます。通常、グラフの元になる表の1つの列が、1つの系列になります。

使いこなしのヒント
モノクロ印刷をするときにはモノクロの配色を選択しよう

様々な色を使ったグラフは、モノクロのプリンターなどで印刷をすると、見た目の印象が変わる場合があります。モノクロで印刷をするときには、印刷したときのイメージがわかりやすいように[色の変更]で、モノクロの配色を選択しておきましょう。

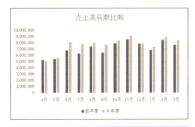

モノクロのプリンターで出力する場合はモノクロのパターンを選ぶ

● 変更する色を選択する

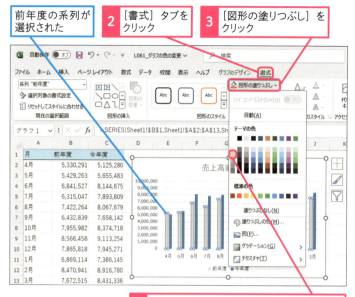

4 ［白、背景1、黒+基本色 15％］をクリック

前年度の系列の色が変更された

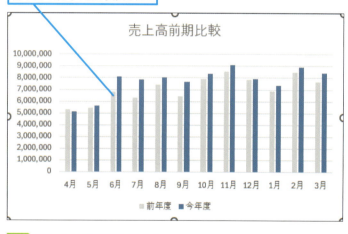

> **使いこなしのヒント**
> **系列ごとに色を変更できる**
>
> グラフの色は系列ごとに指定できます。その機能を使うと、全体を［色の変更］でグレースケールにしつつ、強調したい系列だけ色を変えられます。例えば、複数の年度のデータを表示するときに、過年度はグレー、今年度は青に設定すると、今年度のデータを強調できます。

> **使いこなしのヒント**
> **円グラフや折れ線グラフでも同じように変更できる**
>
> 円グラフや折れ線グラフも、系列や個別のデータ要素をクリックして選択し、色を変更できます。［色の変更］で全体的な色味を設定した後、必要に応じて系列ごと、あるいは個別に色を設定しましょう。

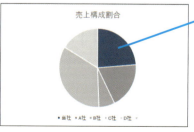

3 個別にデータ要素の色を変更する

手順2を参考に、今年度のグラフの色を[白、背景1、黒+基本色 35%]に変更しておく

ここでは今年度3月のデータ要素が目立つように色を変更する

1 今年度3月のグラフをゆっくり2回クリック

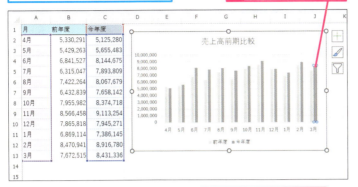

今年度の3月のデータ要素が選択された

2 [書式]タブをクリック

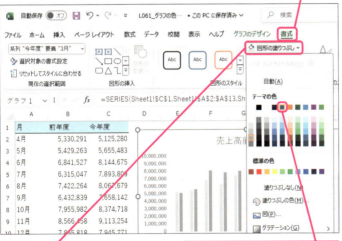

3 [図形の塗りつぶし]をクリック

4 [濃い青緑、アクセント1]をクリック

今年度3月のデータ要素だけ、色が変更された

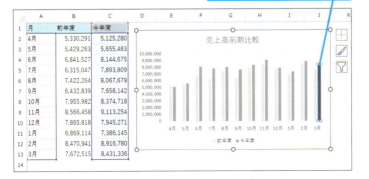

使いこなしのヒント
どの要素を選択しているかを意識しよう

グラフの操作をするときには、どの要素を選択しているかがとても重要です。今回の例では、1回クリックするとデータ系列全体が選択され、2回ゆっくりクリックするとデータ系列のうちの1つの要素だけが選択されます。そして、色を変える操作をすると、選択している要素だけ色が変わります。このように、選択している要素が違うと、その後に同じ操作をしても結果が変わる場合が多いので注意しましょう。

1回クリックするとデータ系列全体が選択される

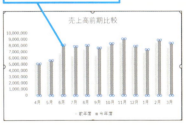

ゆっくり2回クリックするとデータ系列の1つが選択される

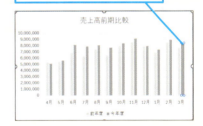

まとめ
意図に合わせてグラフの色を設定しよう

グラフの色は全体から決めていくときれいに設定できます。まず、[色の変更]の機能で全体的な色味を決めた後に、特に強調したい部分があれば、系列ごとあるいは個別に設定をするようにしましょう。

レッスン 62 縦軸と横軸の表示を整えるには

グラフ要素

練習用ファイル　手順見出し参照

グラフは初期の状態だと、データの内容によっては見づらい場合があります。目盛りや目盛り線などのグラフの各要素の表示・非表示を切り替えたり、軸の刻み幅を変えたりしてグラフの見た目を整えましょう。

🔍 キーワード

グラフ	P.343
グラフエリア	P.343
軸	P.344

1 グラフ要素の表示を切り替える

L062_グラフ要素_01.xlsx

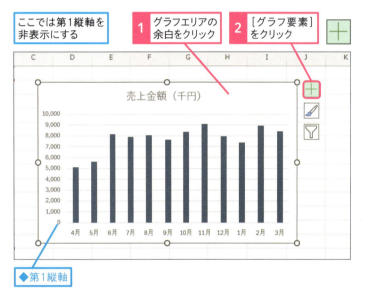

ここでは第1縦軸を非表示にする

1　グラフエリアの余白をクリック
2　［グラフ要素］をクリック
◆第1縦軸
3　［軸］にマウスポインターを合わせる
4　ここをクリック
5　［第1縦軸］のここをクリックしてチェックマークをはずす

💡 使いこなしのヒント
グラフの要素の表示・非表示を調整する

グラフの要素の表示・非表示を調整するには、グラフエリアの余白をクリックした後に、グラフエリアの右上に表示される［グラフ要素］（➕）をクリックして、グラフ要素を表示し、項目の横のチェックボックスをクリックして表示・非表示を設定してください。さらに、各要素の右のアイコン（▷）をクリックすると詳細を設定できます。

項目によって、グラフ要素の詳細を表示できる

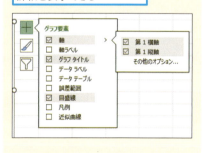

💡 使いこなしのヒント
軸を複数表示するには

［第2軸］の機能を使うと、1つのグラフには、縦軸の目盛りを2つ設定することができます。詳細は、レッスン63の「手順2 グラフを手動で変更する」を参照してください。

● 目盛り線を非表示にする

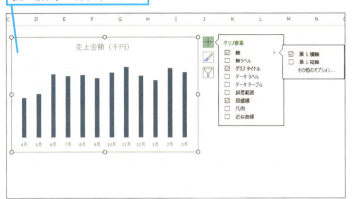

[第1縦軸] が非表示になった

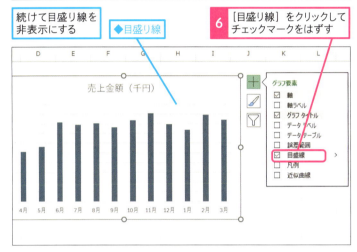

続けて目盛り線を非表示にする

◆目盛り線

6 [目盛り線] をクリックしてチェックマークをはずす

目盛り線が非表示になった

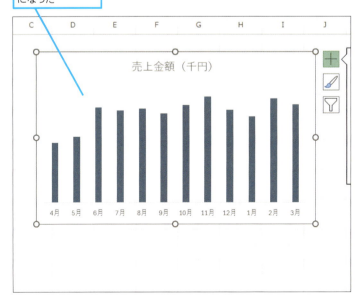

使いこなしのヒント
目盛りではなく数値で値を表示する

グラフをスッキリ見せたいときには縦軸の表示と目盛り線を削除しましょう。値を読み取れるようにしたいときには、データラベルを使って各項目ごとの値を表示しましょう。詳しい手順は次ページで紹介します。

使いこなしのヒント
軸のチェックマークをはずすと月の表示も消える

本文では[軸]をクリックしてから[第一縦軸]の項目を表示し、チェックマークをはずす手順を紹介しました。単に、[軸]のチェックボックスをクリックしてチェックマークをはずすと、縦軸の金額だけでなく横軸の月の表示も消えてしまうので注意してください。

手順1を参考に[グラフ要素]を表示しておく

1 [軸]をクリック

縦軸、横軸が非表示になった

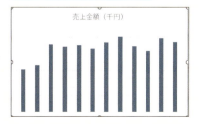

● データラベルを表示する

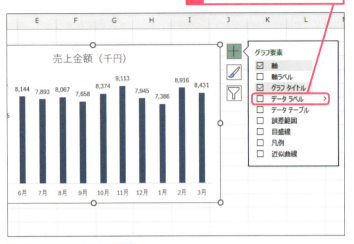

7 [データラベル] をクリックしてチェックマークを付ける

データラベルが表示された

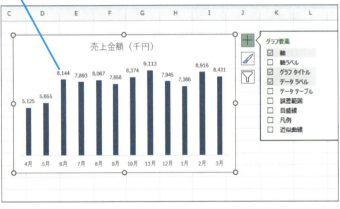

用語解説
データラベル
データラベルとは、グラフの項目ごとに表示する値のことをいいます。初期状態では、個々のグラフの値が表示されます。設定により、系列名などを表示することもできます。

使いこなしのヒント
データラベルの書式を変えるには
データラベルをクリックした後、リボンの[ホーム]タブから文字の色、大きさ、フォントの種類などを変更できます。また、データラベルで右クリックをして、右クリックのメニューから[データラベル図形の変更]や[データラベルの書式設定]をクリックすると、データラベルの周りに図形を表示させるなど、さらに詳細な設定をすることもできます。

スキルアップ
特定の月だけデータラベルを表示するには

データラベルを特定の月だけ表示することもできます。例えば、11月の棒グラフをゆっくり2回クリックして、11月のデータだけを選択した状態で、本文の操作を行うと、11月のデータの上にだけデータラベルを表示できます。

1 11月の系列をゆっくり2回クリック

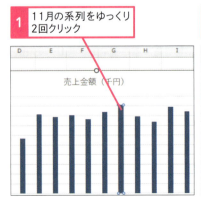

上と同じ操作で11月だけデータラベルを表示できる

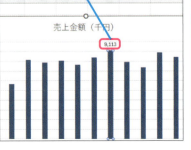

基本編 第7章 グラフと図形でデータを視覚化しよう

2 縦軸の最大値と最小値を変更する

L062_グラフ要素_02.xlsx

縦軸の最大値が90000、最小値が65000に設定されている

ここでは縦軸の最大値を90000、最小値を0に変更する

1 縦軸を右クリック
2 [軸の書式設定]をクリック

[軸の書式設定]作業ウィンドウが表示された

3 [最小値]に「0」と入力
4 [最大値]に「90000」と入力
5 [閉じる]をクリック

縦軸の最大値が90000、最小値が0に変更された

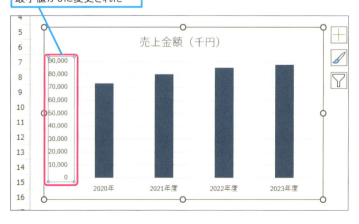

💡 使いこなしのヒント

書式設定ウィンドウのタブを切り替える

軸の書式設定など、書式設定作業ウィンドウでは上の項目やアイコンで、設定項目を切り替えることができます。また、各設定項目の左の下向きのアイコンをクリックすると、項目の表示、非表示を切り替えることができます。

これらの項目やアイコンをクリックすると設定項目を切り替えられる

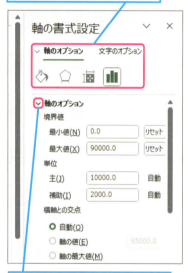

ここをクリックすると、項目の表示と非表示を切り替えられる

📙 まとめ グラフの各要素の詳細を設定しよう

グラフの各要素は、グラフエリアをクリック後、[グラフ要素]（⊞）をクリックして[グラフ要素]を表示するか、右クリックして[軸の書式設定]作業ウィンドウを表示するなどして、直感的に調整することができます。初期状態で表示されている目盛りや目盛り線などが不要に感じたら、削除してみましょう。

レッスン 63 複合グラフを作るには

複合グラフ　　　　　　　　　　　　　　　　　練習用ファイル　手順見出し参照

金額と比率など、異なる種類のデータを1つのグラフに表示したいときには、複数の種類のグラフを組み合わせて、複合グラフを作りましょう。グラフごとに、軸に表示する数値の範囲を設定して見やすく調整できます。

キーワード	
グラフ	P.343
グラフエリア	P.343
軸	P.344

使いこなしのヒント
複合グラフに使用するグラフの種類について

複合グラフには、棒グラフや折れ線グラフなどを組み合わせて使うことができます。Excelの機能としては、円グラフなど他のグラフも組み合わせられますが、グラフ同士の関連性が読み取りにくくなるため、あまり使われません。

1 2種類のグラフを挿入する
L063_複合グラフ_01.xlsx

ここでは月別の売上高と売上原価を棒グラフにして、粗利益率を折れ線グラフにして組み合わせる

1 セルA1～D13をドラッグして選択
2 [挿入]タブをクリック
3 [おすすめグラフ]をクリック

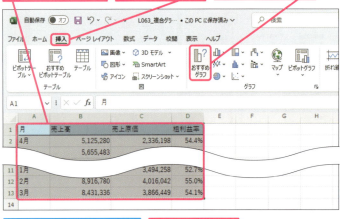

[グラフの挿入]ダイアログボックスが表示された

4 [集合縦棒]をクリック

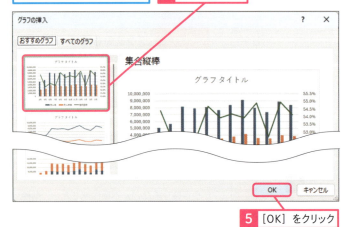

5 [OK]をクリック

使いこなしのヒント
複合グラフに向いているデータとは

関連性があるが、質的に差異がある複数のデータを1つのグラフで表示したいときには複合グラフを使いましょう。例えば、金額と比率を同時に表示したい場合や、縦軸の目盛りを変えた複数の金額を表示したい場合などに適しています。

● ［おすすめグラフ］でグラフが作成された

月別の売上高と売上原価を棒グラフにして、粗利益率を折れ線グラフにして組み合わせることができた

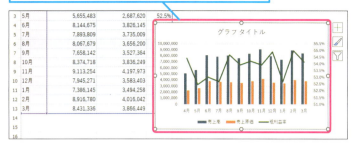

2 グラフを手動で変更する
L063_複合グラフ_02.xlsx

1 セルA1～C8をドラッグして選択
2 ［挿入］タブをクリック
3 ［おすすめグラフ］をクリック

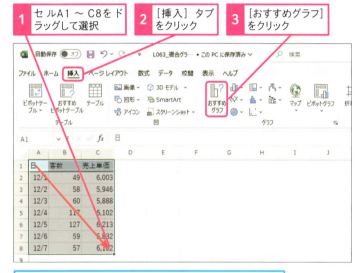

客数と売上単価を共通の目盛りで表示すると、それぞれの推移がわかりづらいので、表示を変更したい

4 ［すべてのグラフ］をクリック

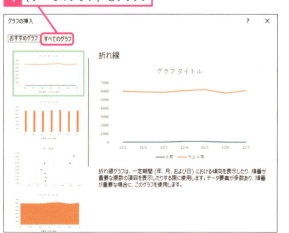

使いこなしのヒント

挿入済みのグラフの種類を変える

挿入した後のグラフの種類を変更する場合は、グラフを選択後、リボンから［グラフのデザイン］タブをクリックして［グラフの種類の変更］をクリックします。すると［グラフの種類の変更］画面が表示されるので、次ページの操作5以降と同じ手順で操作できます。

グラフを選択しておく

1 ［グラフのデザイン］タブをクリック
2 ［グラフの種類の変更］をクリック

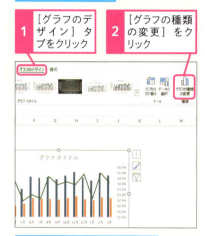

［グラフの種類の変更］画面が表示された

次ページの操作5以降と同じ手順で操作できる

63 複合グラフ

次のページに続く →

できる 193

● グラフの種類を選択する

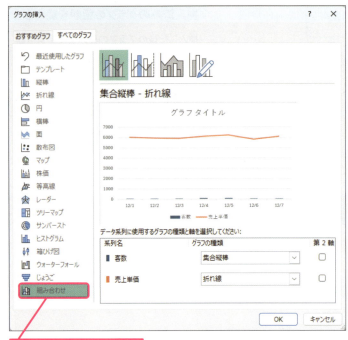

5 ［組み合わせ］をクリック

6 ［売上単価］の［第2軸］をクリックしてチェックマークを付ける

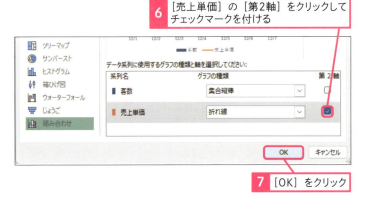

7 ［OK］をクリック

第2軸を設定した複合グラフに変更された

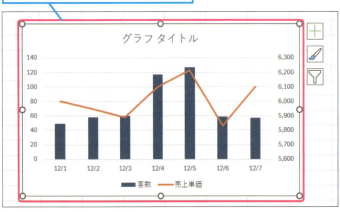

使いこなしのヒント
グラフの要素を整理しておく

複合グラフを作るときには、グラフに表示する内容が似たものならば、同じ種類のグラフで表現するようにしましょう。一般的には、主要な数値を棒グラフ、副次的な数値を折れ線グラフで表現するとよいでしょう。例えば、金額と比率を1つのグラフに表す場合には、金額を棒グラフで、比率を折れ線グラフで組み合わせましょう。

使いこなしのヒント
グラフの種類を個別に設定できる

［おすすめグラフ］の機能を使うと、客数と売上単価など本来は別のグラフで表示したいものが、同じグラフで表示するように提案されてしまう場合があります。そのときには、本文で紹介する手順で、それぞれの系列ごとにグラフの種類と第2軸に表示するかどうかを手動で設定しましょう。

用語解説
第2軸

1つのグラフには、縦軸の目盛りを2つ設定することができます。この縦軸に設定する2つ目の目盛りのことを［第2軸］と呼びます。［第2軸］の目盛りは右側に表示されます。

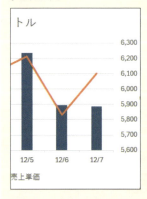

3 第2軸の間隔を変更する

L063_複合グラフ_01.xlsx

手順1を参考に、複合グラフを作成しておく

1 第2軸を右クリック

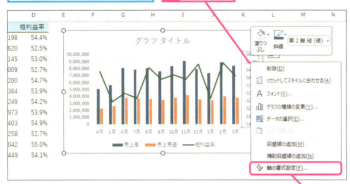

2 [軸の書式設定]をクリック

[軸の書式設定]作業ウィンドウが表示された

3 [最小値]に「0.5」と入力

4 [最大値]に「0.56」と入力

5 ここをクリック

第2軸の間隔が変更された

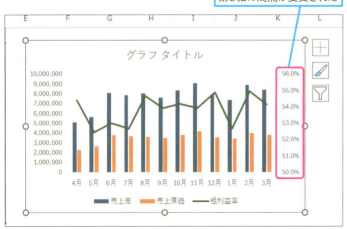

使いこなしのヒント
パーセンテージを入力してもいい

[境界値]の[最小値]に「50%」、[最大値]に「56%」、[単位]の[主]に「0.5%」と入力しても構いません。その場合、入力された値は自動的に「0.5」「0.56」「0.005」に修正されます。

使いこなしのヒント
最小値と最大値の設定方法について

グラフの軸の境界値はデータに応じて自動的に設定されます。このレッスンではグラフの形が見やすくなるように調整しましたが、最小値と最大値にキリのいい数字を設定することもできます。

まとめ
2つのグラフを組み合わせて複合グラフを作ろう

複合グラフを作るとき、多くの場合は[挿入]タブの[おすすめグラフ]で簡単に作れます。思い通りのグラフが作れなかったときには、それぞれの系列ごとに、グラフの種類を変更したり、第2軸に表示する値を手動で設定したりしましょう。

レッスン 64 図形を挿入するには

図形の挿入　　　　　　　　　　　　　　　　　　　　　　**練習用ファイル**　L064_図形の挿入.xlsx

Excelでは、セルに値や数式を入力するだけでなく、四角形などの図形やアイコンなども挿入できます。作成する資料に、図解やイメージ図を入れたいときに使いましょう。挿入した図形やアイコンは、セルに重なるようにして配置されます。

キーワード
アイコン	P.342
オブジェクト	P.343
セル	P.344

用語解説
オブジェクト

図形・アイコンなどをまとめてオブジェクトと呼びます。

1 図形を挿入する

- ここでは長方形を挿入する
- 1 [挿入]タブをクリック
- 2 [図形]をクリック

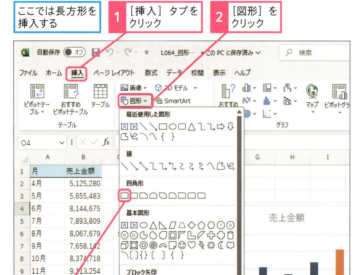

- 3 [正方形/長方形]をクリック
- 4 四角形の左上の頂点になる場所にマウスポインターを合わせる
- マウスポインターの形が変わった

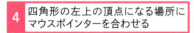

- 5 右下にドラッグ

使いこなしのヒント
画像を挿入するには

リボンの[挿入]タブ-[画像]から画像を挿入することができます。例えば、[セルの上に配置]-[このデバイス]をクリックすると、パソコンに保存されている画像を、シートに自由に配置できるようになります。

使いこなしのヒント
正方形、正円など整った形の図形を挿入する

Shiftキーを押しながら図形を挿入すると、正方形・正円など整った形の図形が挿入できます。

- 1 Shiftキーを押しながら右下にドラッグ

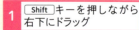

- 正方形が挿入される

● 図形が作成された

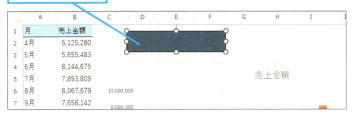

2 図形に文字を入力する

使いこなしのヒント
改行は通常通り入力できる

図形内での文字入力中は、Enterキーで改行ができます。セル内改行のときの操作（レッスン23参照）とは違うことに注意しましょう。

まとめ
［挿入］タブから図形やアイコンを挿入しよう

［挿入］タブから［図形］や［アイコン］をクリックすると、Excelで使用できる図やアイコンの一覧が表示されます。どういう図形やアイコンが準備されているかを見て、使えるものを選びましょう。

スキルアップ
アイコンを挿入するには

リボンの［挿入］タブ-［アイコン］からアイコンを挿入できます。挿入したいアイコンをクリックして［挿入］しましょう。なお、Microsoft 365を契約している場合には、より多くの種類のアイコンが使えるようになります。

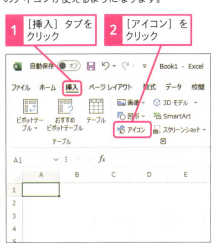
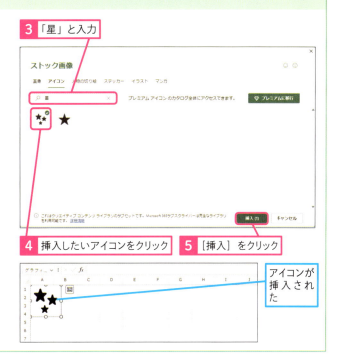

レッスン 65 図形の色を変更するには

図形の書式　　　　　　　　　　　　　練習用ファイル　L065_図形の書式.xlsx

図形の色を変更するときは［図形の書式］タブにある［図形のスタイル］を使って、文字色と背景色を一度に設定しましょう。さらに、細かく設定したい場合には、［図形の書式設定］作業ウィンドウで、個別に設定を変更しましょう。

キーワード
オブジェクト	P.343
シート	P.344
書式	P.344

スキルアップ
図形や文字の詳細な設定をするには

図形を右クリックして、右クリックメニューから［図形の書式設定］をクリックすると、［図形の書式設定］作業ウィンドウが表示され、図形や文字の書式を、より詳細に設定できます。さらに、［図形の書式設定］作業ウィンドウ上部の、［図形のオプション］か［文字のオプション］という項目をクリック後、その下のアイコンをクリックすると、設定可能な項目が表示されます。

1 図形の色や枠の色をまとめて変更する

ここでは図形の色と枠線の色をまとめて変更する

1 図形をクリック
2 ［図形の書式］タブをクリック

3 ［図形のスタイル］の［クイックスタイル］をクリック

4 ［塗りつぶし-黒、濃色1］をクリック

図形の色がまとめて変更された

1 図形を右クリックして［図形の書式設定］をクリック

［図形の書式設定］作業ウィンドウが表示された

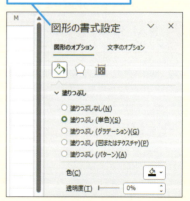

塗りつぶしや透明度、枠線の色など、詳細な設定ができる

2 図形の色や枠の色を個別に変更する

ここでは図形の色と枠線をオレンジ色に変更する

図形の色が変更された

枠線の色が変更された

💡 使いこなしのヒント
背景、枠を透明にする

次のレッスンで紹介する方法で、図形の背景色・枠を透明にすると、図形が表示されず、文字だけを表示できます。

💡 使いこなしのヒント
テキストボックス内でコピー・貼り付けしたときの色に注意

通常のセルと同じように、テキストボックス内でも一部の文字を選択してコピー・貼り付けができます。ただし、通常の貼り付けをしたときの文字の色は、次のレッスンで紹介する［図形のスタイル］で指定した文字色になります。本文の手順で文字の色を変えても、その設定は反映されないので注意してください。

まとめ　図形の文字色は［図形のスタイル］で設定する

図形内の文字をコピーして貼り付けしたとき、貼り付けた文字の色は、個別に設定した文字色ではなく［図形のスタイル］で設定した文字色になります。そのため、図形の色を設定するときには、できるだけ［図形のスタイル］で設定するようにしましょう。

💡 使いこなしのヒント
図形内の文字の書式を変更する

［ホーム］タブ-［フォントの色］をクリック後、色を選択してクリックすると、文字の色を変更できます。また、［ホーム］タブ-「太字」をクリックすると、フォントを太字に変えられます。

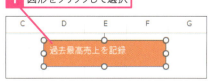

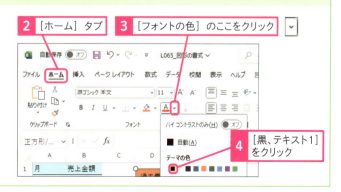

レッスン 66 図形の位置やサイズを変更するには

図形の位置やサイズの変更　　　練習用ファイル　L066_図形の位置やサイズの変更.xlsx

いったん挿入した図形やアイコンを移動させたいときには、図形やアイコンをクリックして選択した後にドラッグしましょう。また、図形の大きさを変えたいときには、図形やアイコンを選択後、図形の隅のハンドルを操作しましょう。

キーワード
アイコン	P.342
オブジェクト	P.343
グラフ	P.343

1 図形を移動する

ここでは図形をグラフ内に移動する

① 図形にマウスポインターを合わせる

マウスポインターの形が変わった

② ここまでドラッグ

ドラッグしたところに図形が移動した

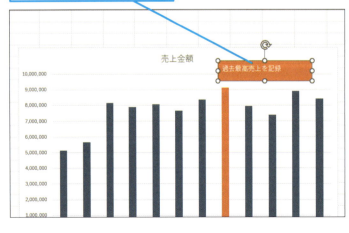

使いこなしのヒント
矢印キーで図形を移動する

図形を選択した後に矢印キーを押すと、その方向に図形が移動します。図形の位置を微妙に移動させたいときに使うと便利です。

使いこなしのヒント
垂直・水平に移動できる

図形を移動させるときに Shift キーを押しながら図形をドラッグすると、図形を垂直または水平に移動できます。

① Shift キーを押しながらドラッグ

図形が水平方向に移動した

2 図形のサイズを変更する

ここでは図形を縮小する

1 図形をクリック

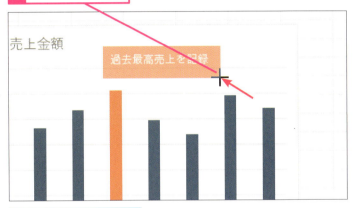

2 ハンドルにマウスポインターを合わせる

マウスポインターの形が変わった

3 矢印の方向にドラッグ

図形のサイズが小さくなった

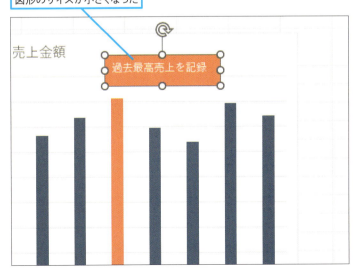

🔍 用語解説
ハンドル

オブジェクトの隅と辺8か所などに表示される白丸のことをハンドルと呼びます。マウスでドラッグすると拡大縮小などの操作ができます。

💡 使いこなしのヒント
上下、左右にだけ伸ばす

辺の真ん中のハンドルをドラッグすると、上下方向または左右方向にだけ拡大・縮小できます。

💡 使いこなしのヒント
縦横比を保ったまま図形を拡大・縮小するには

Shiftキーを押しながら図形のハンドルをドラッグすると、縦横比を保ったまま拡大・縮小できます。

1 Shiftキーを押しながらハンドルをドラッグ

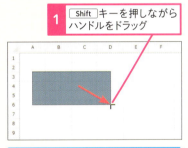

縦横比を保ったまま図形が拡大される

まとめ Shift 、Ctrl 、Alt キーを併用する

マウスで、図形の移動や図形サイズの変更の操作をするときに、Shiftキーなどを併用すると挙動を変えることができます。うまく使うと、位置揃えなどの手間を大幅に減らせるので、活用しましょう。

この章のまとめ

データを視覚的に見やすくしよう

この章では、グラフと図形について解説をしました。どちらも、データを視覚的に見やすくするために役立ちます。本書では基本的なグラフと、その作成方法を紹介しましたが、株価の推移を表すのに使われるローソク足のグラフや、品質管理で使われる散布図など、専門的なグラフも作ることができます。また、図形についてもビジネス資料などに見られる簡易的なフローチャートなどに使用できます。Excelのグラフは自由度が高く、見せ方をいくらでも変更することができます。その反面、データの誇張や誤読につながるので極端な調整は避けましょう。

複雑なデータをわかりやすく見せる

グラフと図形、楽しかったです！

グラフはExcelが得意とする機能。この章で紹介した棒グラフ、折れ線グラフ以外にもあらゆるグラフを作れるよ。

せっかくの機能、使いこなせてないです……。

まずはシンプルなグラフを仕上げよう。機能よりも、何を見せたいかが重要なんだ！

活用編

第8章

データ集計に必須！
ビジネスで役立つ厳選関数

この章では、「SUMIFS関数」と「VLOOKUP関数」を中心に、
使用頻度が高く重要な関数を紹介します。どの関数も、効率よく
表を作成するためには欠かせない関数です。

67	関数を使うメリットを知ろう	204
68	条件に合うデータのみを合計するには	206
69	条件に合うデータの件数を合計するには	210
70	一覧表から条件に合うデータを探すには	212
71	VLOOKUP関数のエラーに対処するには	214
72	IFERROR関数でエラーを表示しないようにするには	216
73	条件によってセルに表示する内容を変更するには	218
74	端数の切り上げや切り捨てを計算するには	220

レッスン **67**

Introduction この章で学ぶこと

関数を使うメリットを知ろう

活用編 第8章 データ集計に必須！ビジネスで役立つ厳選関数

Excel関数は約500個あり、どれもとても便利ですが、そのすべてを覚える必要はありません。関数の中でも、よく使われるものを覚えれば、それだけでもExcelの作業効率を上げるために役立ちます。まずは関数のメリットと、この章で学ぶ関数について押さえましょう。

よく使われる関数から覚えよう

やっぱり関数ってなんか苦手意識があるんだよな〜。

同感。やっぱり、覚えないとダメなんですかね……？

ひたすら手入力やコピペを繰り返していると、ミスも起こるし、とんでもなく時間が掛かるでしょ？　そこに費やしている膨大な時間が数式1つで変わるんだから、むしろ覚えないと損だよ！

● 商品別の売上集計表を作成する場合

表から商品を探して、電卓などで計算した結果を手入力していると、ミスが起こりやすく、データの件数が多いと時間も掛かる

でも……こう、計算への自信のなさもあって、どうしても避けて通りたい気持ちが……。

計算は関数がやってくれるから、むしろ計算が苦手、という人にこそ使ってほしい機能だよ！　それに、実務でよく使う関数はけっこう限られているから、全部覚える必要はないんだ。

様々な表でよく使われる関数

67

この章で学ぶこと

この章では、表作成に役立つ関数の中で、よく使われるものを厳選して解説していくよ。中でも特に重要なのがSUMIFS関数とVLOOKUP関数。難しそうに見えるかもしれないけど、意味を理解すれば楽勝です！

SUMIFS関数を使えば、月別・取引先別に売上金額を集計できる

この関数は売上集計表などでよく使いそうですね。

VLOOKUP関数を使えば、商品コードを基に、商品一覧から該当する商品名を表示できる

確かに、これなら目視でデータを探すよりもずっと簡単そう！

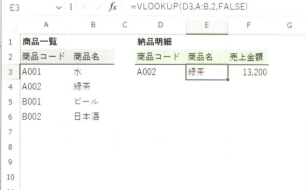

IF関数を使えば、指定した条件に応じてセルの表示内容を変えられる

この他にもROUNDUP関数やCOUNTIFS関数など、便利な関数を紹介しているから、1つ1つしっかり使いこなせるようになろう！

レッスン 68 条件に合うデータのみを合計するには

SUMIFS関数

取引先別の売上金額合計、部門別の給与合計など、指定した条件に一致する行の数値を合計するにはSUMIFS関数を使いましょう。Excelで最も重要な関数の1つで、Excelの作業効率を上げるには欠かせない関数です。

キーワード	
関数	P.343
絶対参照	P.344
複合参照	P.346

検索・行列

指定した条件に一致するデータの合計を計算する

=SUMIFS(合計対象範囲, 条件範囲1, 条件1, 条件範囲2, 条件2, …)
（サムイフエス）

SUMIFS関数は、いわゆる条件付きで合計を計算する関数です。合計対象範囲で指定したセル範囲のうち、条件範囲で指定したセル範囲が、指定した条件を満たしているセルだけを合計します。合計対象範囲とすべての条件範囲には同じ形のセル範囲を指定します。SUMIFS関数は、取引先別の売上高一覧表など、ある切り口に着目した金額の内訳表を作成する場合に使われます。

💡 使いこなしのヒント

「合計対象範囲」と「条件範囲」の形を揃える

「合計対象範囲」と「条件範囲1」に指定するセル範囲は、形を揃えるようにしましょう。例えば、「合計対象範囲」で「C:C」と列全体を指定したら「条件範囲1」も「B:B」と列全体を指定してください。

引数

合計対象範囲	合計を計算するセル範囲を指定します。
条件範囲	条件の判定に使うセル範囲を指定します。
条件	条件を指定します。

SUMIFS関数を使うことで取引先ごとに金額を合計できる

206 できる

練習用ファイル ▶ L068_SUMIFS関数.xlsx

使用例 取引先名が「ベスト食品」の金額合計を計算する　　セルF2の式

=SUMIFS(C:C, B:B, E2)

条件範囲1　合計対象範囲　条件1

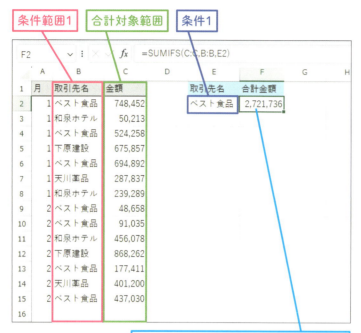

取引先名が「ベスト食品」の金額が合計される

使いこなしのヒント
取引先別に売上金額を集計する

セルE3以下にすべての取引先名を入力した後に、セルF2の数式をコピーしてセルF3以下に貼り付けると、取引先別に売上金額を計算できます。

取引先別に売上を合計できる

ポイント

合計対象範囲	金額（C:C）列の値を合計する
条件範囲1	条件は取引先名（B:B）列が
条件1	ベスト食品（セルE2）と等しい場合

使いこなしのヒント
条件が1つであればSUMIF関数でも集計できる

SUMIF関数は、条件を1つ指定して条件付き合計を計算する関数です。条件が1つだけのときは、SUMIF関数でもSUMIFS関数と同じように集計ができます。ただし、SUMIF関数とSUMIFS関数では引数の順番が違うため、条件が1つであってもSUMIFS関数を使うことをおすすめします。

取引先名が「ユーテック」の金額を合計する
　サムイフエス
=SUMIFS(B:B, E2, C:C)

取引先名が「ユーテック」の金額が合計される

練習用ファイル ▶ L068_複数条件SUMIFS.xlsx

使用例 取引先名が「ベスト食品」、月が「1」の金額合計を計算する　　セルG2の式

=SUMIFS(C:C, A:A, E2, B:B, F2)

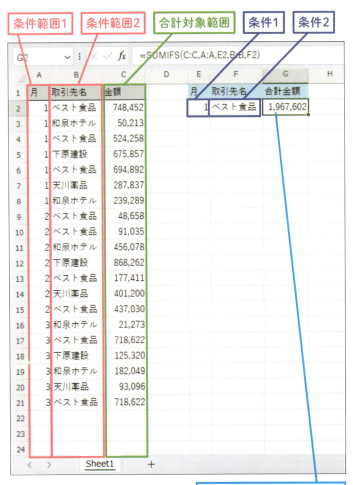

使いこなしのヒント

条件範囲のセルと条件のセルはまったく同じ値を入力する

条件範囲で指定したセルに入力されている値と、条件で指定する値は、表記を揃える必要があります。本文の例では、A列（条件範囲1）に「1」「2」と入力されています。ですから、それに対応するセルE2（条件1）にも「1月」「2月」ではなく「1」「2」と入力する必要があります。

セルE2の表記と合わせる

「1月」かつ「ベスト食品」との取引金額だけを合計できた

ポイント

合計対象範囲	金額（C:C）列の値を合計する
条件範囲1	条件は月（A:A）列が
条件1	1（セルE2）と等しい場合
条件範囲2	かつ取引先名（B:B）列が
条件2	ベスト食品（セルF2）と等しい場合

まとめ　項目別に集計するときにSUMIFS関数を使おう

SUMIFS関数は「○○別に○○を集計する」場面で使います。例えば、「取引先別に売上金額を集計する」「部門別に給与を集計する」といった場面では、SUMIFS関数が使えないか考えてみましょう。

スキルアップ
SUMIFS関数でマトリックス型の表を作るには

A～C列の元データを、セルF2には「ユーテック」の1月分の売上、セルG2には「ユーテック」の2月分の売上、というようにマトリックス型に集計をすることを考えます。このような、SUMIFS関数でマトリックス型の集計をするには、絶対参照・複合参照を使いましょう（詳細はレッスン41～43参照）。参照するセルの場所に応じて「$」の付け方を変えるのがポイントです。

・元データへの参照は、参照するセルがずれないように「$A:$A」のように絶対参照を付ける
・集計表の上端への参照は、上下方向に数式を貼り付けても参照するセルがずれないように「F$1」のように間に$を入れる
・集計表の左端への参照は、左右方向に数式を貼り付けても参照するセルがずれないように「$E2」のように先頭に$を付ける

絶対参照や複合参照を入力するときにはF4キーを使うと便利です。セルを選択後、F4キーを押すごとに「=$A$1」→「=A$1」→「=$A1」と「$」が付く場所が変わります。A列を選択後F4キーを1回押すと「$A:$A」、セルF1を選択後F4キーを2回押すと「F$1」、セルE2を選択後F4キーを3回押すと「$E2」と入力できます。

セルF2の数式が完成したら、コピーしてセルF2～G4に貼り付けると、マトリックス型の集計表ができあがります。

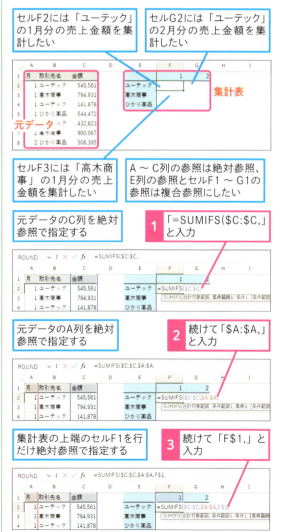

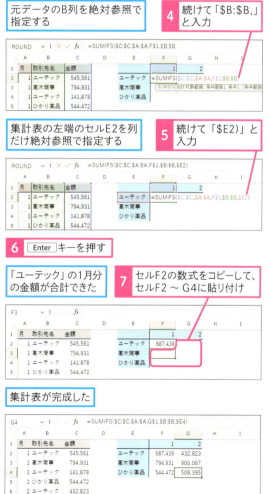

レッスン 69 条件に合うデータの件数を合計するには

COUNTIFS関数

取引先別の売上金額件数、部門別の人員数など、指定した条件に一致する行の件数を数えるにはCOUNTIFS関数を使いましょう。使い方はSUMIFS関数とほとんど同じなので、SUMIFS関数と合わせて使い方を覚えるようにしましょう。

キーワード	
関数	P.343
数式	P.344
セル範囲	P.344

活用編 第8章 データ集計に必須！ビジネスで役立つ厳選関数

統計
指定した条件に一致するデータの件数を計算する

=COUNTIFS(条件範囲1, 条件1, 条件範囲2, 条件2, …)

COUNTIFS関数は、条件を満たした件数を計算する関数です。条件範囲で指定したセル範囲のうち、指定した条件を満たしている件数を計算する関数です。すべての条件範囲には同じ形のセル範囲を指定します。COUNTIFS関数は、部署別の従業員数など、ある切り口に着目した件数や人数の内訳表を作成する場合に使われます。

引数

| 条件範囲 | 条件の判定に使うセル範囲を指定します。 |
| 条件 | 条件を指定します。 |

使いこなしのヒント
部署別に件数を集計するには

セルE4以下にすべての部署を入力してからセルF3の数式をコピーしてセルF4以下に貼り付ければ、部署別に人数を集計することができます。

1 セルF3を選択

2 フィルハンドルをドラッグ

数式がコピーされ部署別に人数が集計された

COUNTIFS関数を使うことで条件に合うデータの個数を求められる

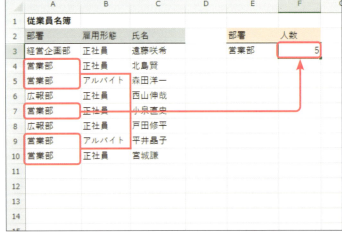

練習用ファイル ▶ L069_COUNTIFS関数.xlsx

使用例 部署が営業部の人数を計算する　　　セルF3の式

=COUNTIFS(A:A, E3)

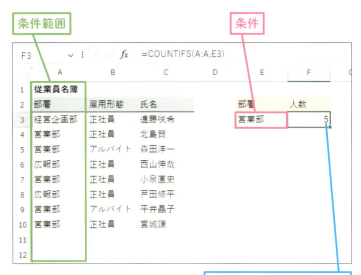

ポイント

条件範囲	部署（A:A）列が
条件	営業部（セルE3）と等しい場合の件数を数える

まとめ　件数はCOUNTIFS関数で集計しよう

SUMIFS関数とCOUNTIFS関数は、合計を集計するか件数を集計するかが違うだけで、使い方はほとんど同じです。SUMIFS関数が使えるようになれば、COUNTIFS関数も自然に使えるようになります。合計だけでなく件数も集計したいときにはCOUNTIFS関数を使うようにしましょう。

使いこなしのヒント

複数の条件を指定するには

COUNTIFS関数の引数は、SUMIFS関数の1つ目の引数の「合計対象範囲」がないだけで他はまったく同じです。ですから、SUMIFS関数で複数の条件を指定したように（レッスン68参照）、COUNTIFS関数でも複数の条件を指定できます。COUNTIFS関数で複数の条件を指定したいときには、3つ目、4つ目の引数に「条件範囲2」と「条件2」を指定しましょう。

部署が「営業部」、雇用形態が「正社員」の人数を計算する

=COUNTIFS(A:A, E3, B:B, F3)

レッスン 70 一覧表から条件に合うデータを探すには

VLOOKUP関数

指定した商品コードを、商品一覧から探して該当する商品名を表示したいというときにはVLOOKUP関数を使いましょう。レッスンではA列とB列の商品一覧から、セルD3に入力した商品コードに一致する商品名を抽出して、セルE3に表示しています。

キーワード
関数	P.343
引数	P.345
論理値	P.346

検索・行列
指定した値に対応するデータを表示する

=VLOOKUP(検索値, 範囲, 列番号, 検索の型)
（ブイルックアップ）

VLOOKUP関数は、指定した値を対照表から探して、対応するデータを取得する関数です。検索値に入力した値を、範囲で指定したセル範囲の一番左の列から探して、一致した行があれば、その行の列番号で指定した列のデータを取得します。検索の型には、通常は完全一致検索をするFALSEを指定します。近似値検索をしたいときだけTRUEを指定しましょう。

用語解説
論理値

TRUE、FALSEの2つを論理値といいます。論理値は、二者択一の値を表現するのに使われます。

引数

検索値	検索する値を指定します。
範囲	検索する値と目的の値が入力されている対照表を指定します。
列番号	範囲のうち、値を取得したい列を左から数えた番号で指定します。
検索の型	完全一致検索は「FALSE」、近似値検索は「TRUE」を指定します。

使いこなしのヒント
4つ目の引数の入力方法

「検索の型」はTRUEかFALSEかで指定をします。通常はFALSEを指定してください。「=VLOOKUP(A2,E:F,2,」まで入力するとTRUEかFALSEかの選択肢が表示されるので、↓ Tab キーを押して「FALSE」を入力してください。なお、「検索の型」の入力を省略するとTRUEを指定したことになり誤動作の原因になります。必ず「FALSE」を指定してください。

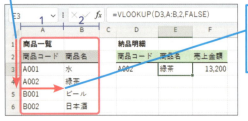

「検索値」で指定した「A002」をA列（=「範囲」の一番左の列）から探す

「列番号」に「2」を指定したのでB列（=A列から2列目）の「緑茶」を取得する

練習用ファイル ▶ L070_VLOOKUP.xlsx

使用例 商品コード「A002」を商品一覧から探して対応する商品名を表示する　　**セルE3の式**

=VLOOKUP(D3, A:B, 2, FALSE)

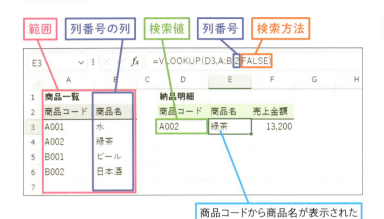

💡 使いこなしのヒント
「列番号」は「範囲」の一番左から数える

「列番号」は「範囲」で指定したセル範囲の何列目にあたるかを指定します。つまり、「範囲」の一番左の列を「1」として、その右の列が「2」、次の列が「3」というイメージです。

ポイント

検索値	「A002」（セルD3）を
範囲	商品一覧表（A列〜B列）の一番左から探して
列番号	対応する商品名（2列目）を表示する
検索方法	完全一致検索（FALSE）

1 セルD3のデータを「A001」に変更　　**2** Enterキーを押す

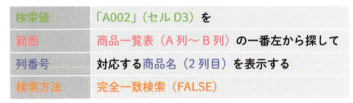

商品コード「A001」の商品である「水」が表示された

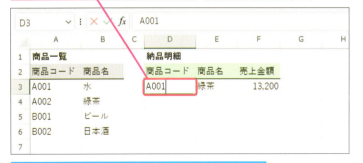

💡 使いこなしのヒント
VLOOKUP関数の引数の覚え方

VLOOKUP関数は引数を覚えるのが大変だと感じたら、VLOOKUP関数が何をする関数かをイメージしてみましょう。VLOOKUP関数は「①目的の値」を「②あらかじめ準備された表」から探して「③対応する情報を表示する」に対応する列の値を表示する関数です。この①、②、③がVLOOKUP関数の最初の3つの引数に対応しています。

まとめ 一覧表を整備して関数で転記しよう

商品一覧などの一覧表からデータを転記するような作業は、VLOOKUP関数で自動化できます。VLOOKUP関数を使える場面を増やして、手作業を減らせるように、一覧表を適切に整備するようにしましょう。

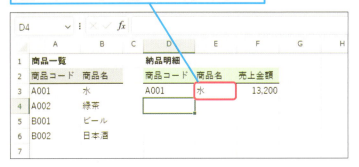

レッスン 71 VLOOKUP関数のエラーに対処するには

VLOOKUP関数のエラー対処 | 練習用ファイル　手順見出し参照

VLOOKUP関数を使うときには、引数の指定の仕方やデータの内容次第で「#REF!」「#N/A」など様々なエラーが発生しがちです。このレッスンでは、「範囲」が原因で起こる典型的なエラーの発生原因とその対策を紹介します。

キーワード
関数	P.343
引数	P.345
列	P.346

1 「#REF!」エラーに対処する

L071_VLOOKUPエラー_01.xlsx

「範囲」で指定した範囲を超える列を「列番号」に指定すると「#REF!」エラーが表示されます。次の例では、「範囲」がA～B列の2列分しかないのに、「列番号」に「3」を指定したため「#REF!」エラーが表示されました。このようなエラーを防ぐために「範囲」は、表全体を指定しておきましょう。

用語解説
#REF!
参照しているセルの指定に誤りがあるときに発生するエラーです。

用語解説
#N/A
VLOOKUP関数で「検索値」が「範囲」の一番左の列に存在していないときに発生するエラーです。

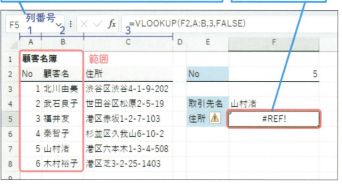

使いこなしのヒント
「#REF!」エラーが出たら数式を見直そう

「#REF!」エラーが出るときには、必ず数式に誤りがあります。数式を見直して修正をするようにしましょう。

使いこなしのヒント
エラーの内容を確認するには

エラーが表示されたセルの側には⚠のアイコンも表示されます。このアイコンをクリックすると、エラーの説明が表示されます。

2 「#N/A」エラーに対処する

L071_VLOOKUPエラー_02.xlsx

「検索値」で入力した値が「範囲」の一番左の列に入っていないと検索ができず「#N/A」エラーが発生します。検索したい値が「範囲」の一番左に入るように「範囲」の一番左の列を調整しましょう。なお、「範囲」を変えると「列番号」も変わることに注意してください。

💡 使いこなしのヒント
「範囲」は表全体を指定する

原則として「範囲」は表全体を指定するようにしましょう。ただし、「検索値」で入力した値が「範囲」の一番左の列に入っていないときには、「範囲」で指定する範囲を調整しましょう。

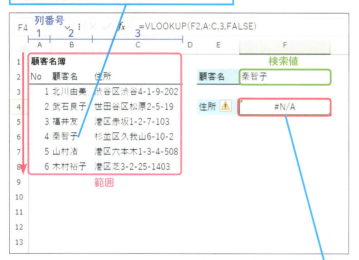

「検索値」で指定した「秦智子」が「範囲」の一番左の列にない

「#N/A」エラーが表示された

💡 使いこなしのヒント
数式が正しくても「#N/A」エラーが出る場合もある

本文の例で、セルF2に存在しない顧客名「山田葵」を入力すると、数式が正しいにもかかわらず「#N/A」エラーが表示されます。

1 「山田葵」と入力

顧客名が存在しないためエラーが出る

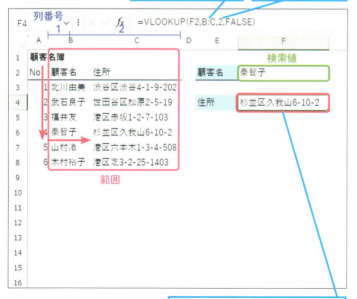

「範囲」を「A:C」から「B:C」に修正した

「列番号」を「2」に修正した

「#N/A」エラーが表示されなくなった

👆 まとめ
表全体を範囲に指定しよう

VLOOKUP関数を使うときには「範囲」で表全体を指定すると「#REF!」エラーが防げます。ただし、「検索値」で入力した値を表の一番左の列以外から探したいときには、探したい列が「範囲」の一番左の列になるように調整しましょう。

レッスン 72 IFERROR関数でエラーを表示しないようにするには

IFERROR関数

VLOOKUP関数の「検索値」に空欄のセルを指定していると「#N/A」エラーが発生します。請求書などのひな型にあらかじめVLOOKUP関数を入力しておく場合にはIFERROR関数を使って「#N/A」エラーが表示されないようにしましょう。

活用編 第8章 データ集計に必須！ビジネスで役立つ厳選関数

キーワード
関数	P.343
セル	P.344
引数	P.345

論理
計算結果がエラーのとき指定した値を表示する

=IFERROR(値, エラーの場合の値)
（イフエラー）

IFERROR関数は、計算結果がエラーのときに、指定した値を表示する関数です。値には、エラーが発生する可能性のある関数や数式を入力します。もし、値の計算結果がエラーでなければ、そのままの値を表示します。一方で、値の計算結果がエラーだった場合には、エラーの場合の値に指定した値を表示します。

引数

値	エラーが発生するかもしれない関数や数式を指定します。
エラーの場合の値	エラーが発生したときに、代わりに表示する値を指定します。

D列のセルが空欄だとエラーが表示されるが、IFERROR関数を使うとエラーが表示されないようにできる

使いこなしのヒント
VLOOKUP関数を入力してからIFERROR関数を入力する

VLOOKUP関数とIFERROR関数を入れるときには、まず、VLOOKUP関数の部分を入れて数式を確定してしまいましょう。その後に、改めてIFERROR関数の部分を入れると、入力ミスが防ぎやすいです。

練習用ファイル ▶ L069_COUNTIFS関数.xlsx

使用例 対応する商品名が存在しない場合に空欄を表示する　　セルE3の式

=IFERROR(VLOOKUP(D3,A:B,2,FALSE),"")

72 IFERROR関数

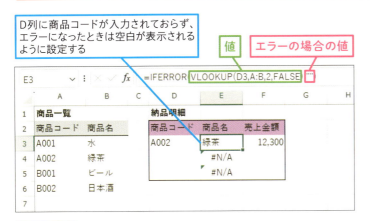

D列に商品コードが入力されておらず、エラーになったときは空白が表示されるように設定する

値
エラーの場合の値

使いこなしのヒント
「""」は空欄を表す
数式内で「""」のようにダブルクォーテーションを2つ連続入力すると、空欄を表すことができます。数式内では文字列を入力するときには、文字列データを「"」で囲んで入力します。「""」と続けて入力すると、ダブルクォーテーションの間に文字がないので空欄の意味になります。なお、ダブルクォーテーションは[Shift]+[2]キーで入力できます。

空欄になっている

ポイント

値	VLOOKUP(D3,A:B,2,FALSE) の結果を表示する
エラーの場合の値	エラーが発生したときは空欄を表示する

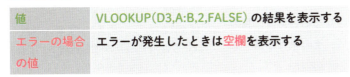

1 セルE3の右下にマウスポインターを合わせる
2 セルE5までドラッグ

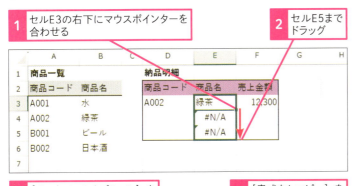

3 [オートフィルオプション]をクリック
4 [書式なしコピー]をクリック

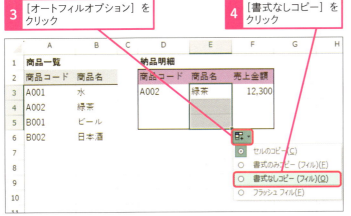

まとめ
IFERROR関数は後から入力する
VLOOKUP関数の#N/Aエラーを消すためにはIFERROR関数を使いましょう。入力するときには、入力ミスを防ぐため、最初にVLOOKUP関数部分を入力して一度確定させた後に、IFERROR関数部分を追加入力するようにしましょう。

レッスン
73 条件によってセルに表示する内容を変更するには

IF関数

活用編
第8章 データ集計に必須！ ビジネスで役立つ厳選関数

指定した条件に応じてセルの表示内容を変えたいときにはIF関数を使いましょう。IF関数を使うと、条件を満たしたときの表示内容と、条件を満たさなかったときの表示内容を指定することができます。

キーワード

関数	P.343
論理値	P.346

論理

条件に応じて表示する内容を変える

=**IF**(論理式,真の場合,偽の場合)

IF関数は、論理式に指定した条件が成り立つかどうかに応じて、表示する内容を変える関数です。論理式には、条件を判定したい数式や値を入力します。その条件が成り立っている場合には、真の場合に入力した数式や値を表示します。逆に、その条件が成り立たない場合には、偽の場合に入力した数式や値を表示します。

引数

論理式	条件を指定します。
真の場合	条件が成り立った場合に表示する値を指定します。
偽の場合	条件が成り立たなかった場合に表示する値を指定します。

用語解説
論理式

論理式とは、条件に基づいて真（TRUE）または偽（FALSE）の結果を返す式のことをいいます。多くの場合、論理式として「=」「>」「>=」「<」「<=」「<>」の6つの記号を使った数式を入力します。なお、「<>」は「<」と「>」の2つの文字を続けて入力しています。

使いこなしのヒント

6種類の記号を使って条件を表現する

IF関数で使う条件は基本的に、次の6種類の記号で表現します。

●数式で使う比較演算子

比較演算子	意味	使用例	意味
=	等しい	E2=5	セルE2の値が5と等しい
>	より大きい	E2>5	セルE2の値が5より大きい
>=	以上	E2>=5	セルE2の値が5以上
<	より小さい	E2<5	セルE2の値は5より小さい
<=	以下	E2<=5	セルE2の値が5以下
<>	等しくない	E2<>5	セルE2の値は5と等しくない

218 できる

練習用ファイル ▶ L073_IF関数.xlsx

73

使用例 達成率が100%以上であれば「達成」と表示する　　　セルF3の式

= IF(E3>=100%, "達成", "")

使いこなしのヒント

「より大きい」「より小さい」と「以上」「以下」の違い

より大きい・より小さいや、超・未満という表現は、等しい場合を含みません。以上・以下は等しい場合を含みます。

ポイント

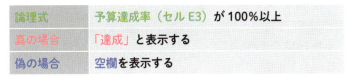

まとめ

条件分岐をしたいときはIF関数を使う

IF関数を使うと、条件に応じて表示内容を変えることができます。条件は、通常6種類の記号を使って表現します。IF関数を使うときには、自分の表現したい条件を、この6種類の記号で表現しましょう。

できる　219

レッスン 74 端数の切り上げや切り捨てを計算するには

ROUNDUP関数、ROUNDDOWN関数

活用編
第8章 データ集計に必須！ ビジネスで役立つ厳選関数

レッスン47では端数を四捨五入するROUND関数を紹介しました。このレッスンでは端数を切り上げるROUNDUP関数、端数を切り捨てるROUNDDOWN関数を紹介します。使い方はROUND関数とまったく同じです。

キーワード

関数	P.343
数式	P.344
引数	P.345

数学・三角

数値を指定した桁数に切り上げる

ラウンドアップ
=ROUNDUP(数値, 桁数)

ROUNDUP関数は、指定した数値を切り上げて、指定した桁数に丸める関数です。桁数は、2つ目の引数で指定します。例えば、切り上げた結果、整数にしたいときには「0」、小数1位まで表示したいときには「1」、10の位まで表示したいときには「-1」を指定します。

引数

数値	切り上げる数値を指定します。
桁数	切り上げた結果をどの桁まで表示するかを指定します。

値引額に小数が含まれるので端数となっているが、ROUNDUP関数で端数を切り上げられる

D3	∨	:	× ✓ fx	=B3*C3			
	A	B	C	D	E	F	
1	値引額算定シート						
2	商品	定価	値引率	値引額			
3	パソコン	124,980	2%	2499.6			
4	マウス	980	1%	9.8			
5	キーボード	4980	1%	49.8			
6							
7							
8							
9							
10							
11							

使いこなしのヒント

端数を切り捨てるには

端数を切り捨てるには、ROUNDDOWN関数を使いましょう。

セルD3に「=ROUNDDOWN(B3*C3,0)」と入力すると、値引額の端数を整数に切り捨てることができます。

セルD3の式

ラウンドダウン
=ROUNDDOWN(B3*C3, 0)

---

220 できる

| 練習用ファイル | L074_ROUNDUP関数.xlsx |

74 ROUNDUP関数、ROUNDDOWN関数

使用例 定価×割引率の結果を整数に切り上げる　　セルD3の式

=ROUNDUP(B3*C3, 0)

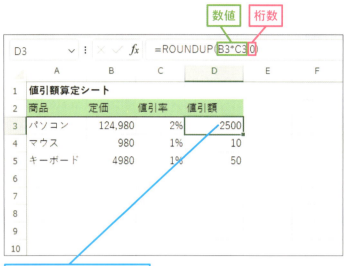

値引額の端数を切り上げられる

ポイント

| 数値 | 売上金額×値引き率（B3*C3）の端数を切り上げて |
| 桁数 | 整数（小数0桁）を表示する |

まとめ　切り上げ、切り捨て、四捨五入を使い分ける

端数を切り上げたいときにはROUNDUP関数、切り捨てたいときにはROUNDDOWN関数、四捨五入したいときにはROUND関数を使いましょう。この3つの関数の引数の意味はまったく同じです。2つ目の引数に、どの桁に端数処理をするかを指定しましょう。

使いこなしのヒント

桁数の指定

ROUNDUP関数、ROUNDDOWN関数、ROUND関数の2つ目の引数には、どの桁で端数を処理するかを数字で指定します。例えば、元の値に「123.456」が入力されているとき、桁数の指定に応じて計算結果は次の表のように変わります。

●桁数と結果

②桁数の指定	端数を処理した後の表示	元の値	ROUNDDOWN関数の結果	ROUND関数の結果	ROUNDUP関数の結果
2	小数第2位	123.456	123.45	123.46	123.46
1	小数第1位	123.456	123.4	123.5	123.5
0	整数	123.456	123	123	124
-1	10の位	123.456	120	120	130
-2	100の位	123.456	100	100	200

この章のまとめ

重要な関数の使い方を覚えよう

この章では、関数の中で使用頻度が高く重要な関数を紹介しました。どの関数も、応用範囲が非常に広く、様々な使い方ができます。数式を入力するときには、まず、この章で解説した関数が使えないかを考えてみましょう。この章で紹介した関数の中で、特に重要なのがSUMIFS関数とVLOOKUP関数です。本章と次章で解説する他の関数を使って下準備をして、SUMIFS関数とVLOOKUP関数で最終成果物となる表を作成する、というイメージを持つと、Excelの作業効率が上がります。ぜひ、意識して作業してみてください。

関数を使うことでミスなく時短しながら集計できる

すぐに役立ちそうな関数ばかりでしたねー。

データを活かすのは関数次第。この章で紹介した関数は、いろいろなところで役立つので、ぜひ使ってみて!

エラーの対処方法がすごく役に立ちそうです!

そうだね。エラーが出ても怖がらずに、原因を探してクリアしましょう!

活用編

第9章

ミスを撲滅！
関数でデータの
抽出・整形を効率化

この章では、日付の処理や文字列の抽出など、データを使いやすい形に整えるための関数を紹介します。前の章で扱った関数と組み合わせて使いましょう。

75	ミスを防ぎながら時短しよう	224
76	日付を処理するには	226
77	月を抽出するには	228
78	前月や翌月を求めるには	230
79	日付の書式を曜日に変更するには	234
80	商品コードの一部を抽出するには	236
81	商品コードの中心を抽出するには	238
82	半角文字を全角にするには	240
83	複数セルの計算を一気に行うには	242
84	関数で複数セルの計算を一気に行うには	244
85	重複したデータを削除するには	246
86	XLOOKUP関数で条件に合うデータを探すには	248
87	条件に合う複数の行を抽出するには	250
88	関数を使ってデータを並べ替えるには	252
89	名字と名前を分離するには	254
90	複数のシートに分かれた表を結合するには	256

レッスン **75**

Introduction　この章で学ぶこと
ミスを防ぎながら時短しよう

活用編　第9章　ミスを撲滅！ 関数でデータの抽出・整形を効率化

この章では、月末の日付を計算する、商品コードの先頭を抽出するといった日付や文字列データを使いやすい形に整える関数を紹介します。関数を使うことで、手作業でデータを修正するよりも、早く正確に処理ができます。合わせて、Excel 2024で導入された新しい関数も紹介します。

データの抽出や整形にも関数が役立つ！

引き続き、この章も関数ですね。

この章では表の整形や加工に役立つ関数を中心に解説するよ。どれも仕事に直結する便利な関数だからどんどん活用してほしい！

● TEXT関数

日付の値から曜日を表示できる

● FILTER関数

条件に一致する行をすべて抽出できる

● UNIQUE関数

データから重複を取り除いたデータを作成できる

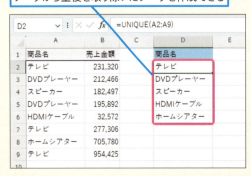

関数っていうと「計算」に使う印象があったけど、データの一部を抽出したり、形を整えたりするものもいろいろあるんですね〜。

そうなんだ。関数を使えばミスを防げるし、何をしたのか数式を見ればわかりやすい、というメリットもあるよ。

224　できる

Excel 2024の最新関数を使おう

あのー、ちょっと自慢できそうな関数とかありますか？

そうくると思っていたよ！ Excel 2024で導入された、最新の関数も紹介するよ！

● TEXTSPLIT関数

特定の区切り文字でセルの値を分割できる

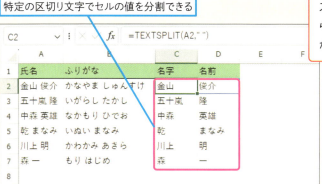

スペースとか、ハイフンとかで区切られているデータっていっぱいあるから、この関数すごく便利そう！

● VSTACK関数

複数のセル範囲を縦に結合できる

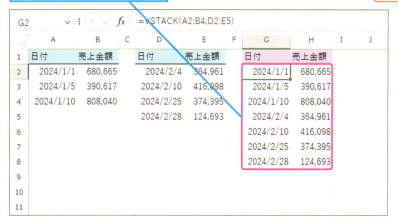

これを使えば、複数の表を簡単に1つにまとめられますね！

新しい関数は機能もおもしろい！ 使ってみるとそのすごさを実感できるよ！

レッスン 76 日付を処理するには

日付の処理　　練習用ファイル　L076_日付の処理.xlsx

Excelの日付は、シリアル値と呼ばれる1900年1月1日からの日数を表す数値で表現されています。この仕組みを使うと、翌日・前日の日付や、2つの日の間の日数を簡単に計算できるようになります。

活用編　第9章　ミスを撲滅！関数でデータの抽出・整形を効率化

キーワード

書式	P.344
シリアル値	P.344
表示形式	P.345

1 シリアル値とは

シリアル値とはExcelが日付を表現する仕組みで、日付を1900年1月1日からの日数を表す数値で表したものをいいます。例えば、「1900/1/1」が「1」、「1900/1/2」が「2」、…、「2023/12/31」が「45291」、「2024/1/1」が「45292」という感じです。なお、シリアル値「0」には「1900/1/0」という架空の日付が割り当てられています。

💡 使いこなしのヒント
日付データの実態は数値（シリアル値）

表示形式を標準に戻すと数値になることから、日付データの本来の値は数値（シリアル値）であることがわかります。セルに表示するときには、表示形式で日付に見えるようにして、日付データとして画面に表示しています。日付の表示形式を変更する方法はレッスン21を参照してください。

●シリアル値と日付

2 日付をシリアル値で表示する

セルB1に日付が入力されている

1 [ホーム]タブをクリック
2 [数値の書式]をクリック
3 [標準]をクリック

💡 使いこなしのヒント
セルの書式設定は右クリックでも変更できる

セルを右クリックして右クリックメニューから[書式設定]を選択しても、表示形式を設定できます。

1 セルB1を右クリック

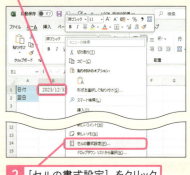

2 [セルの書式設定]をクリック

[セルの書式設定]ダイアログボックスが表示される

● 表示形式が［標準］に変更された

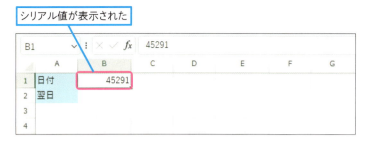

💡	使いこなしのヒント

日付を計算する仕組み

日付はシリアル値で表されているので、日付が入力されているセルの値に1を足すと翌日、1を引くと前日の日付を表示できます。足す数・引く数を変えれば、n日後、n日前の日付を計算できます。例えば、40を足せば40日後の日付が計算できます。

3 翌日の日付を計算するには

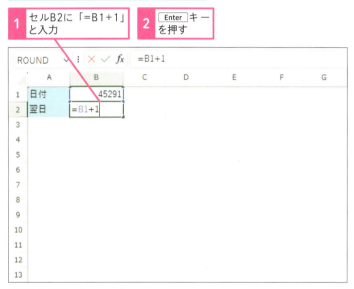

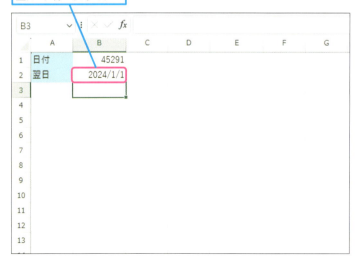

まとめ	シリアル値を理解しよう

Excelでは、日付データは1900/1/1からの日数を表す数値である、シリアル値で表されます。この性質を使うと、日付に1を足せば翌日、日付から1を引けば前日になるなど、日数を足し引きする計算が簡単にできます。このシリアル値は、続くレッスンで紹介する関数などでも使用されていますので、覚えておきましょう。

レッスン 77 月を抽出するには

MONTH関数

日付データから、年・月・日の部分を取り出したいときには、YEAR関数、MONTH関数、DAY関数を使います。例えば、MONTH関数を使うと「2024/10/3」というデータから「10」というデータを取り出すことができます。

キーワード	
関数	P.343
シリアル値	P.344
列	P.346

活用編 第9章 ミスを撲滅！関数でデータの抽出・整形を効率化

日付・時刻

日付から月を取得する

=**MONTH**(シリアル値)
マンス

MONTH関数は、日付データから月を計算する関数です。計算結果は1～12の数値になります。

引数

シリアル値　日付データを指定します。

👍 スキルアップ

年や日を抽出するには

日付データから、年や日のデータを取得するには、YEAR関数、DAY関数を使います。使い方はMONTH関数と同じく引数に日付データを指定します。「=YEAR（B1）」と入力するとセルB1の年を、「=DAY（B1）」と入力するとセルB1の日付を抽出できます。

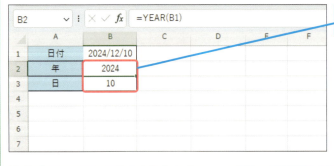

YEAR関数で年、DAY関数で日付を抽出できる

年を取得する

=**YEAR**(シリアル値)
イヤー

日付を取得する

=**DAY**(シリアル値)
デイ

練習用ファイル ▶ L077_MONTH関数.xlsx

使用例 指定した日付から月を取得する

セルD2の式

=MONTH(A2)

日付

セルA2の月の値が抽出された

ポイント

日付 2024/10/3（セル A2）の月の値を取得する

1. セルD2の右下にマウスポインターを合わせる
2. セルD10までドラッグ

各行の月の値が抽出された

使いこなしのヒント
月別に集計するには

MONTH関数で作成した月のデータを使うと、SUMIFS関数で月別の集計ができます。例えば、セルF2に「10」と入力して、セルG2に「=SUMIFS(C:C,D:D,F2)」と入力すると、セルG2には10月の合計金額が表示されます。さらに、セルF3に「11」と入力し、セルG2の数式をコピーしてセルG3に貼り付ければ、セルG3には11月の合計金額が表示されます。

1 セルG2に「=SUMIFS(C:C,D:D,F2)」と入力

10月の合計金額が表示された

まとめ
取り出した日付は関数に使える

日付データから年・月・日の部分を取り出したいときには、YEAR関数、MONTH関数、DAY関数を使います。取り出したデータはSUMIFS関数で月別にデータを集計したいときなどに使うことができます。上のヒントを参考に、MONTH関数を使って月が入力された列を作りましょう。

レッスン 78 前月や翌月を求めるには

DATE関数

年・月・日のデータから日付データを作るには、DATE関数を使いましょう。DATE関数を使うと翌月1日、前月15日の日付など、前月や翌月の指定した日のデータを計算できます。

キーワード	
関数	P.343
セル	P.344
引数	P.345

日付・時刻

年、月、日から日付データを作る

=DATE(年, 月, 日)

DATE関数は、指定した年・月・日の日付データを作る関数です。月、日に、実在しない数値を指定した場合には、自動的に補正されます。例えば、月に「13」と指定した場合には、12月の翌月（＝翌年1月）、日に「0」と指定した場合には、1日の前日（＝前月末）になります。

引数

年	年を数値で指定します。
月	月を数値で指定します。
日	日を数値で指定します。

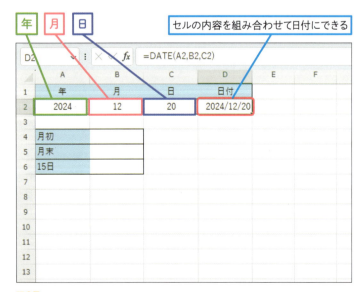

使いこなしのヒント

ありえない数値は自動的に補正される

DATE関数の引数に、存在しない年月日を指定すると自動的に補正されます。例えば、次の図では、セルD2で、あり得ない日付「2024年13月1日」の日付データを取得しようとしています。この場合、DATE関数は「13月」を「12月の翌月」と考えて、「2024年13月1日」→「2025年1月1日」の日付データが得られます。

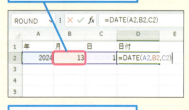

「13」月というありえない数値が入っている

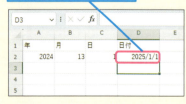

翌年の1月1日に修正された

78 DATE関数

練習用ファイル ▶ L078_DATE関数.xlsx

使用例1 指定した年月日の日付データを作る

セルD2の式

=DATE(A2, B2, C2)

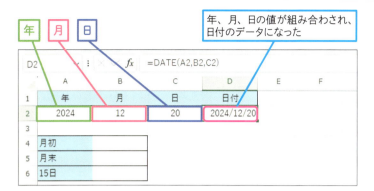

年、月、日の値が組み合わされ、日付のデータになった

ポイント

年	2024（セルA2）年
月	12（セルB2）月
日	20（セルC2）日の日付データを作る

練習用ファイル ▶ L078_DATE関数.xlsx

使用例2 月初の日付データを作る

セルB4の式

=DATE(A2, B2, 1)

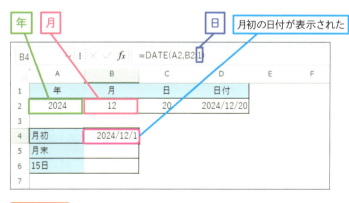

月初の日付が表示された

ポイント

年	2024（セルA2）年
月	12（セルB2）月
日	1日の日付データを作る

使いこなしのヒント

月初の日付データを計算するには

使用例2では、「=DATE(A2,B2,1)」のように、3つ目の引数に「1」を指定することで、指定した年・月の「1日」の日付を求めています。

次のページに続く ➡

できる 231

練習用ファイル ▶ L078_DATE関数.xlsx

使用例3 月末の日付データを作る　　　　　　　　　　　　　セルB5の式

=DATE(A2, B2+1, 0)

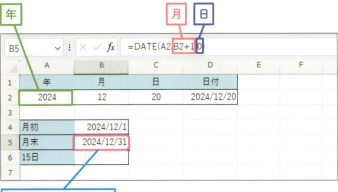

月末の日付が表示された

💡 使いこなしのヒント
月末の求め方を覚えよう

月末の日付は、月に応じて28日〜31日まで変動するので、DATE関数の3つ目の引数に直接数字を指定することができません。そこで、使用例3では、2つ目の引数を「B2+1」、3つ目の引数を「0」にすることで、「翌月の0日」→「翌月の1日の1日前」→「当月の末日」のような流れで当月の末日の日付を計算しています。

ポイント

年	2024（セルA2）年
月	12（セルB2 + 1）月
日	0日、つまり「1日」の1日前である前月末日の日付データを作る

👍 スキルアップ
前月・翌月の月末を計算するには

使用例3では「=DATE(A2,B2+1,0)」で、その月の月末の日付を計算しました。このDATE関数の2つ目の引数「B2+1」を「B2」に変えて「=DATE(B1,B2,0)」とすると、前月末の日付が計算できます。また、「B2+2」に変えて「=DATE(A2,B2+2,0)」とすると、翌月末の日付が計算できます。

前月末と翌月末の日付が計算できる

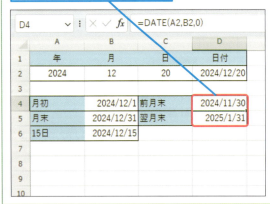

前月末の日付データを作る（セルD4の数式）
=DATE(A2, B2, 0)

翌月末の日付データを作る（セルD5の数式）
=DATE(A2, B2+2, 0)

練習用ファイル ▶ L078_DATE関数.xlsx

使用例4 指定した年月の15日の日付データを作る　　　　セルB6の式

=DATE(A2, B2, 15)

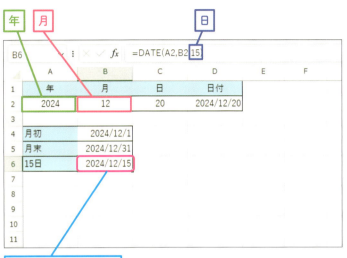

15日の日付が表示された

使いこなしのヒント
15日以外の日付のデータを計算するには

使用例4では「=DATE(A2,B2,15)」で、その月の15日の日付を計算しました。このDATE関数の3つ目の引数「15」を任意の日付に変えれば、指定した日の日付を計算できます。ただし、4月31日などの存在しない日付を指定すると、230ページのヒントで説明した自動補正の影響で、意図通りの日付データになりませんので注意してください。

まとめ
指定した年月日の日付データを作る

DATE関数を使うと、ある月の1日、15日、月末など、年月日を指定して日付データを作ることができます。日付に0日を指定すると前月末の日付の意味になることも、よく使いますので覚えておきましょう。

ポイント

年	2024（セルA2）年
月	12（セルB2）月
日	15 日の日付データを作る

👍 スキルアップ
YEAR関数とMONTH関数を組み合わせて使うには

元のデータが「2024/12/1」といった日付データの場合は、YEAR関数とMONTH関数で年と月を抽出するとDATE関数を使って15日などの日付を求めることができます。例えば、下の図では、セルB1の年と月を、それぞれ、セルB2とセルB3で求めています。あとは、使用例4と同じようにセルB4に「=DATE(B2,B3,15)」と入力すると15日の日付を求めることができます。

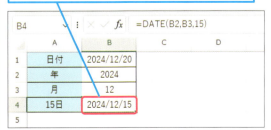

使用例4と同じ数式で15日の日付を求めることができる

セルB1の年を計算する（セルB2の数式）
=YEAR(B1)

セルB1の月を計算する（セルB3の数式）
=MONTH(B1)

レッスン 79 日付の書式を曜日に変更するには

TEXT関数

レッスン76で紹介したように、日付データの実態はシリアル値という数値です。SUMIFS関数の集計に使う、他のシステムで取り込むデータを作るなど、表示形式を適用した日付データを文字列として使いたいときには、TEXT関数を使いましょう。

活用編 第9章 ミスを撲滅！ 関数でデータの抽出・整形を効率化

キーワード

シリアル値	P.344
表示形式	P.345
ユーザー定義書式	P.346

文字列操作

値に表示形式を適用して文字列データを作る

=TEXT(値, 表示形式)
テキスト

TEXT関数は、いわゆる書式付き出力を行う関数です。指定した数値や日付に、指定した表示形式を適用して文字列データを作成します。表示形式に指定で使う書式文字は、ユーザ定義書式で使う書式文字と同じです。

引数

値	数値や日付などの値を指定します。
表示形式	書式文字を使って、適用したい表示形式を指定します。

● 書式文字の例

書式文字	意味	例
aaa	曜日（短）	木
aaaa	曜日（長）	木曜日
yyyy	西暦年（4桁）	2024
m	月	1
mm	月（2桁）	01
d	日	4
dd	日（2桁）	04
ge	和暦年（英字）	R6
ggge	和暦年（漢字）	令和6

使いこなしのヒント

表示形式（ユーザー定義書式）との違い

ユーザー定義書式の表示形式で曜日を表示すると、見た目が変わるだけでデータの実態はシリアル値のままです。一方で、TEXT関数を使って曜日を表示させると、その実態も見た目と同じ文字列データになります。

ユーザー定義書式で曜日を表示すると、データの見た目が変わるだけで、実際の値は日付（シリアル値）のままになる

練習用ファイル ▶ L079_TEXT関数.xlsx

使用例 日付データから曜日の文字列データを作る　　　　　セルC2の式

=TEXT(A2, "aaa")

ポイント

値	2024/12/1（セル A2）に
表示形式	ユーザー定義書式の曜日表示（「aaa」）を適用してその結果を文字列データにする

まとめ　文字列データにしたいときはTEXT関数を使う

表示形式を適用して、見た目を変えた結果を文字列データとして使いたいときには、TEXT関数を使いましょう。例えば、SUMIFS関数で集計をしたいときの他、他のシステムで取り込むデータを作るときにも便利です。

👍 スキルアップ

曜日別に集計するには

B列の顧客数を曜日別に集計するために、TEXT関数でC列に曜日のデータを作ります。あとは、セルF2にSUMIFS関数を入力すると、日付に関係なく曜日別に顧客数を集計することができます。

E列に文字列で曜日を入れているので、SUMIFS関数で集計するためには、C列にも文字列で曜日を入れる必要があります。そのため、表示形式ではなく、TEXT関数を使って曜日を表示しています。

指定した曜日の顧客数を集計する（セルF2の数式）

=SUMIFS(B:B, C:C, E2)

レッスン 80 商品コードの一部を抽出するには

LEFT関数、RIGHT関数

関数を使うとデータの一部分を抽出できます。このレッスンでは、左から指定した文字数分を抽出するLEFT関数と、右から指定した文字数分を抽出するRIGHT関数を紹介します。これらの関数でコードの先頭や末尾部分を抽出してみましょう。

キーワード
関数	P.343
セル	P.344
引数	P.345

文字列操作
文字列のうち左から指定した文字数分を抽出する

=LEFT(文字列, 文字数)

LEFT関数は、指定した文字列から、左から指定した文字数分を抽出して表示する関数です。

引数
- **文字列**　抽出元の文字列を指定します。
- **文字数**　左から何文字抽出するかを指定します。

商品コードの左2桁を抽出したい

LEFT関数を使うことで左から指定した文字数分を抽出できる

	A	B	C	D	E
C2			=LEFT(A2,2)		
1	商品コード	商品名	商品大区分	商品中区分	商品小区分
2	B1AA10101	水	B1		
3	B1AA30202	緑茶	B1		
4	B1AA30205	ウーロン茶	B1		
5	D1X130305	サイダー	D1		
6	X1BE20001	ビール	X1		
7	X1JA30103	日本酒	X1		
8	X1SS90352	焼酎	X1		
9	X1WA60013	ワイン	X1		

使いこなしのヒント
文字数には記号やスペースも含まれる

LEFT関数やRIGHT関数、次のレッスンで紹介するMID関数では、記号、スペースや改行文字も1文字分として扱われます。例えば、セルA1に「 ABCDE」と入力されているときに、セルA2に「=LEFT(A1,2)」という数式を入れると、計算結果は「 A」になります。これはセルAIの値が最初の文字は空白で2文字目がAのためです。

練習用ファイル ▶ L080_LEFT関数.xlsx

使用例 商品コードの左2桁を抽出する

セルC2の式

=LEFT(A2, 2)

文字列 → A2
文字数 → 2
商品コードの左2桁を抽出できた

まとめ：コードの先頭、末尾を抽出する

LEFT関数やRIGHT関数を使うと、先頭○桁、末尾○桁の値を抽出できます。商品コードの最初2桁が商品区分を表しているなど、コードの先頭や末尾が特別な意味を持っているコード体系のときには、これらの関数を使って必要な部分を抽出しましょう。

ポイント

文字列	「B1AA10101」（セル A2）の
文字数	左から 2 文字を抽出する

スキルアップ

RIGHT関数を使って右側から抽出するには

セルに入力されたデータの右から指定した文字数分を抽出するには、RIGHT関数を使いましょう。使い方は、LEFT関数とほぼ同じです。1つ目の引数に抽出元の文字列、2つ目の引数に右から何文字抽出するか、その文字数を指定しましょう。このレッスンで使用したサンプルのセルE2に「=RIGHT(A2,3)」と入力すると、セルA2に入力されている商品コードのうち右から3文字を抽出できます。

1 セルE2に「=RIGHT(A2,3)」と入力
商品コードの右3桁を抽出したい

商品コードの右3桁が抽出できた
フィルハンドルをドラッグして数式をコピーしておく

商品コードの右3桁を抽出する（セルE2の数式）

=RIGHT(A2, 3)

レッスン 81 商品コードの中心を抽出するには

MID関数

練習用ファイル L081_MID関数.xlsx

コードの真ん中の部分を抽出したいときにはMID関数を使いましょう。抽出したい先頭の位置と文字数を指定することでデータを抽出できます。MID関数はLEFT関数、RIGHT関数とよく一緒に使われます。合わせて使い方を覚えましょう。

キーワード
関数	P.343
セル	P.344
引数	P.345

文字列操作
開始位置から指定した文字数分を抽出する

=MID(ミッド)(文字列, 開始位置, 文字数)

MID関数は、指定した文字列について、指定した開始位置から、指定した文字数分を抽出して表示する関数です。開始位置は、左から数えた位置を指定します。

引数
- **文字列**　抽出元の文字列を指定します。
- **開始位置**　抽出開始する位置を左からの文字数で指定します。
- **文字数**　抽出する文字数を指定します。

使いこなしのヒント
文字列を結合するには

このレッスンでは、セルに入力されたデータの一部を抽出する方法を紹介しました。逆に、複数のセルに入力されたデータを結合したいときには、「&」を使いましょう。詳細はレッスン40を参照してください。

商品コードの中央の4つの数字を抽出したい

抽出したい先頭の位置と文字数を指定することでデータを抽出できる

練習用ファイル ▶ L081_MID関数.xlsx

使用例 商品コードの3文字目から4文字分を抽出する

セルD2の式

=MID(A2, 3, 4)

81 MID関数

	文字列	開始位置	文字数

ポイント

文字列	「B1AA10101」（セル A2）の
開始位置	左から数えて 3 文字目から
文字数	4 文字分を抽出する

まとめ　MID関数でデータの一部分を抽出しよう

MID関数を使うと、元データの指定した位置から指定した文字分を抽出することができます。コードの一部分を抽出したり、いわゆる固定長フォーマットのデータの一部分を抽出したりする場面で頻繁に使いますので覚えておきましょう。

👍 スキルアップ

LEFT関数、RIGHT関数、MID関数の指定位置を覚えよう

前のレッスンで紹介したLEFT関数、RIGHT関数と、このレッスンで紹介したMID関数は、一緒に使われることが多い関数です。使い分けについては、以下の図で確認しましょう。先頭から2桁の場合はLEFT関数で左から2桁を指定します。真ん中の4桁の場合はMID関数で、真ん中のデータが始まる3桁目から数えて4桁分を指定します。末尾から3桁の場合は、RIGHT関数で右から数えて3桁を指定します。

=LEFT(A2, 2)　先頭から2桁を抽出

=MID(A2, 3, 4)　真ん中の4桁を抽出

=RIGHT(A2, 3)　末尾から3桁を抽出

できる　239

レッスン 82 半角文字を全角にするには

JIS関数

データに半角文字と全角文字が混在しているときには、どちらかの文字種に統一するとデータを突き合わせしやすくなります。半角文字を全角文字に変換するにはJIS関数、全角文字を半角文字に変換するにはASC関数を使いましょう。

キーワード	
関数	P.343
セル	P.344
引数	P.345

文字列操作
指定した文字列を全角に変換する
=JIS(文字列)
（ジス）

JIS関数は、指定したセルや文字列に含まれる半角文字を全角文字に変換する関数です。半角の英字、数字、記号、スペース、カタカナが全角に変換されます。

引数
文字列 全角文字に変換したい文字列が入力されているセルを指定します。

使いこなしのヒント
全角の文字は変化しない

JIS関数を使うと、半角の数字、英字、記号、スペース、カタカナが全角に変換されます。全角の文字が含まれている場合には変化せず、そのまま出力されます。

全角の文字は変化しない

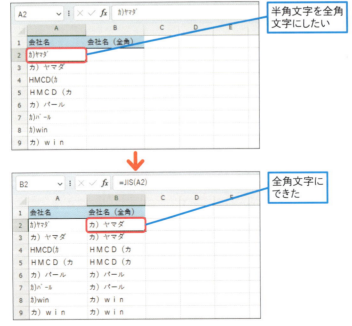
半角文字を全角文字にしたい

全角文字にできた

練習用ファイル ▶ L082_JIS関数.xlsx

使用例 会社名を全角に変換する　　　　　　　　　　セルB2の式

=JIS(A2)

セルA2の値を全角文字に変換できた

ポイント

文字列　　「カ)ﾔﾏﾀﾞ」（セルA2）を全角文字に変換する

まとめ 全角・半角の変換は関数を使おう

全角・半角を変換したいときには、JIS関数かASC関数を使いましょう。変換対象でない文字は、そのまま出力されます。元データの内容は気にせず、最終結果を全角にしたいときはJIS関数、半角にしたいときはASC関数を使いましょう。

スキルアップ

全角文字を半角文字にするには

ASC関数を使うと、JIS関数とは逆に全角の数字、英字、記号、スペース、カタカナが半角に変換されます。他の文字が含まれている場合には変化せず、そのまま出力されます。例えば、次の表で、セルB2に「=ASC(A2)」と入力し、セルB3に貼り付けると、全角文字が半角文字に変換されます。

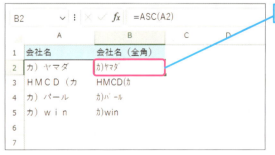

全角の文字が半角になる

会社名を半角に変換する（セルB2の数式）
アスキー
=ASC(A2)

レッスン 83 複数セルの計算を一気に行うには

スピル①

練習用ファイル　L083_スピル_01.xlsx

数式を入力したセルだけでなく、隣接するセルにも結果が表示される機能を「スピル」といいます。この機能を使うと、数式のコピー・貼り付けをせずに、複数セルの計算を一気に行うことができます。

活用編 第9章 ミスを撲滅！ 関数でデータの抽出・整形を効率化

1 税込単価を一気に計算する

セルD2〜D4に税込単価を表示する

1 セルD2に「=C2:C4*110%」と入力

セルD2に「=C2:C4*110%」と入力、ROUND、数式バー =C2:C4*110%

	A	B	C	D	E	F	G	H
1	商品名	数量	税抜単価	税込単価		税抜金額	税込金額	
2	タオル	10	3,980	=C2:C4*110%				
3	歯ブラシ	15	2,490					
4	ドライヤー	8	9,800					
5								

2 Enter キーを押す

セルD2〜D4に税込単価が表示された

D3、数式バー =C2:C4*110%

	A	B	C	D	E	F	G	H
1	商品名	数量	税抜単価	税込単価		税抜金額	税込金額	
2	タオル	10	3,980	4,378				
3	歯ブラシ	15	2,490	2,739				
4	ドライヤー	8	9,800	10,780				

キーワード

数式	P.344
スピル	P.344
セル範囲	P.344

用語解説

スピル

数式の計算結果が、数式を入力したセルだけではなく、さらに下側や右側のセルにも表示される場合があります。このような挙動をスピルと呼びます。

⚠ ここに注意

スピルの機能は、Excel 2021で新規導入されました。そのため、Excel 2019以前のバージョンでは使えないことに注意してください。

使いこなしのヒント

セル範囲のそれぞれの値を使って計算する

掛け算などの四則演算をするときにセル範囲を指定すると、指定したセル範囲のそれぞれの値に対して計算を行い、計算結果が複数セルに表示されます。例えば、セルD2に「=C2:C4*110%」という数式を入れると、セルD2に「=C2*110%」、セルD3に「=C3*110%」、セルD4に「=D4*110%」の計算結果が表示されます。

242　できる

2 税抜合計金額を一気に計算する

セルF2〜F4に税抜の合計金額を表示する

1 セルF2に「=B2:B4*C2:C4」と入力

2 Enter キーを押す

セルF2〜F4に税抜の合計金額が表示された

使いこなしのヒント
セル範囲の対応する値を計算する

掛け算などの四則演算の両側にセル範囲を指定すると、セル範囲の対応する値同士で計算をします。例えば、セルF2に「=B2:B4*C2:C4」という数式を入れると、セルF2に「=B2*C2」、セルF3に「=B3*C3」、セルF4に「=B4*C4」の計算結果が表示されます。

3 税込合計金額を一気に表示する

セルG2〜G4に税込の合計金額を表示する

1 セルG2に「=B2:B4*D2#」と入力

2 Enter キーを押す

セルG2〜G4に税込の合計金額が表示された

使いこなしのヒント
セルの後に「#」を付けてスピルした範囲全体を参照する

「D2#」のように、セルの後に「#」を付けると、セルD2に入力した数式でスピルした範囲全体を参照できます。セルD2の数式でセルD2〜D4にスピルしているため、「D2#」でセルD2〜D4を参照することになります。なお、数式入力中にマウスでセルD2〜D4を選択すると、自動で「D2#」と表示されます。

まとめ
スピルで一気に計算結果を表示しよう

Excelのスピル機能を使用すると、セル範囲のそれぞれの値に特定の値を掛けたり、複数のセル範囲の対応する値同士で計算をして、複数のセルに一気に計算結果を表示できます。スピルした範囲全体を参照したいときには、セルの後に「#」を付けましょう。

レッスン 84 関数で複数セルの計算を一気に行うには

スピル②

練習用ファイル　L084_スピル_02.xlsx

スピルの機能を使うと、数式のコピー・貼り付けをせずに一気に計算ができるため、絶対参照・複合参照を使う頻度を減らせます。また、四則演算だけでなく、様々な関数でも一気に複数セルの計算ができます。

キーワード

スピル	P.344
絶対参照	P.344
複合参照	P.346

1 売上割合を絶対参照を使わず一気に計算する

セルD3～D8に売上割合を表示する

1　セルD3に「=C3:C8/C8」と入力

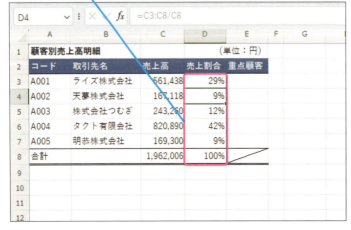

2　Enter キーを押す

セルD3～D8に売上割合が表示された

使いこなしのヒント

絶対参照・複合参照を使わずスピルで計算をする

スピルの機能を使って、数式のコピー・貼り付けをせずに必要な情報を計算できるようにすると、絶対参照や複合参照を使わないで済むようになります。

使いこなしのヒント

SPILL!エラーが出る場合は

値が入力済のセルにスピルの表示が重なるときには「#SPILL!」エラーが発生します。スピルする予定のセルにはデータを入力しないようにしましょう。

2 20%以上の売上割合にマークを一気に付ける

売上割合が20%以上の重点顧客にマークを付ける

1 セルE3に「=IF(D3:D7>20%,"*","")」と入力

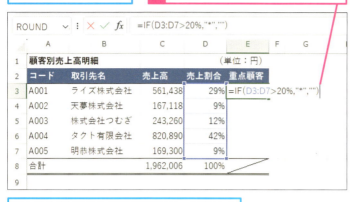

売上割合が20%以上の重点顧客にマークが付いた

使いこなしのヒント
ほとんどの関数はスピルできる

多くの関数で、通常ならば1つのセルを入力する引数にセル範囲を指定すると、指定したセル範囲のそれぞれの値に対して計算を行い、計算結果が複数セルに表示されます。例えば、セルE3に「=IF(D3:D7>20%,"*","")」と入力すると、セルE3には「=IF(D3>20%,"*","")」、セルE4には「=IF(D4>20%,"*","")」というように、それぞれの計算結果がセルD7まで入力されます。

まとめ 関数の計算結果も複数のセルに一気に表示しよう

四則演算と同じように、様々な関数でも、1つのセルを指定する代わりにセル範囲を指定することで、計算結果をスピルして複数のセルに一気に表示できます。「#SPILL!」エラーが出るのを防ぐため、スピルする範囲に、事前に値を入力しないようにしましょう。

使いこなしのヒント
スピルで表示された結果は値として貼り付けられる

スピルで数式を入力したセル以外に表示された結果の値を、コピーして他のセルに貼り付けたいときには、[値]貼り付けをしましょう。通常の貼り付けや数式貼り付けの操作をしてしまうと、貼り付け結果は空欄になってしまうことに注意してください。

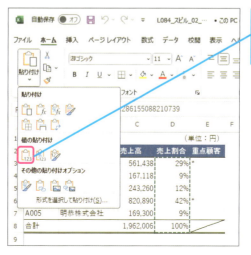

[貼り付けのオプション]の[値]でデータとして貼り付けられる

レッスン 85 重複したデータを削除するには

UNIQUE関数

UNIQUE関数を使うと、指定したデータから重複を取り除いたデータを作成できます。計算結果は、数式を入力したセルだけでなく、その下や右の複数のセルにも表示される場合もあります。

キーワード
数式	P.344
セル	P.344

検索・行列

重複を取り除いたデータを作成する

=UNIQUE(配列, 列の比較, 回数指定)

UNIQUE関数は、指定したデータから重複を取り除いたデータを作成する関数です。例えば、取引データの中に出現した取引先を抽出して、重複のない取引先の一覧表を作成できます。

⚠ ここに注意

UNIQUE関数は、Excel 2021で新規導入されました。そのため、Excel 2019以前のバージョンでは使えないことに注意してください。

引数

配列	抽出元のセル範囲や配列を指定します。
列の比較	行同士で比較する場合はFALSE（省略可）、列同士で比較する場合はTRUEを指定します。
回数指定	1回以上出現する値を抽出する場合はFALSE（省略可）、1回だけ出現する値だけを抽出する場合はTRUEを指定します。

💡 使いこなしのヒント

1回だけ出現するデータを表示するには

UNIQUE関数の、3つ目の引数「回数指定」にTRUEを指定すると、2回以上出現する値を除外して、1回だけ出現する値だけを抽出できます。なお、TRUEの代わりに1と入力することもできます。

セルA2～A9のデータの中で、1回だけ出現するデータが表示された

商品名の中で1回だけ出てくるデータを抽出する（セルD2の数式）

=UNIQUE(A2:A9,,TRUE)

練習用ファイル ▶ L085_UNIQUE関数.xlsx

使用例 商品名から重複を取り除いたデータを作成する　　セルD2の式

=UNIQUE(A2:A9)

ポイント

配列	セル A2:A9 の内容を
列の比較	元データが縦に並んでいる前提で
回数指定	1 回以上出現するデータを作成する

まとめ　重複のない一覧を作成しよう

UNIQUE関数を使うと、重複したデータを削除した結果の一覧を作れます。計算結果が数式を入力したセル以外にも表示されることに注意して使いましょう。なおUNIQUE関数はExcel 2021から導入されたので、古いバージョンのExcelでは使えません。Excel 2019以前のバージョンで使う可能性があるときは使用は控えましょう。

👍 スキルアップ

複数の列の組み合わせで重複データを削除する

UNIQUE関数の1つ目の引数に複数の列を指定すると、複数の列の組み合わせで重複データを削除できます。つまり、各行のデータがすべて一致する場合にだけ重複していると判断されます。例えば、セルD2に「=UNIQUE(A2:B9)」と入力すると、各行のA列、B列の両方が一致しているものを重複データと考えて、重複データを削除します。

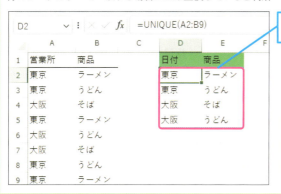

行ごとに重複を削除した結果が表示される

営業所と商品の組み合わせで重複を取り除いたデータを作成する（セルD2の数式）

=UNIQUE(A2:B9)

85 UNIQUE関数

レッスン
86
XLOOKUP関数で条件に合うデータを探すには

XLOOKUP関数

XLOOKUP関数は、VLOOKUP関数をより使いやすくした関数です。XLOOKUP関数を使うとIFERROR関数を使わずに#N/Aエラーを消すことができます。作成したブックをExcel 2019以前のアプリで開く可能性がないときに使いましょう。

活用編 第9章 ミスを撲滅！ 関数でデータの抽出・整形を効率化

🔍 キーワード	
スピル	P.344
セル範囲	P.344
ブック	P.346

検索・行列

指定した値に対応するデータを表示する

エックスルックアップ
=XLOOKUP(検索値, 検索範囲, 戻り範囲, 見つからない場合, 一致モード, 検索モード)

XLOOKUP関数は、指定した値を検索範囲から探して、戻り範囲に指定した値から対応するデータを取得する関数です。用途はVLOOKUP関数とほとんど同じですが、VLOOKUP関数よりも直観的・簡単に使うことができ、検索するときの挙動を細かく指定できます。

💡 **使いこなしのヒント**

VLOOKUP関数との違いって？

VLOOKUP関数では、2つ目の引数で表全体のセル範囲、3つ目の引数で取得する列番号を指定します。一方で、XLOOKUP関数では、2つ目の引数で検索するセル範囲、3つ目の引数で表示する値のセル範囲を指定します。XLOOKUP関数では、表示したい列の右側に検索したい列があっても、問題はありません。

引数

検索値	検索する値を指定します。
検索範囲	検索値を探すセル範囲を指定します。
戻り範囲	検索値が検索範囲に見つかった場合に表示する値をセル範囲で指定します。
見つからない場合	検索値が検索範囲になかった場合に表示する値を指定します（省略可）。
一致モード	一致したと判断する条件を0、-1、1の中から指定します（省略可）。

指定値	説明
0（または省略時）	完全一致
-1	完全一致または次に小さい項目
1	完全一致または次に大きい項目

検索モード	検索する方向を1、-1、2、-2の中から指定します（省略可）。

💡 **使いこなしのヒント**

検索モードに指定する値って？

XLOOKUP関数の6つ目の引数に指定する検索モードの詳細は以下の通りです。

指定値	説明
1（または省略時）	先頭から末尾へ検索
-1	末尾から先頭へ検索
2	バイナリ検索（昇順で並べ替え）
-2	バイナリ検索（降順で並べ替え）

| 練習用ファイル | L086_XLOOKUP関数.xlsx |

86 XLOOKUP関数

使用例 「B001」をコード列から探して対応する商品名を表示する　セルF2の式

=XLOOKUP(E2, A:A, C:C)

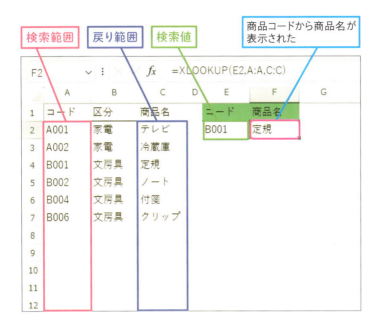

⚠ ここに注意

XLOOKUP関数は、Excel 2021で新規導入されました。そのため、Excel 2019以前のバージョンでは使えないことに注意してください。

ポイント

検索値	「B001」(セルE2)を
検索範囲	商品コード列（A列）から探して
戻り範囲	対応する商品名（C列）の値を表示する

まとめ　作業環境がExcel 2021以降のときに使おう

XLOOKUP関数は作業環境がExcel 2021以降に限られる場合に使ってみてください。一方で、古いバージョンのExcelで開く可能性があるときには、VLOOKUP関数を使いましょう。

💡 使いこなしのヒント

複数列を一気に表示する

通常、XLOOKUP関数を使うときには、検索範囲と戻り範囲で指定するセル範囲の形は一致させます。本文の例では、両方とも1つの列を指定しています。ここで、戻り範囲に複数列を指定すると、条件に一致する行全体をスピルして一気に表示することができます。例えば、下記の表で、セルF2に「=XLOOKUP(E2,A:A,B:C)」と入力すると、セルF2に「文房具」、セルG2に「定規」と表示されます。

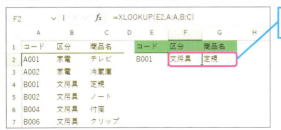

指定したコードに対応する区分と商品名を表示する（セルF2の数式）

エックスルックアップ
=XLOOKUP(E2, A:A, B:C)

レッスン 87 条件に合う複数の行を抽出するには

FILTER関数

FILTER関数を使うと条件に一致するすべての行を抽出できます。VLOOKUP関数とは異なり、条件に一致する行が複数あるときには、そのすべての行を抽出できます。

キーワード	
スピル	P.344
フィルター	P.346

検索・行列

条件に一致するデータを抽出する

=**FILTER**(配列, 含む, 空の場合)
　　　フィルター

FILTER関数は、指定したデータの中から条件に一致するデータを抽出する関数です。2つ目の引数の「含む」には、抽出条件を指定します。抽出条件は、基本的にはIF関数の論理式の書き方と同じですが、左辺にセル範囲を使って「A:A=10」のように指定します。

引数

配列	抽出したいデータ全体を指定します。
含む	抽出条件を指定します。書き方は、基本的にはIF関数での「論理式」の書き方と同じですが、「A:A="A002"」「A:A<>"A002"」など、左辺にセル範囲を指定する点は異なります。
空の場合	該当行がないときの表示を指定します（省略可）。省略時は「# CALC!」が表示されます。

使いこなしのヒント
VLOOKUP関数との違い

FILTER関数とVLOOKUP関数で、大きく違う点は2つあります。1点目は、条件に一致する行が複数あるときには、そのすべての行を抽出できることです。取引先名が「マックス」であるデータが2件あるので、2件分データが抽出できています。2点目は「配列」で指定したすべての列が計算結果として得られることです。今回の例では「配列」に「A:B」と指定しているので、FILTER関数で「取引先名」と「売上金額」の2つの列のデータが抽出されました。

使いこなしのヒント
フィルターボタンでも抽出できる

FILTER関数での抽出結果は、基本的には、リボンのフィルターボタンを使って抽出した結果と同じです。その場で結果を見たいときにはフィルターを、作業を自動化したいときにはFILTER関数を使うようにしましょう。

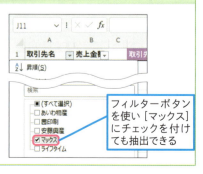

フィルターボタンを使い［マックス］にチェックを付けても抽出できる

ここに注意

行を抽出するときには「配列」と「含む」に指定するセル範囲の高さを揃えましょう。

練習用ファイル ▶ L087_FILTER関数.xlsx

使用例 取引先名が「マックス」の行だけを抽出する　　　セルD2の式

=FILTER(A:B, A:A="マックス")

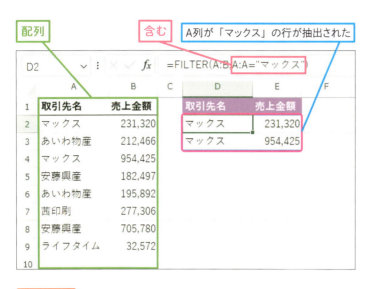

配列：A列〜B列のうち
含む：A列が「マックス」と等しい行を抽出する
空の場合：該当行がないときは「#CALC!」を抽出する

まとめ　複数行を抽出したいときはFILTER関数を使う

FILTER関数を使うと、条件を満たす複数の行を抽出できます。計算結果がスピルすることに注意して使いましょう。FILTER関数もExcel 2021から導入されたので、Excel 2019以前のバージョンでは使えないことに注意しましょう。

👍 スキルアップ

「該当なし」と表示するには

指定した条件に該当するデータがない場合、「空の場合」を省略していると「#CALC!」エラーが表示されます。もし、エラーが出るのを防ぎたいときには「空の場合」に表示させたい内容を指定しましょう。例えば、セルD2に「=FILTER(A:B,A:A="あいう","該当なし")」と入力すると、条件を満たす行がないので、セルD2には「該当なし」と表示されます。

「あいう」に一致する行がないため「該当なし」と表示された

レッスン
88 関数を使ってデータを 並べ替えるには

SORT関数

SORT関数を使うと、データを並べ替えられます。通常の並べ替えの機能と違い、元データを変更しないで並べ替えられます。なお、並び順を指定したいときにはSORTBY関数を使いましょう。

キーワード

スピル	P.344
表示形式	P.345

活用編 第9章 ミスを撲滅！ 関数でデータの抽出・整形を効率化

検索・行列

データを指定した列または行を基準に並べ替える

=**SORT**(配列, 並べ替えインデックス, 並べ替え順序, 並べ替え基準)

SORT関数は、指定したセル範囲を、指定した列や行で並べ替える関数です。列・行のどちらで並べ替えるかは［並べ替え基準］で指定します。それに応じて、セル範囲の何列目・何行目の値の順番で並べ替えるかを［並べ替えインデックス］で、昇順か降順は［並べ替え順序］で指定します。

⚠ **ここに注意**

SORT関数は、Excel 2021で新規導入されました。そのため、Excel 2019以前のバージョンでは使えないことに注意してください。

引数

配列	並べ替えるセル範囲を指定します。
並べ替えインデックス	配列のうち何列目または何行目を基準に並べ替えるかを列番号、行番号で指定します。省略時は「1」となります。
並べ替え順序	昇順で並べ替える場合は「1」（省略可）、降順で並べ替える場合は「-1」を指定します。
並べ替え基準	行で並べ替える場合は「FALSE」（省略可）、列で並べ替える場合は「TRUE」を指定します。

💡 **使いこなしのヒント**

［並べ替え］機能でも表を操作できる

SORT関数での抽出結果は、基本的には、リボンの並べ替えボタンを使って抽出した結果と同じです。その場で結果を見たいときには並べ替えを、作業を自動化したいときにはSORT関数を使うようにしましょう。ただし、並べ替えの機能を使ってしまうと、元々の並び順がわからなくなってしまう場合があるため、できるだけ使わないようにすることをおすすめします。

	A	B	C	D
1	コード	商品名	売上高	
2	A1002	マンゴー	808,581	
3	A1001	メロン	579,093	
4	A1015	りんご	543,987	
5	B1006	ゼリー	537,104	
6	B1009	ケーキ	412,356	
7	A1004	オレンジ	239,586	
8	A1010	なし	198,757	
9	B1013	クッキー	132,467	
10	C1013	カレー	33,793	

セルC1を選択し、［降順］ボタンをクリックすると売上高順に並び替えられる

Z↓ A

252 できる

88 SORT関数

練習用ファイル ▶ L088_SORT関数.xlsx

使用例 データを売上高の降順に並べ替える

セルE2の式

=SORT(A2:C10, 3, -1)

- 配列: A2:C10
- 並び替えインデックス: 3
- 並び替え順序: -1

E2～G10セルに、A2～C10セルのデータを売上高の大きい順に並べ替えた結果が表示された

使いこなしのヒント
表示形式は手作業で設定する

スピルする関数を入力した場合に、値が表示されるセルに適切な表示形式が設定されない場合があります。今回の例で、G列の表示形式がカンマ区切り形式にならなかった場合には、手作業で表示形式を設定してください。

ポイント

配列	セル範囲 A2:C10 のうち
並び替えインデックス	3つ目のデータを使って
並び替え順序	降順（-1）で
並び替え基準	行で並び替え（FALSE）をする

まとめ
並べ替えよりもできるだけSORT関数を使おう

SORT関数による並べ替えは、並べ替えの機能を使う場合と違い元データが変更されません。表の並べ替えをするときに積極的に使いましょう。なお、SORT関数で日付や数値が含まれる表をSORT関数で並べ替えた場合には、表示形式が適切に設定されているか確認しましょう。

👍 スキルアップ
SORTBY関数で並べ替えの条件を別途指定する

並べ替えの条件を、列番号ではなくセル範囲や配列で指定したいときには、SORTBY関数を使いましょう。セルE2に「=SORTBY(A2:C10,C2:C10,-1)」と入力すると、本文と同じように並べ替えができます。なお、SORTBY関数の2つ目の引数は、1つ目の引数で指定したセル範囲の外のセル範囲でも指定できます。

E2～G10セルに、A2～C10セルのデータを売上高の大きい順に並べ替えた結果が表示された

データを売上高の降順に並べ替える

=SORTBY(A2:C10, C2:C10, -1)

レッスン 89 名字と名前を分離するには

TEXTSPLIT関数

Excel 2024から導入されたTEXTSPLIT関数を使うと、指定した文字で分割した分割結果の値を取得できます。氏名を姓と名に分割したり、ハイフン区切りの製品コードをハイフンごとに分割するなど、従来は手間が掛かった処理が簡単にできるようになります。

キーワード	
関数	P.343
行	P.343
引数	P.345

文字列操作
区切り文字で分割した値を取得する

=**TEXTSPLIT**(文字列, 列区切り文字, 行区切り文字, 空欄を無視, 照合方法, 既定値)

TEXTSPLIT関数は、指定した文字列を、指定した列区切り文字と行区切り文字で分割した値を取得する関数です。区切った結果空欄があった場合に、空欄のまま表示するか、空欄を詰めて表示するかは［空欄を無視］で指定します。また、大文字・小文字を区別するかどうかを［照合方法］で指定します。

引数

文字列	分割したい文字列やセルを指定します。
列区切り文字	この文字を列の区切りとして使って、文字列を分割します。
行区切り文字	この文字を行の区切りとして使って、文字列を分割します。
空欄を無視	空欄をそのままセルに表示する場合は「FALSE」（省略可）、空欄は詰めて表示する場合は「TRUE」を指定します。
照合方法	列・行の区切り文字を探すときに大文字と小文字を区別する場合は「0」（省略可）、大文字と小文字を区別しない場合は「1」を指定します。
既定値	値が存在しないセルに表示する文字を指定します（省略可）。省略した場合は「#N/A」が表示されます。

⚠ ここに注意

TEXTSPLIT関数は、Excel 2024で新規導入されました。そのため、Excel 2021以前のバージョンでは使えないことに注意してください。

💡 使いこなしのヒント
姓・名のどちらかだけを取り出す

姓だけを取り出したいときにはTEXTBEFORE関数、名だけを取り出したいときにはTEXTAFTER関数を使いましょう。セルC2に「=TEXTBEFORE(B2," ")」と入力後、その数式をコピーしてセルC3〜C7に貼り付けると姓だけを抽出できます。同様に、セルD2に「=TEXTAFTER(B2," ")」と入力後、その数式をコピーしてセルD3〜D7に貼り付けると、名だけを抽出できます。

練習用ファイル ▶ L089_TEXTSPLIT関数.xlsx

使用例　氏名を空白スペースで分割する

セルC2の式

=TEXTSPLIT(B2, " ")

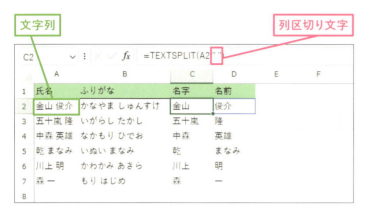

ポイント

文字列	「金山俊介」（セルA2）を、
列区切り文字	空白を列の区切り文字として使って分割する
行区切り文字	行の区切り文字は未設定
空欄を無視	空欄をそのままセルに表示（FALSE）して
照合方法	大文字と小文字を区別（0）する
既定値	値が存在しないセルには「#N/A」を表示する

まとめ　区切り文字で区切られたデータを分割しよう

TEXTSPLIT関数を使うと、指定した区切り文字に基づいてデータを分割することができます。例えば、氏名がカンマで区切られ、姓と名が空白で区切られているような複雑なデータでも、この関数で処理することが可能です。指定した文字の前または後の部分だけを抽出したいときには、TEXTBEFORE関数やTEXTAFTER関数を使いましょう。

👍 スキルアップ

行・列両方に分割する

セルA1に個々の姓と名の間に空白、複数人の氏名がカンマ「,」で区切られているようなデータが入力されているとします。このとき、セルA4に「=TEXTSPLIT(A1," ",",")」と入力すると、カンマで縦に区切り、その区切った結果をさらに空白で横に区切ることができます。その結果、それぞれの氏名を姓と名に分割しつつ、縦に並べて表示できます。

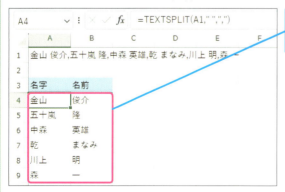

カンマで区切られた複数の氏名を分割できる

カンマで区切られた複数の氏名を姓と名に分割する

テキストスプリット
=TEXTSPLIT(A1, " ", ",")

レッスン 90 複数のシートに分かれた表を結合するには

VSTACK関数

Excel 2024から導入されたVSTACK関数を使うと、複数のセル範囲を縦方向に結合できます。例えば、同じレイアウトの表を月ごとに分けて作成した場合、VSTACK関数で1つの表にまとめればSUMIFS関数やピボットテーブルで効率よく集計できるようになります。

キーワード
関数	P.343
セル範囲	P.344
ピボットテーブル	P.345

検索・行列

複数の表を縦に結合する

=**VSTACK**(配列1, 配列2, …)
　　ブイスタック

VSTACK関数は、指定したセル範囲や配列を縦方向に結合する関数です。結合したいセル範囲や配列が3つ以上ある場合も、カンマで区切って指定できます。

⚠ ここに注意
VSTACK関数は、Excel 2024で新規導入されました。そのため、Excel 2021以前のバージョンでは使えないことに注意してください。

引数
| 配列 | 結合したいセル範囲や配列を指定します。 |

練習用ファイル ▶ L090_VSTACK関数.xlsx

使用例1 1月と2月のデータを縦に結合する　　　　セルG2の式

=**VSTACK**(A2:B4, D2:E5)

セルA2〜B4、セルD2〜E5のデータが縦に結合される

💡 使いこなしのヒント

VSTACK関数で処理する行数の上限

VSTACK関数で、結合したセルの行数が1,048,576行を超えると#NUM!エラーが出るので注意してください。例えば、「=VSTACK(A:A,B:B)」のように引数で列全体を指定すると、「A:A」が1,048,576行、「B:B」が1,048,576行で、合計すると2,097,152行と上限を超えるためエラーになります。

ポイント
配列1	A2:B4 と
配列2	D2:E5 を縦に結合する

練習用ファイル ▶ L090_VSTACK_串刺し集計.xlsx

使用例2 1月から3月の表を縦に結合する　　　　　　　　セルA2の式

=VSTACK('1月:3月 '!A2:B4)

90 VSTACK関数

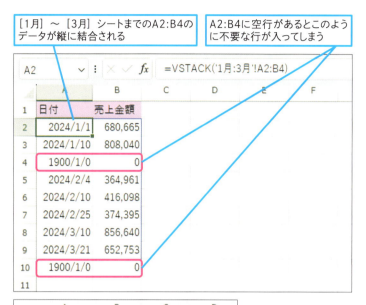

[1月]～[3月]シートまでのA2:B4のデータが縦に結合される

A2:B4に空行があるとこのように不要な行が入ってしまう

💡 使いこなしのヒント

不要な行はFILTER関数で削除する

串刺し集計をすると、不要な空行が生じてしまいがちです。空行を消したいときには、FILTER関数を使いましょう。

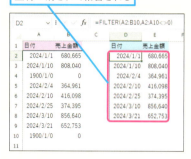

空行が消されて結合される

売上金額が0でない行を抽出する（セルD2の式）

=**FILTER**(A2:B10, A2:A10
フィルター
<>0)

まとめ 複数のシートに分かれた表を1つにまとめよう

複数の表を縦に結合したいときにはVSTACK関数を使いましょう。串刺しで複数シートを指定できるので、大量のシートに表が分散しているときも簡単に表を結合できます。行数制限があるため、列全体を選択するとエラーになってしまうので注意してください。

ポイント

| 配列 | [1月]～[3月]シートまでのA2:B4を縦に結合する |

この章のまとめ

手作業の代わりに関数を使おう

この章では日付の処理を行うDATE関数、任意の文字列を抽出するLEFT関数など、入力されたデータを使いやすい形に変える関数を中心に紹介しました。これらの関数とVLOOKUP関数、SUMIFS関数などを組み合わせて、主要な指標をすぐに算出できる表が作れます。また、UNIQUE関数、FILTER関数やExcel 2024で導入されたTEXTSPLIT、VSTACK関数などのスピルする関数・数式を使うと、Excelでの処理の幅が大きく広がりますので、活用してみてください。

活用編 第9章 ミスを撲滅！ 関数でデータの抽出・整形を効率化

新しい関数も積極的に使ってみよう

関数がこんなに便利なんて知りませんでした。

本書で紹介した関数を使えば、作業の手間を大きく減らせるよ。関数をあれこれ覚えるよりも、1つずつ使いこなすことが大事なんだ！

関数が自動的に表示されるスピル機能、楽しいですね♪

新しくて便利な機能をどんどん使っていこう！

活用編

第10章

条件に応じて可視化！
表を効果的に見せる
書式の活用

この章では、条件付き書式の機能で指定した条件に応じてセルの書式を変える方法を解説します。データの中で注目すべき点を色分けしたり、アイコン・ミニグラフなどで視覚的にわかりやすく表示したりしたいときに使いましょう。

91	データが並ぶ表を見やすくしよう	260
92	ユーザー定義書式を活用するには	262
93	特定の文字が入力されたセルを強調表示する	264
94	売上が上位の項目を強調表示する	268
95	指定した日付の範囲を強調表示する	270
96	数値の大小に応じて背景色を塗り分ける	272
97	セルにミニグラフを表示する	274
98	条件付き書式を編集・削除するには	276

レッスン **91**

Introduction この章で学ぶこと
データが並ぶ表を見やすくしよう

Excelではセルを塗りつぶしたり、罫線や表示形式を設定したりして、表を見やすく整えることができます。そんな機能と一緒に活用するとさらに便利なのが、ユーザー定義書式や条件付き書式の機能です。どんなことができるのか知っておきましょう。

活用編 第10章 条件に応じて可視化！表を効果的に見せる書式の活用

効率よく表の見栄えを整えるには

第3章でも表の整え方を学びましたが、この章で学ぶ機能はどんなときに便利なんですか？

この章で解説する「ユーザー定義書式」や「条件付き書式」は、たくさんのデータが並ぶ表を整えるのに便利なんだ！ 手作業でやるよりも、効率的に表を見やすくできるよ。

ユーザー定義書式を使うと、数値を千円単位で四捨五入して表示できる

条件付き書式を使うと、データの中の売上が上位のセルを強調表示できる

セルを1つずつ塗りつぶしたりするよりも、ミスも少なさそうですね。

傾向や数値の大小をセル内で可視化できる

特に覚えてほしいのが条件付き書式の機能。指定した条件に応じて、セルを塗りつぶしたり、グラフを表示したりできるよ！

条件付き書式の「データバー」を使うと、セル内にグラフを入れられる

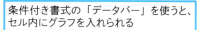

数字だけが並んでいるよりも、一気にわかりやすい表になりますね！

カラースケールやアイコンセットで数値の大小をわかりやすく視覚化できる

傾向が一目でわかるように色や印を付けると気の利いた資料にもなりそう！

うん！　それにデータを変更した場合も自動で表示を変更してくれるから、とっても便利なんだ！

レッスン 92 ユーザー定義書式を活用するには

ユーザー定義書式

練習用ファイル　L092_ユーザー定義書式.xlsx

ユーザー定義書式を使うと、[セルの書式設定]の[表示形式]タブで選択できない詳細な表示形式を設定できます。このレッスンでは、ユーザー定義書式を使って、数値を千円単位で四捨五入して表示する方法を紹介します。

🔍 キーワード

書式	P.344
表示形式	P.345
ユーザー定義書式	P.346

活用編　第10章　条件に応じて可視化！表を効果的に見せる書式の活用

数値を千円単位で四捨五入して表示する

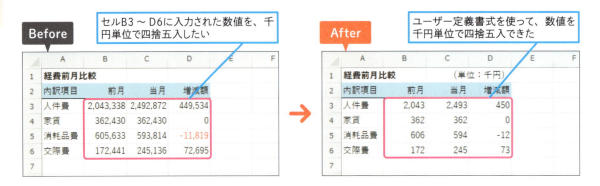

Before セルB3～D6に入力された数値を、千円単位で四捨五入したい

After ユーザー定義書式を使って、数値を千円単位で四捨五入できた

1 ユーザー定義書式を設定する

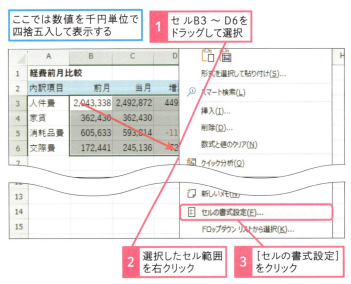

ここでは数値を千円単位で四捨五入して表示する

1 セルB3～D6をドラッグして選択

2 選択したセル範囲を右クリック

3 [セルの書式設定]をクリック

💡 使いこなしのヒント

表示形式の[種類]はどうやって指定するの？

ユーザー定義書式には、あらかじめ決められた書式記号を使って、表示形式を指定します。例えば、今回指定した「#,##0,」という書式は、最初の5文字「#,##0」がカンマ区切り表示、末尾の「,」が千円単位表示を表しています。

262　できる

● 表示形式を設定する

[セルの書式設定] ダイアログボックスが表示された

4 [表示形式] タブをクリック

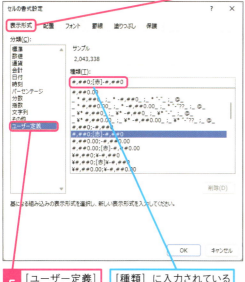

5 [ユーザー定義] をクリック

[種類] に入力されている表示形式を消去しておく

6 「#,##0,」と入力

7 [OK] をクリック

表の数値を千円単位で四捨五入して表示できた

8 セルD1に「(単位：千円)」と入力

使いこなしのヒント

見た目が変わるだけで元のデータは変わっていない

表示形式を使って千円単位で表示する設定をしても、あくまで、見た目が変わっているだけで、元のデータは変わりません。ですから、数式でそれらのセルを参照して計算をしたときには、元の値が使われます。例えば、次の図ではセルA3の計算結果は、セルA1の「1500」とセルA2の「1500」を足した「3000」になります。そして「3000」に、千円単位表示の表示形式を適用した結果「3」と表示されることになります。

ユーザー設定書式で千円単位の四捨五入で表示されている

セルA1とセルA2に「1500」と入力されている

セルA3に「=SUM(A1:A2)」と入力されている

元のデータで計算するため、セルA3には「3」と表示されている

まとめ 千円単位の表示はユーザー定義が便利

ユーザー定義書式を使うと、ROUND関数などを使わなくても千円単位で表示できます。後続の計算で端数処理後の数値を使う必要がなく、元の数値を使いたいときには、ユーザー定義書式を使って千円単位で表示しましょう。

レッスン 93 特定の文字が入力されたセルを強調表示する

条件付き書式　　　　　　　　　　　　　　　　　練習用ファイル　L093_条件付き書式.xlsx

特定の文字が入力されたセルだけを強調表示したいときには、条件付き書式を使いましょう。通常の書式設定と同じように、背景、文字色や罫線などの設定ができます。条件には、指定した文字で始まる、指定した文字を含む場合など複雑な条件も指定できます。

キーワード

セル	P.344
セル範囲	P.344
ダイアログボックス	P.345

活用編　第10章　条件に応じて可視化！表を効果的に見せる書式の活用

特定の文字を含むセルを強調表示する

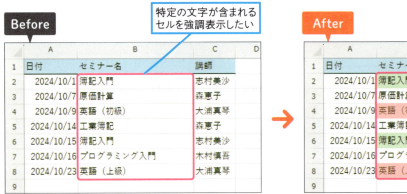

1 指定した文字を含むセルを強調表示する

1　セルB2～B8を選択
2　[ホーム]タブをクリック
3　[条件付き書式]をクリック

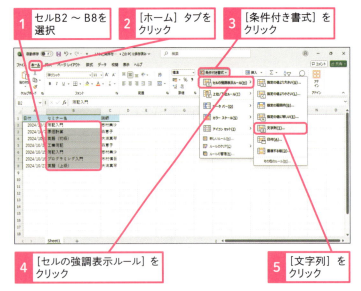

4　[セルの強調表示ルール]をクリック
5　[文字列]をクリック

用語解説
条件付き書式

条件付き書式とは、指定した条件に応じてセルの書式を変える機能です。例えば、条件に応じて、フォントの色・背景色や罫線などを変更したり、アイコンを表示したりすることができます。

264　できる

● 強調する文字を指定する

[文字列] ダイアログボックスが表示された

6 「英語」と入力　　7 [OK] をクリック

「英語」という文字が含まれるセルが赤く強調表示された

2 特定の文字から始まるセルを強調表示する

1 セルB2〜B8を選択　　2 [ホーム] タブをクリック　　3 [条件付き書式] をクリック

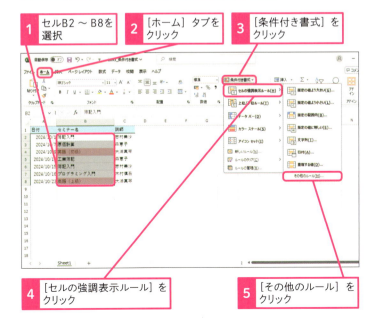

4 [セルの強調表示ルール] をクリック

5 [その他のルール] をクリック

使いこなしのヒント

ダイアログボックスを使って入力する

[文字列] ダイアログボックスで「上向き矢印のアイコン」をクリックした後に、セルをクリックすると「=$B$7」のように選択したセルが表示されます。この状態で右の「下向き矢印のアイコン」をクリックすると元のウィンドウに戻ります。後は、本文の操作と同じように、[文字列] ダイアログボックスで [OK] をクリックすると、選択したセルの値を含むセルが強調表示されます。

[文字列] ダイアログボックスを表示しておく

1 セルB7をクリック

2 [OK] をクリック

セルB7が強調表示された

93 条件付き書式

次のページに続く

できる 265

● 条件を指定する

［新しい書式ルール］ダイアログボックスが表示された

6 左の選択欄のここをクリック　　**7** ［特定の文字列］をクリック

8 中央の選択欄のここをクリック　　**9** ［次の値で始まる］をクリック

10 「簿記」と入力　　**11** ［書式］をクリック

活用編　第10章　条件に応じて可視化！　表を効果的に見せる書式の活用

> **使いこなしのヒント**
>
> **文字列に関連する その他の検索方法**
>
> ［ホーム］-［条件付き書式］-［セルの強調表示ルール］-［その他のルール］で、「特定の文字列」を選択すると、その右の選択欄では［次の値を含む］［次の値を含まない］［次の値で始まる］［次の値で終わる］の4つの条件を指定できます。

4つの条件をプルダウンから選べる

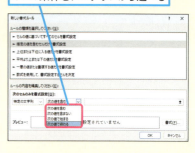

> **使いこなしのヒント**
>
> **指定した文字列に 完全一致するセルを検索する**
>
> 指定した文字列に完全一致するセルを検索したいときには、リボンから［ホーム］-［条件付き書式］-［セルの強調表示ルール］-［指定の値に等しい］をクリックして、検索したい値を入力してください。

● 塗りつぶす色を選択する

［セルの書式設定］ダイアログボックスが表示された

12 ［塗りつぶし］をクリック　**13** 薄緑色をクリック　**14** ［OK］をクリック

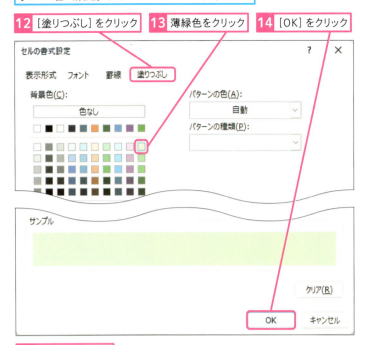

15 ［OK］をクリック

「簿記」という文字から始まるセルが薄い緑で強調表示された

使いこなしのヒント

フォント名・サイズは指定できない

条件付き書式では、フォント名やフォントサイズを変更することはできません。［セルの書式設定］ダイアログボックスの［フォント］タブでは、太字などのスタイル、下線、文字色、取り消し線の設定しかできないことに注意してください。

1 ［フォント］タブをクリック

フォントのスタイルや色、下線などを設定できる

まとめ　入力された文字列に応じて書式を変更する

特定の文字列が入力されたときにだけ書式を変えるには、条件付き書式の機能を使います。［次の値を含む］［次の値を含まない］［次の値で始まる］［次の値で終わる］のどの条件を指定するかに応じて、選択するメニューが変わることに注意してください。

レッスン 94 売上が上位の項目を強調表示する

上位10項目

練習用ファイル　L094_上位10項目.xlsx

条件付き書式を使うと、入力された数値に応じて、セルの背景色や文字色などの書式を変えることができます。この機能を使うと、指定された金額以上のセルや指定したセル範囲の中の上位3件のセルだけ、背景色や文字色を変えて強調して表示できます。

キーワード

条件付き書式	P.344
書式	P.344
リボン	P.346

活用編 第10章 条件に応じて可視化！表を効果的に見せる書式の活用

売上増加額の上位3件を強調表示する

Before：売上増加額が上位3件のセルだけ色を変えたい
After：上位3項目のセルを強調表示できた

1 上位のセルを強調表示する

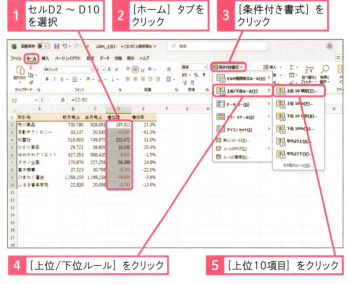

1 セルD2～D10を選択
2 [ホーム]タブをクリック
3 [条件付き書式]をクリック
4 [上位/下位ルール]をクリック
5 [上位10項目]をクリック

使いこなしのヒント

平均より上・下も表示できる

リボンの[ホーム]タブ-[条件付き書式]-[上位/下位ルール]の中では、本文で紹介した「上位n件」という条件の他、次の条件で書式を変えられます。メニューでは、「下位10項目」「上位10%」と書かれていますが、実際に何項目抽出するか、上位何%を表示するかは自由に決められます。

・上位n%
・下位n件
・下位n%
・平均より上
・平均より下

● 強調する条件を指定する

[上位10項目] ダイアログボックスが表示された

6 「3」と入力　　7 [濃い緑の文字、緑の背景] を選択

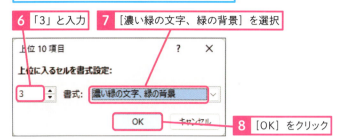

8 [OK] をクリック

セルD2〜D10に入力されたデータの上位3項目が強調された

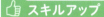

	A	B	C	D	E
1	取引先	前月売上	当月売上	増加額	増加率
2	天川薬品	730,780	928,091	197,311	21.3%
3	月影テクノロジー	33,137	20,545	-12,592	-61.3%
4	桜雲社	516,603	749,075	232,472	31.0%
5	ひかり薬品	29,721	39,826	10,105	25.4%
6	ゆめかわクリエイト	617,353	608,435	-8,918	-1.5%
7	タカノ企画	170,870	227,258	56,388	24.8%
8	高木商事	37,523	30,768	-6,755	-22.0%
9	ひまわり運送	1,268,159	1,198,234	-69,925	-5.8%
10	ふるさ音楽学院	22,839	20,098	-2,741	-13.6%

使いこなしのヒント

指定の値より小さい、指定の範囲内などの条件も指定できる

数値が入力されたセルについては、リボンの [ホーム] タブ- [条件付き書式] - [セルの強調表示ルール] の中では、[指定の値より大きい] という条件の他、[指定の値より小さい][指定の範囲内][指定の値と等しい] という条件を指定して、書式を変えられます。

94 上位10項目

まとめ 数値に応じてセルの書式を自動で変更する

様々な条件を指定して、セルに入力された数値に応じてセルの書式を変えられます。色を付ける条件を機械的に判定できる場合には、条件付き書式を積極的に活用しましょう。

👍 スキルアップ

特定の割合以上のセルを強調表示する

リボンの [ホーム] - [条件付き書式] - [セルの強調表示ルール] - [指定の値より大きい] で、パーセンテージを指定すると特定の割合以上のセルを強調表示できます。数値は、小数で入力しても構いません。

1 セルE2〜E10を選択
2 [ホーム] タブをクリック
3 [条件付き書式] をクリック
4 [セルの強調表示ルール] をクリック
5 [指定の値より大きい] をクリック

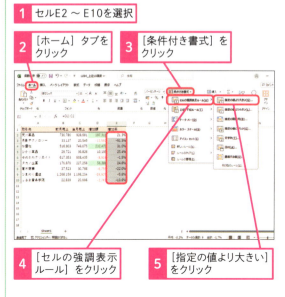

6 「20%」と入力
7 [濃い緑の文字、緑の背景] を選択
8 [OK] をクリック

セルE2〜E10に入力されたデータの中で、20%より大きい値のデータが強調された

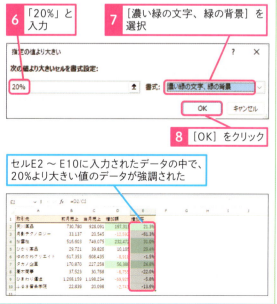

できる 269

レッスン 95 指定した日付の範囲を強調表示する

指定の範囲内　　　練習用ファイル　L095_指定の範囲内.xlsx

条件付き書式の機能で、指定した日付が入力されたセルの背景色や文字色を自動的に変えて強調して表示できます。手作業で書式を変える必要はなく、自動的に書式が変わるので、今日が期限の処理をわかりやすく表示したいときに使うと便利です。

キーワード

条件付き書式	P.344
セル	P.344
リボン	P.346

活用編　第10章　条件に応じて可視化！表を効果的に見せる書式の活用

出荷予定日が一定期間内のものを強調表示する

1 特定の日付範囲を強調表示する

1. セルE2～E9を選択
2. [ホーム]タブをクリック
3. [条件付き書式]をクリック
4. [セルの強調表示ルール]をクリック
5. [指定の範囲内]をクリック

使いこなしのヒント

数値の条件付き書式と同じように条件を指定できる

日付はExcelでは数値として扱われます。そのため、日付が入力されたセルについても、数値が入力されたセルとまったく同じ方法で条件を指定できます。リボンの[ホーム]タブ-[条件付き書式]-[セルの強調表示ルール]の中では、本文で紹介した[指定の範囲内]という条件の他、[指定の値より小さい][指定の値より大きい][指定の値と等しい]という条件を指定できます。また、[日付]を使うと昨日、明日など相対的に日付を指定できます（次のページのスキルアップ参照）。

270　できる

● 強調する範囲を指定する

[指定の範囲内] ダイアログボックスが表示された

6 「2024/9/10」と入力　　7 「2024/9/15」と入力

8 [濃い緑の文字、緑の背景] を選択　　9 [OK] をクリック

2024/9/10から2024/9/15までの範囲内のセルが強調された

使いこなしのヒント

具体的な日付を指定したルールはシリアル値で表示される

本文の手順を実行後に、セルE2～E9を選択して、リボンの[ホーム]タブ-[条件付き書式]-[ルールの管理]をクリックすると、ルールの欄には「セルの値が45545から45550の範囲内」と表示されます。45545は「2024/9/10」、45550は「2024/9/15」のシリアル値です。このように、日付はシリアル値で表示されることに注意してください。

まとめ

日付に応じてセルの書式を自動で変更する

条件付き書式の機能を使って指定した日付が入力されたセルを強調表示したいときには、[セルの強調表示ルール]-[数値]から条件を指定しましょう。[セルの強調表示ルール]-[日付]を使うと、今日の日付を基準にした条件しか指定できないことに注意してください。

スキルアップ

今日の日付が入力されたセルを強調表示する

リボンの[ホーム]-[条件付き書式]-[セルの強調表示ルール]-[日付]で、今日、昨日、明日、今月、先月、来月などの日付が入力されているセルを強調表示できます。

1 セルD2～D9を選択
2 [ホーム] タブをクリック
3 [条件付き書式] をクリック
4 [セルの強調表示ルール] をクリック
5 [日付] をクリック
6 [今日] を選択
7 [明るい赤の背景] を選択
8 [OK] をクリック

今日の日付が入力されたセルが強調表示される

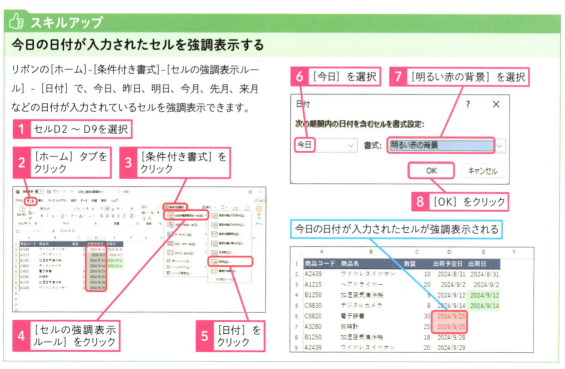

レッスン 96 数値の大小に応じて背景色を塗り分ける

カラースケール

練習用ファイル　L096_カラースケール.xlsx

数字がたくさん入った表を作るときには、傾向が一目でわかるように色や印を付けると見やすくなります。そこで、条件付き書式のカラーバーの機能を使って、数値の大小に応じて背景色を塗り分けましょう。また、数値の大小に応じてアイコンを付けたいときには、アイコンセットの機能を使いましょう。

キーワード	
条件付き書式	P.344
セル	P.344
リボン	P.346

活用編　第10章　条件に応じて可視化！表を効果的に見せる書式の活用

カラースケールやアイコンセットで数値の大小を視覚化する

Before 数値の大小をよりわかりやすく視覚化したい

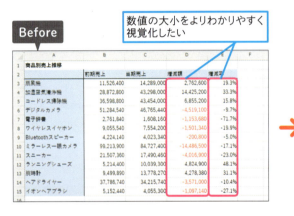

After カラースケールやアイコンセットで数値の大小がわかりやすくなった

1 増減率に応じて背景色を塗り分ける

1. E3～E15を選択
2. ［ホーム］タブをクリック
3. ［条件付き書式］をクリック
4. ［カラースケール］をクリック
5. ［白、赤のカラースケール］をクリック

使いこなしのヒント
色やしきい値を設定する

リボンの［ホーム］タブ-［条件付き書式］-［カラースケール］-［その他のルール］で、セルB3～C15を選択後、次のように指定すると、前期売上・当期売上を5千万円以上は薄緑、1千万円以下は白、その間はグラデーションで表示できます。

項目	設定
左側の種類	数値
左側の値	10000000
右側の種類	数値
右側の値	50000000
左側の色	白、背景1
右側の色	緑、アクセント6、白+基本色80%

● 数値の大小に応じて塗りつぶされた

背景色が、増減率が上位の項目は白、下位の項目は赤になった

2 増減額の大小をアイコンで表示する

1. D3〜D15を選択
2. [ホーム]タブをクリック
3. [条件付き書式]をクリック

4. [アイコンセット]をクリック
5. [4つの矢印]をクリック

増減額の大小に応じて、矢印が表示された

使いこなしのヒント

アイコンセットのアイコンやしきい値を設定する

リボンの[ホーム]タブ-[条件付き書式]-[アイコンセット]-[その他のルール]を使うと、アイコンセットの種類やしきい値を設定できます。例えば、セルD3〜D15を選択後、次のように指定すると、増減額が4千万円以上のセルが上向きの緑矢印、-4千万円以上4千万円未満のセルは右向きの黄色矢印、-4千万円未満のセルが下向きの赤矢印で表示されます。

項目	設定
アイコンスタイル	3つの矢印（色分け）
上段の種類	数値
上段の値	40000000
下段の種類	数値
下段の値	-40000000

まとめ　金額や比率の大小関係をわかりやすく表示しよう

条件付き書式のカラースケールやアイコンスタイルの機能を使うと、金額や比率の大小に応じて、背景色を塗り分けたり、アイコンを付けることができます。色・アイコンやしきい値を個別に設定したいときには、それぞれの中の[その他のルール]から設定をしましょう。

レッスン
97 セルにミニグラフを表示する

データバー

練習用ファイル L097_データバー.xlsx

割合を表示するときに、第7章で紹介したグラフ機能を使う代わりに、条件付き書式のデータバーを使うとセル内にグラフを入れられます。表の形のままでグラフを挿入できるので、多くの数値が並んでいる表を見やすく整えるのに便利です。

キーワード

グラフ	P.343
条件付き書式	P.344
ダイアログボックス	P.345

活用編 第10章 条件に応じて可視化！表を効果的に見せる書式の活用

データバーで数値の大小を視覚化する

1 構成比のデータにデータバーを表示する

1. セルE4～E11を選択
2. [ホーム]タブをクリック
3. [条件付き書式]をクリック
4. [データバー]をクリック
5. [塗りつぶし（グラデーション）]の[緑のデータバー]をクリック

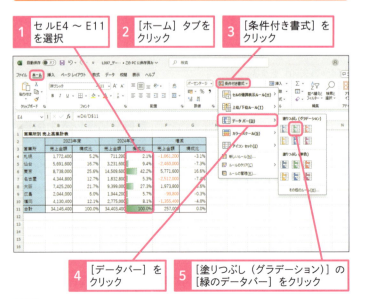

使いこなしのヒント

データバーの色は6色から選べる

リボンの[ホーム]タブ-[条件付き書式]-[データバー]で、あらかじめ準備されている色は6色あり、それぞれグラデーションか単色化を選べます。

274 できる

● セル内にグラフが表示された

セルE4～E11にデータバーが表示された

使いこなしのヒント
負の値の書式を設定する

負の値が入力されているセルでデータバーを表示させると、標準ではデータバーは赤色で表示されます。負の値のデータバーの色を変更するには、リボンの［ホーム］タブ-［条件付き書式］-［データバー］-［その他のルール］をクリックし、［新しい書式ルール］ダイアログボックスで［負の値と軸］をクリックをしてください。

負の値のデータバーの色を変更できる

2 個別に色を指定してデータバーを表示する

まとめ データバーで数値を見やすく表示する

データバーを使うと、表の中に簡易的にグラフを入れることができます。あらかじめ準備されているデータバーの色は6色ありますが、他の色を設定したいときには、個別に色を指定するようにしましょう。

レッスン 98 条件付き書式を編集・削除するには

ルールの管理

練習用ファイル　L098_ルールの管理.xlsx

条件付き書式のルールのクリアの操作をすると、設定されたすべての条件付き書式を削除できます。条件付き書式を編集したり、複数の条件付き書式の一部の条件付き書式だけを削除したいときには、ルールの管理から個別に設定しましょう。

キーワード

条件付き書式	P.344
ダイアログボックス	P.345
リボン	P.346

活用編　第10章　条件に応じて可視化！表を効果的に見せる書式の活用

条件付き書式で設定したルールを管理する

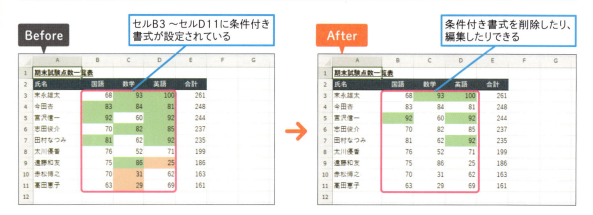

Before セルB3～セルD11に条件付き書式が設定されている

After 条件付き書式を削除したり、編集したりできる

1 選択した範囲の条件付き書式を削除する

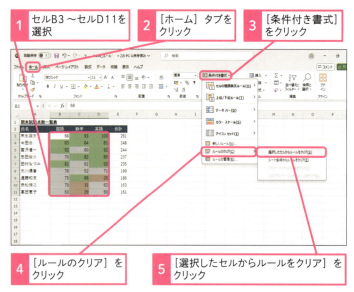

1. セルB3～セルD11を選択
2. [ホーム]タブをクリック
3. [条件付き書式]をクリック
4. [ルールのクリア]をクリック
5. [選択したセルからルールをクリア]をクリック

💡 使いこなしのヒント

シート内のすべての条件付き書式を削除する

リボンの[ホーム]タブ-[条件付き書式]-[ルールのクリア]-[シート全体からルールをクリア]で、シート内のすべての条件付き書式を削除できます。

● 条件付き書式が削除された

セルB3～セルD11の条件付き書式がすべて削除された

2 一部の条件付き書式だけを削除する

［元に戻す］をクリックして手順1の操作を取り消しておく

1 セルB3～セルD11を選択
2 ［ホーム］タブをクリック
3 ［条件付き書式］をクリック
4 ［ルールの管理］をクリック

［条件付き書式ルールの管理］ダイアログボックスが表示された

5 1行目のルールをクリック
6 ［ルールの削除］をクリック

使いこなしのヒント

ワークシート内のすべての条件付き書式を表示する

リボンの［ホーム］タブ-［条件付き書式］-［ルールの管理］をクリックすると、初期状態では、選択中のセルに設定された条件付き書式しか表示されません。ワークシート内のすべての条件付き書式を表示するには、条件付き書式ルールの管理ウィンドウで、書式ルールの表示から［このワークシート］を選択してください。

［書式ルールの表示］で［このワークシート］を選択する

ここに注意

条件付き書式は何個でも設定できますが、設定する数が増えると動作が遅くなる場合があります。セルのコピー・貼り付けなどの操作で、意図せず条件付き書式が増えてしまう場合もあるため、注意してください。

● ルールが削除された

1行目にあったルールが削除された　　7 [OK] をクリック

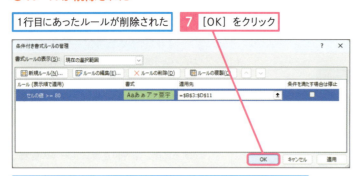

セルB3〜セルD11の「40点未満であれば背景色を薄赤色」の条件付き書式が削除された

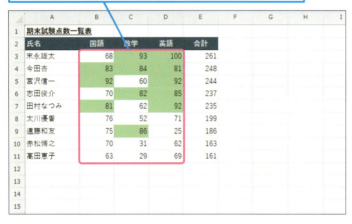

使いこなしのヒント

条件付き書式ルールの管理でできること

条件付き書式のルールを適用するセルを修正したいときには、[条件付き書式ルールの管理]ウィンドウの[適用先]を修正しましょう。また、[条件を満たす場合は停止]にチェックを入れると、条件を満たした場合に、それより下の条件付き書式が適用されなくなります。

[適用先]で条件付き書式を適用するセル範囲を変更できる

3 条件付き書式を編集する

1 セルB3〜セルD11を選択
2 [ホーム]タブをクリック
3 [条件付き書式]をクリック

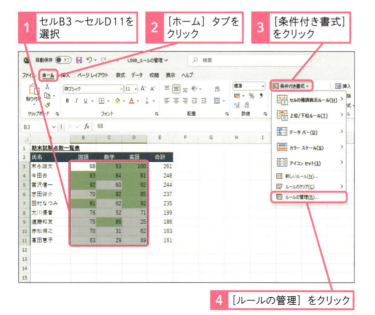

4 [ルールの管理]をクリック

● 条件を編集する

[条件付き書式ルールの管理] ダイアログボックスが表示された

5 1行目のルールをクリック　**6** [ルールの編集] をクリック

[書式ルールの編集] ダイアログボックスが表示された

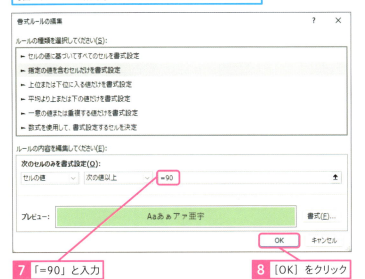

7 「=90」と入力　**8** [OK] をクリック

9 [OK] をクリック

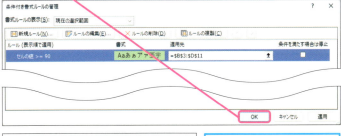

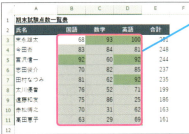

90点以上のセルのみ背景色が薄緑色になった

使いこなしのヒント

ルールは複製できる

[条件付き書式ルールの管理] 画面で、[ルールの複製] ボタンを押すと、条件付き書式のルールを複製できます。似たようなルールを複数作りたいときに使いましょう。

[ルールの複製] をクリックすると条件付き書式を複製できる

まとめ　不要な条件付き書式は削除しよう

不要になった条件付き書式は、ルールのクリアやルールの管理画面から削除しましょう。なお、条件付き書式を設定した後に、Excelで通常の編集作業をしていると、意図せず、条件付き書式が増えてしまっているときがあります。動作が妙に遅くなるなどの違和感を感じたら、条件付き書式のルールの管理画面を見て、意図しない条件付き書式の設定がないか確認してみてください。

この章のまとめ

自動で書式を設定しよう

この章では、条件付き書式の機能を紹介しました。条件付き書式には、大きく分けて、指定した条件に一致したセルの書式を変える機能と、複数のセルの大小関係を、セルの書式やアイコンやミニグラフなどで視覚的にわかりやすく表示する機能があります。これらの書式を手作業で1つのセルごとに書式を設定するのは大変ですが、条件付き書式の機能を使うと効率的に書式を整えることができます。Excelの作業効率を上げるために、活用してみてください。

条件付き書式を活用することで、数値が並ぶ表を効率的に見やすく整えられる

	A	B	C	D	E
1	商品別売上推移				
2		前期売上	当期売上	増減額	増減率
3	扇風機	11,526,400	14,289,000	2,762,600	19.3%
4	加湿空気清浄機	28,872,800	43,298,000	14,425,200	33.3%
5	コードレス掃除機	36,598,800	43,454,000	6,855,200	15.8%
6	デジタルカメラ	51,284,540	46,765,440	-4,519,100	-9.7%
7	電子辞書	2,761,840	1,608,160	-1,153,680	-71.7%
8	ワイヤレスイヤホン	9,055,540	7,554,200	-1,501,340	-19.9%
9	Bluetoothスピーカー	4,224,140	4,023,340	-200,800	-5.0%
10	ミラーレス一眼カメラ	99,213,900	84,727,400	-14,486,500	-17.1%
11	スニーカー	21,507,360	17,490,460	-4,016,900	-23.0%
12	ランニングシューズ	5,214,400	10,039,300	4,824,900	48.1%
13	腕時計	9,499,890	13,778,270	4,278,380	31.1%
14	ヘアドライヤー	37,786,740	34,215,740	-3,571,000	-10.4%
15	イオンヘアブラシ	5,152,440	4,055,300	-1,097,140	-27.1%

条件付き書式ってすごい！ いろんな場面で使ってみたくなりました。

ルールの管理画面から一覧で管理できるところも便利ですね！

どんどん活用してほしいけど、いろんな書式が設定された表は逆に見にくくなってしまうから、華美になりすぎないよう注意しよう。

活用編

第11章

大量のデータも効率よく。データを素早く集計する

ピボットテーブルを使うと、関数を使わずに簡単な操作でデータベースを集計して集計表を作成できます。集計軸も簡単に変えられるので、分析などの非定型業務に最適です。

99	効率よく処理・集計する機能を知ろう	282
100	表をテーブルにして集計作業の効率を上げよう	284
101	テーブルに数式を入力するには	286
102	ピボットテーブルを作るには	290
103	集計の切り口を変えるには	294
104	ピボットテーブルを更新するには	296
105	期間を変えて集計するには	298
106	フィールドの集計方法を変更するには	302
107	列全体に対する比率を表示するには	304
108	ピボットテーブルの内容をグラフ化するには	306

レッスン
99

Introduction この章で学ぶこと
効率よく処理・集計する機能を知ろう

Excelにはデータを貯めるデータベースとしての役割や、貯めたデータを活用して表やグラフとして可視化する役割があります。このような場面で役立つのが「テーブル」と「ピボットテーブル」です。まずはこの2つの機能について簡単に押さえておきましょう。

活用編 第11章 大量のデータも効率よく。データを素早く集計する

データベース化したときに「テーブル」が役立つ！

「データベース」ってことは、レッスン27で教わった1行に1件のデータが入力されたような表を作るときに便利ってことですか？

よく覚えていたね！　その通りだよ。データを蓄積するとき、テーブルに変換しておけば、表全体の処理が楽になるんだ。

◆テーブルに変換された表
行が増えると自動的にテーブルの範囲が広がったり、数式が自動的にコピーされたりする

列の見出しにフィルターボタンも表示されてますね。データの並べ替えや抽出も簡単そう！

データ量が増えていくと、表の書式を調整したり、入力した数式を他のセルにコピーしたりするのが大変になってくるよね。テーブルはそういったところを補助してくれる機能なんだ！

「ピボットテーブル」ならデータの集計が瞬時にできる！

「瞬時に」はさすがに言い過ぎじゃないですか？
ほんとにすぐできるんでしょうか。

これまで関数で1つ1つ集計して表を作る場面が多かったからあまりイメージが湧かないよね。ただ、ピボットテーブルを使えば、素早く簡単に集計表ができてしまうんだ！

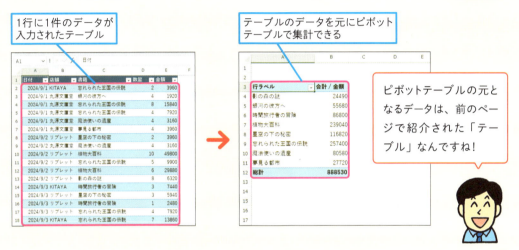

- 1行に1件のデータが入力されたテーブル
- テーブルのデータを元にピボットテーブルで集計できる
- ピボットテーブルの元となるデータは、前のページで紹介された「テーブル」なんですね！

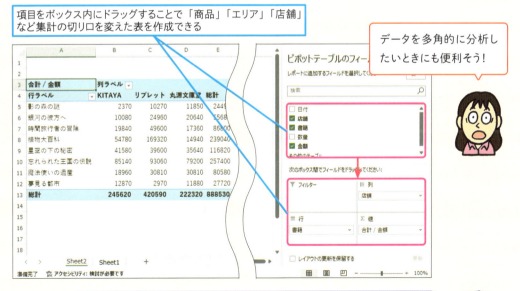

- 項目をボックス内にドラッグすることで「商品」「エリア」「店舗」など集計の切り口を変えた表を作成できる
- データを多角的に分析したいときにも便利そう！

社内システムからダウンロードしたデータや、日々Excelに蓄積しているデータを、様々な切り口で集計することがあるはず。そういった大量のデータを表として可視化するときにも便利だよ。

レッスン 100 表をテーブルにして集計作業の効率を上げよう

テーブル　　　　　　　　　　　　　　　　練習用ファイル　L100_テーブル.xlsx

テーブルとはExcelで作った表を効率よく処理するための機能です。特に、1行に1データが入力された形の大量のデータを扱うときに非常に有用です。表の中のセルを選択してテーブルに変換する操作をすると、通常の表をテーブルに変換できます。

🔍 キーワード
フィルター　　　　　　　　　P.346

📖 用語解説
テーブル

1行に1件のデータが入力されたデータベース形式の表のこと、またExcelで作った表を効率よく処理するための機能のことを指す。表をテーブルに変換すると、フィルターボタンが表示され、一番上の行に入力した数式が自動的に最下部まで転記されます。また、数式からテーブル内のセルを参照するときにテーブル名や列名で参照先セルを指定できるようになります。

1 通常の表をテーブルにする

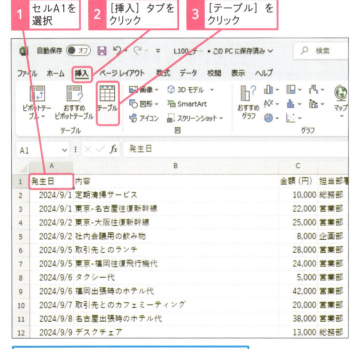

1. セルA1を選択
2. [挿入] タブをクリック
3. [テーブル] をクリック

[テーブルの作成] ダイアログボックスが表示された

4. [先頭行をテーブルの見出しとして使用する] にチェックが入っていることを確認

5. [OK] をクリック

💡 使いこなしのヒント
先頭行をテーブルの見出しとして使用する

元の表の1行目を見出し行として扱いたいときには、[先頭行をテーブルの見出しとして使用する]にチェックを入れてテーブルを作りましょう。逆に、元の表に見出し行がない場合には、チェックをはずしてテーブルを作りましょう。このチェックボックスの初期状態は、表の内容に応じて変わることに注意してください。

💡 使いこなしのヒント
フィルターボタンが表示される

普通の表をテーブルに変換すると、見出し部分にフィルターボタン（レッスン34参照）が表示されます。フィルターボタンを使うと、指定した項目が入力された行だけを表示したり、表を指定した列で並べ替えたりできます。

● テーブルに変換された

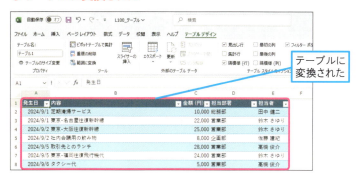

2 テーブル名を変更する

1. [テーブルデザイン] タブをクリック
2. [テーブル名] に「経費一覧」と入力
3. テーブル名が「経費一覧」になった

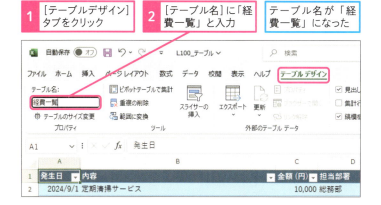

3 テーブルを通常の表に戻す

1. セルA1を選択
2. [テーブルデザイン] タブをクリック
3. [範囲に変換] をクリック
4. [はい] をクリック

テーブルが通常の表に変換される

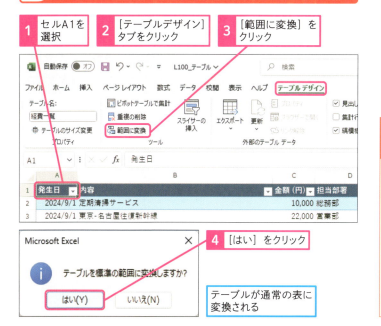

使いこなしのヒント
テーブル名を付ける

テーブルを作ると、自動的に「テーブル1」などのテーブル名が付けられます。テーブルの外からテーブル内部のセルを参照するときに、テーブル名が数式に表示される場合があります。そのため、テーブルを作成したときには、わかりやすい名前に変更するようにしましょう。

使いこなしのヒント
[テーブルデザイン] タブを表示する

[テーブルデザイン] タブは、テーブル内のセルを選択している場合だけリボンに表示されます。事前に、どのセルでもいいのでテーブル内のセルをクリックして選択しておきましょう。なお、[テーブルデザイン] タブでは、テーブルのデザインを変えたり、小計・総計欄を表示するかどうかも選択できます。

使いこなしのヒント
表に戻しても書式は自動で消えない

[範囲に変換] の機能を使って、テーブルを普通の表に戻しても、セルの背景色や文字色、罫線や太字などの書式は自動で消えません。書式を元に戻したいときには、個別に書式を元に戻しましょう。

まとめ
1行1データの表はテーブルにしよう

テーブル化すると、背景色が縞模様で表示され、表の下に移動しても列見出しも固定されるなど視認性も良くなります。また、並べ替えやフィルターを行うためのボタンも自動的に作られます。1行に1データが入力された形の大量のデータを扱うときには非常に便利ですので、活用しましょう。

レッスン 101 テーブルに数式を入力するには

テーブルの数式

練習用ファイル　L101_テーブルの数式.xlsx

テーブルには数式を使いやすくする様々な機能があります。テーブルの最初の行に数式を入れると自動的に最後の行まで数式が入力されます。また、テーブル内のセルを参照するときには、テーブル名や列名を使って指定でき、見やすい数式が書けます。

キーワード

数式	P.344
セル	P.344
テーブル	P.345

活用編　第11章　大量のデータも効率よく。データを素早く集計する

1 同じ行を参照する数式を入力する

テーブルはあらかじめ「売上」という名前に設定されている

1　セルE1に「金額」と入力

テーブルの範囲が広がった

2　Enterキーを押す

3　セルE2に「=」と入力

4　セルC2をクリック

「[@数量]」と入力された

5　「*」と入力

6　セルD2をクリック

使いこなしのヒント
表の下に移動しても見出し部分が固定される

テーブルにした表は、見出し部分が自動的に固定されます。表の下に移動すると、列番号の代わりに表の列名が表示されます。

使いこなしのヒント
テーブルの範囲が自動で広がる

テーブルの範囲のすぐ下の行やすぐ右のセルに値を入力すると、テーブルの範囲が自動で広がります。逆に、テーブルの一番下の行や一番右の列を削除すると、テーブルの範囲が狭まります。

テーブルに隣接するセルに値を入力すると範囲が広がる

● 数式を入力する

「[@単価]」と入力された

7 [Enter]キーを押す

セルE2〜E9に数式が入力された

使いこなしのヒント
テーブルの最下行まで数式を入力するかを切り替える

テーブルの最初の行に数式を入力した後にセルの右下に表示されるアイコン（📋）をクリックした後に［集計列の自動作成を停止］をクリックするごとに、数式がテーブルの最下行まで自動で入力されるかどうかを切り替えられます。ただ、特別な理由がない限り、自動入力される状態で使うようにしましょう。

1　［オートコレクトのオプション］をクリック

2　［集計列の自動作成を停止］をクリック

使いこなしのヒント
「構造化参照」について知ろう

数式で、テーブル内のセルを参照するときには、テーブル名や列名を使って参照するセルを指定できます。この方法を構造化参照といいます。構造化参照で指定できるセルやセル範囲をマウスで選択すると、自動的に構造化参照の構文を使って数式が入力されるので、構造化参照の構文を手で入力する必要はありません。逆に、テーブル内のセルへの参照を書くときには、他の行への参照などの構造化参照以外の参照を使うのは避けましょう。同じテーブル内に数式を入力したときには、【テーブル名】の部分は省略される場合もあります。

区分	構文	例	例の意味
列見出し	【テーブル名】[[#見出し],[【列名】]]	売上[[#見出し],[数量]]	売上テーブルの数量列の見出し行
列の集計行	【テーブル名】[[#集計],[【列名】]]	売上[[#集計],[数量]]	売上テーブルの数量列の集計行
指定した列の同じ行	【テーブル名】[@【列名】]	売上[@数量]	売上テーブルの数量列（の同じ行）
指定した列全体	【テーブル名】[【列名】]	売上[数量]	売上テーブルの数量列全体

次のページに続く

2 テーブル内の金額を集計する

1 セルH2に「=SUMIFS(」と入力

2 セルE2～E9をドラッグ

「売上[金額]」と入力された

3 「,」と入力

4 セルB2～B9をドラッグ

「売上[商品名]」と入力された

使いこなしのヒント
テーブル内で使えない機能

テーブル内では、セルの結合はできません。また、テーブル内にスピルする数式を入力して、テーブル内でスピルさせることもできません。なお、テーブルの外に入力する数式で、テーブル内のセルを参照した結果をスピルさせることはできます。

使いこなしのヒント
テーブルの色を変更するには

テーブルのデザインを変更したいときには、リボンの[テーブルデザイン]タブ-[テーブルスタイル]から好きなデザインを選びましょう。右下の（□）アイコンをクリックすると、あらかじめ準備されているすべてのスタイルが表示されます。

[テーブルデザイン]タブの[テーブルスタイル]で変更できる

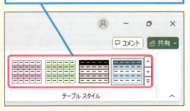

● 数式の続きを入力する

5 「,」と入力

6 セルG2をクリック

7 「)」と入力 8 Enter キーを押す

「コシヒカリ」の売上金額が求められた

9 セルH2のフィルハンドルをドラッグ

商品ごとの売上金額が集計できた

> **使いこなしのヒント**
>
> **構造化参照を使った数式を修正するには**
>
> 「[@単価]」などの構造化参照が使われている数式を修正する方法も、通常の数式を修正するときと同じです。数式内の修正したい箇所を削除して入力しなおしましょう。

> **まとめ**
>
> **テーブルの特性に合った数式を入力しよう**
>
> 通常の数式では、参照するセルを「C2」「E2:E9」のようにセル番地で指定するので、数式を見ただけでは意味が掴めません。一方で、テーブルの構造化参照の機能を使うと、参照するセルを「[@数量]」「売上[金額]」のようにテーブル名、列名で指定できるので数式が読みやすくなります。とても便利なので、ぜひ活用してください。

スキルアップ

テーブルに適した表って？

テーブルに適しているのは、1行に1データが入力された形の表です。このような表の例としては、売上明細や在庫移動明細など1行ごとに1件の取引が入力されたデータや、取引先一覧表や商品一覧表など、1行ごとに1件の情報が入力されたデータなどがあります。

区分	例	内容
取引データ	売上明細、在庫移動明細	1行ごとに1件の取引が入力されたデータ
一覧表データ	取引先一覧表、商品一覧表	1行ごとに1件の情報が入力されたデータ

レッスン 102 ピボットテーブルを作るには

ピボットテーブル　　　　　　　　　　　　　　　　　練習用ファイル　L102_ピボットテーブル.xlsx

ピボットテーブルを使うと、マウス操作で簡単に集計表を作成できます。さらに、集計の切り口を簡単に切り替えられる、ダブルクリックで集計元の明細に遡れるなどのピボットテーブル独自の機能もあります。

キーワード	
ピボットテーブル	P.345
表示形式	P.345
フィールド	P.346

ピボットテーブルとは

ピボットテーブルとは、1行に1データの形式で入力された大量のデータを簡単に集計・分析するためのツールで、関数を使わずにマウス操作だけで使えます。例えば、ピボットテーブルを使うと、売上明細のデータから、取引先ごとや商品ごとの売上金額を集計できます。ピボットテーブルには、ドリルダウンやドリルスルーという機能があり、集計結果が表示されているセルをダブルクリックすると、より細かい情報に遡ることができ、最終的に集計元の明細も表示できます。

テーブルを作成しておく

番号	部位	説明
❶	[ピボットテーブルのフィールド]作業ウィンドウ	集計表の内容を設定する
❷	フィールドセクション	元のデータベースにある列の項目が表示される
❸	エリア	ピボットテーブルの列、行などにフィールドを追加する
❹	レイアウトセクション	配置されたフィールドをピボットテーブルに反映する

 ピボットテーブル　　テーブルを元にピボットテーブルが作成できる

1 ピボットテーブルを挿入する

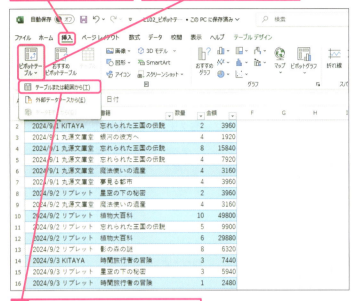

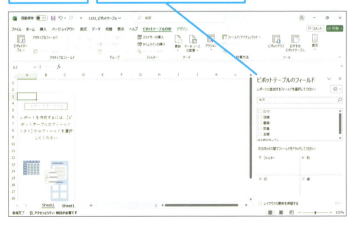

使いこなしのヒント
ピボットテーブルは新しいシートに作成される

ピボットテーブルは新しいシートに作成されます。もし、ピボットテーブルが不要になったら、シートごと削除してください。

使いこなしのヒント
ピボットテーブルの中のセルをクリックしよう

ピボットテーブルの操作をするときには、最初に、ピボットテーブル内部のセルをクリックしてください。クリックすると、一番下の画面のように「ピボットテーブルのフィールド」作業ウィンドウ、リボンに「ピボットテーブル分析」「デザイン」タブが表示されます。

使いこなしのヒント
ピボットテーブルの内容は次の操作で設定する

ピボットテーブルの挿入直後には、ピボットテーブルには何も表示されません。手順2以降で右側の［ピボットテーブルのフィールド］作業ウィンドウをマウスで操作して、ピボットテーブルに何を表示するかを設定していきます。

2 フィールドを設定する

1 [金額]を[値]エリアにドラッグ

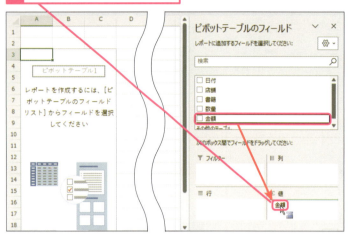

ピボットテーブルに[金額]フィールドの合計が表示された

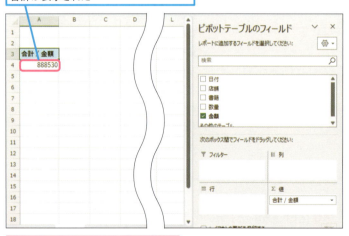

2 [書籍]を[行]エリアにドラッグ

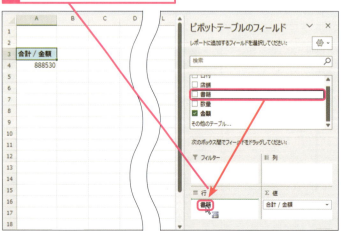

用語解説

フィールド

元のデータベースにある列の項目を、ピボットテーブルでは「フィールド」と呼びます。

使いこなしのヒント

右クリックでも追加できる

マウスで[金額]や[書籍]などのフィールド名をドラッグする代わりに、フィールド名の上で右クリックをして、右クリックメニューから[値]エリア、[行]エリアにデータを追加することもできます。ノートパソコンなど、ドラッグ操作がしにくい環境で使うと便利です。

使いこなしのヒント

表示形式を設定できる

ピボットテーブルで作成した表には、通常通り表示形式を設定できます。例えば、ピボットテーブルで集計した数値をカンマ区切り形式で表示すると、見やすく整えることができます。

使いこなしのヒント

マトリックス型に集計するには

[行]エリアと[列]エリアにフィールドを配置するとマトリックス型の集計ができます。例えば、[行]エリアに「書籍」、[列]エリアに「店舗」を入れると、書籍・店舗別に金額を集計できます。

● ［書籍］フィールドが追加された

行ラベルに［書籍］フィールドが追加された

書籍ごとの売上金額が集計された表になった

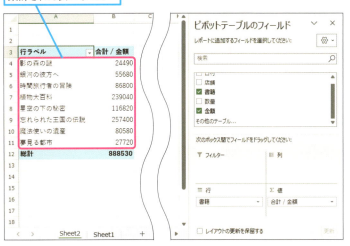

3 ［店舗］を［列］エリアにドラッグ

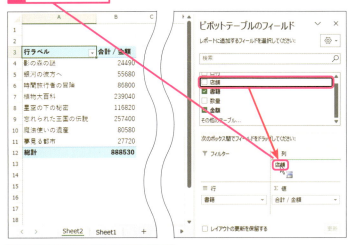

書籍別に各店舗ごとの売上金額が集計された表になった

使いこなしのヒント

該当の値を構成しているデータだけを抽出できる

ピボットテーブルで集計した値が表示されているセルをダブルクリックすると、新しいシートが作成され、その内訳のデータが表示されます。例えば、セルB4をダブルクリックすると、新しくシートが追加され［影の森の謎］の売上データが表示されます。

1 セルB4をダブルクリック

シートが追加され［影の森の謎］の売上データのみがテーブルで表示された

まとめ ピボットテーブルで集計表を作ろう

ピボットテーブルを使うと、マウス操作だけで集計表を簡単に作ることができます。［ピボットテーブルのフィールド］作業ウィンドウのフィールドセクションには元のテーブルにある列の項目が表示されます。ピボットテーブルでは、それらを［値］［行］［列］エリアに追加することで集計表が作成されます。「元のテーブルにある列の項目が集計の切り口となる」ということがピボットテーブルのポイントなので、押さえておきましょう。次のレッスンからは、表の細かい調整を行っていきます。

レッスン 103 集計の切り口を変えるには

フィールドの変更

練習用ファイル L103_フィールドの変更.xlsx

ピボットテーブルでは、マウス操作で月別や取引先別などすぐに集計の切り口を変えられます。集計の切り口を試行錯誤したいときにとても便利です。また、ピボットテーブルを使うと、マトリックス型の集計も簡単にできます。

キーワード

テーブル	P.345
ピボットテーブル	P.345
フィールド	P.346

1 フィールドを削除する

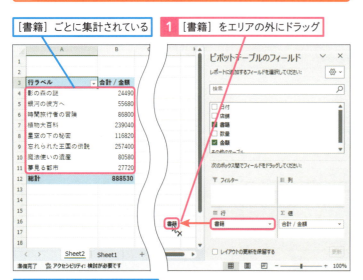

使いこなしのヒント

フィールド名をクリックしても削除できる

［列］［行］［値］の各エリアに配置されているフィールド名をクリックして、メニューから［フィールドの削除］をクリックしても、フィールドを、各エリアから削除できます。

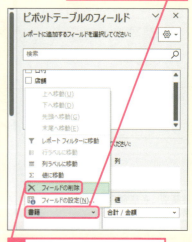

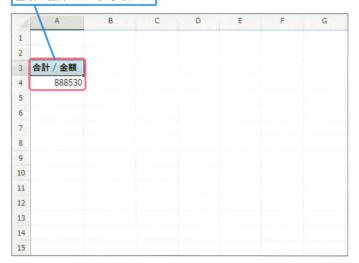

2 フィールドを追加する

［店舗］ごとの集計に変更する

1 ［店舗］を［行］にドラッグ

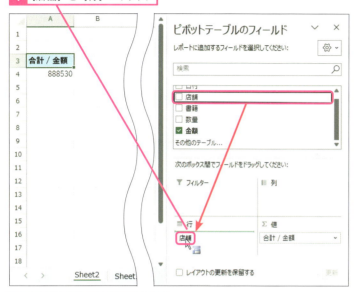

［店舗］ごとに売上が集計された

使いこなしのヒント

［行］［列］に複数のフィールドを配置するには

［行］エリア、［列］エリアには、それぞれ複数のフィールドを配置することもできます。例えば、［行］エリアに、「書籍」と「店舗」を配置して、書籍別・店舗別に金額を集計することができます。

［書籍］［店舗］を［行］に追加する

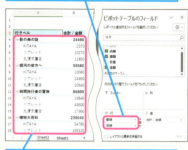

書籍別・店舗別に金額が集計される

まとめ 集計の切り口を変えたいときに使おう

ピボットテーブルを使うと集計の切り口を自由に変えられます。売上金額に増減があった原因を調べるケースなど、集計の切り口が事前に決まっていないときにも、簡単に切り替えられて便利です。

レッスン 104 ピボットテーブルを更新するには

データの更新　　　　　　　　　　　　　**練習用ファイル** L104_データの更新.xlsx

関数で集計表を作るときとは違い、元データの修正をピボットテーブルに反映させるには更新処理が必要です。更新処理がもれると、ピボットテーブルが最新の状態になりませんので注意してください。

🔍 キーワード

関数	P.343
テーブル	P.345
ピボットテーブル	P.345

1 元データを更新する

1. [明細] シートをクリック
2. セルA10に「ロボット掃除機」と入力
3. セルB10に「129800」と入力

💡 使いこなしのヒント
ピボットテーブルでは、即座に更新が反映されない

SUMIFS関数やCOUNTIFS関数で作成した表は、元データを修正すると、その修正は集計表にも即座に反映します。一方で、ピボットテーブルで集計をしたときには更新処理をしないと、元データの修正がピボットテーブルに反映しません。挙動が大きく違いますので、注意してください。

💡 使いこなしのヒント
[更新] ボタンに表示されるメニューの違いって?

[更新] ボタンの下の [▼] をクリックして表示されるメニューから [更新] をクリックすると選択しているピボットテーブルと同じ元データを参照しているピボットテーブルだけが更新されます。一方で、[すべて更新] をクリックすると、すべてのピボットテーブルが更新されます。

296 できる

👍 スキルアップ
テーブル化するとデータを追加できる

元データをテーブル化していると、更新処理をしたときに、追加されたデータがピボットテーブルに反映されます。逆に、テーブル化していない場合には、更新処理をしても追加されたデータがピボットテーブルに反映されません。その場合は、ピボットテーブル内のセルをクリックして選択した後に、リボンの［ピボットテーブル分析］-［データソースの変更］-［データソースの変更］から、元データの範囲を選択し直しましょう。

2 ピボットテーブルを更新する

1 ［集計］をクリック

2 ピボットテーブル内のセルを選択

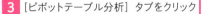

3 ［ピボットテーブル分析］タブをクリック　**4** ［更新］をクリック

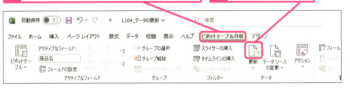

データが更新された

⌨ ショートカットキー

ピボットテーブルの更新　[Alt]+[F5]

すべてのピボットテーブルの更新
　　　　　　[Ctrl]+[Alt]+[F5]

⏱ 時短ワザ
ピボットテーブル内部のセルを右クリックする

ピボットテーブル内部のセルで右クリックをして、右クリックメニューから［更新］をクリックしても更新できます。本文の例だとセルA3～B8の、どのセルで右クリックしても構いません。

👆 まとめ　元データを修正したら更新しよう

元データを修正したときには、ピボットテーブルの更新処理をして、更新内容を反映させましょう。元データをテーブル化しておけば、元データにデータを追加したときも、更新処理で反映させることができます。

レッスン 105 期間を変えて集計するには

YouTube動画で見る
詳細は2ページへ

期間を変えて集計　　　　　練習用ファイル　L105_期間を変えて集計.xlsx

ピボットテーブルで、日付が入力されたフィールドを［列］エリアや［行］エリアに入れると、自動的にグループ化されて年、四半期、月ごとに集計されます。集計単位を変えるときにはグループ化の設定を変更・解除しましょう。

キーワード
ピボットテーブル	P.345
フィールド	P.346
リボン	P.346

1 四半期ごとの集計を確認する

日付別に集計する

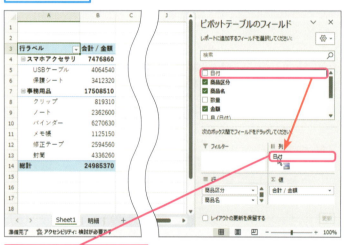

1　［日付］を［列］にドラッグ

年ごとに自動的にグループ化された

2　［2023年］の「+」をクリック

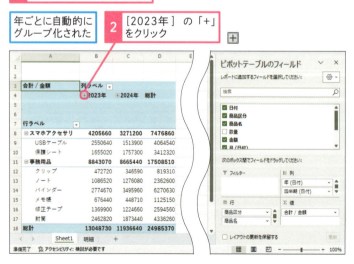

使いこなしのヒント
グループ化の単位は自動で決定される

グループ化の単位は、元データの内容に応じて自動的に決められます。今回の例では、「年」「四半期」「月」ごとにグループ化されましたが、データの内容によっては、グループ化される単位は変わる場合もあります。

● フィールドが展開された

四半期ごとの集計が表示された

2 フィールドを展開する

1 セルB4を選択
2 [ピボットテーブル分析] タブをクリック
3 [フィールドの展開] をクリック

2024年のデータについても [年（日付）] フィールドの1つ下の階層にある [四半期] フィールドが展開された

使いこなしのヒント

フィールドの内容も自動で設定される

グループ化の単位が「年」「四半期」「月」に設定されると、それに連動して [列] エリアにも [年] [四半期] [日付] のフィールドが表示されます。例えば、[四半期] のフィールドを削除すると、四半期ごとのグループ化が解除されます。なお、今回のように、月単位に表示するフィールドの名前が [日付] になる場合もあります。紛らわしいので注意してください。グループ化する必要がないフィールドは削除しましょう。

[年] [四半期] [月] に分かれる

使いこなしのヒント

フィールド全体を折りたたむには

セルB4など [列ラベル] が表示されているセルで右クリックをして、右クリックメニューから [フィールド全体の折りたたみ] をクリックすると、フィールド全体が折りたたまれます。

1 セルB4で右クリックして [フィールド全体の折りたたみ] をクリック

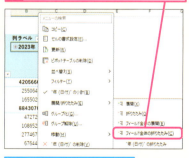

フィールド全体を折りたたむことができる

3 小計を非表示にする

1 [デザイン] タブをクリック
2 [小計] をクリック
3 [小計を表示しない] をクリック

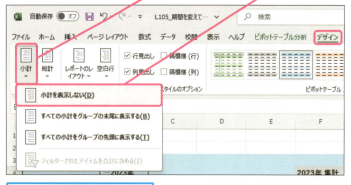

年ごとの集計が非表示になった

4 月別に表示する

1 [四半期] をエリアの外にドラッグ

月別に表示された

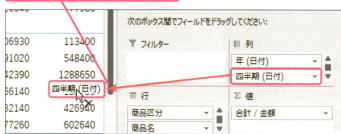

使いこなしのヒント
[総計] を非表示にする

リボンの [デザイン] - [総計] - [行と列の集計を行わない] をクリックすると、総計を非表示にできます。

1 [総計] をクリック

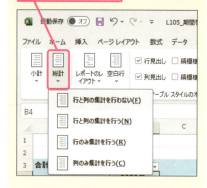

使いこなしのヒント
四半期の範囲について

1月～3月までが第1四半期、4月～6月までが第2四半期、7月～9月が第3四半期、10月～12月が第4四半期としてグループ化されます。月と四半期の対応関係は変更できません。日本の多くの企業のように、4月～6月を第1四半期にすることはできません。

使いこなしのヒント
年・月別に集計するには

グループ化した状態で [四半期] フィールドを削除して [年 (日付)] と [月 (日付)] フィールドを残すと、年・月単位でグループ化して表示することができます。

5 日付別に表示する

1 セルB4を選択
2 ［ピボットテーブル分析］タブをクリック

3 ［グループ解除］をクリック
日付別に表示される

6 月別の表示に戻す

1 セルB4を選択
2 ［ピボットテーブル分析］タブをクリック

3 ［フィールドのグループ化］をクリック

4 ［月］をクリック
5 ［年］をクリック
6 ［OK］をクリック
手順4の表示に戻る

使いこなしのヒント

月別に表示するときは［年］と［月］でグループ化する

月別に表示したいときに、［月］だけでグループ化すると、違う年・同じ月のデータがまとめて集計されるので注意しましょう。例えば、「2024年1月」のデータと「2023年1月」のデータが同じ「1月」のデータとして集計されます。月別に表示したいときには、［年］と［月］でグループ化するようにしましょう。

［月（日付）］のみにするとデータに含まれるすべての年の売上が月ごとにまとめて集計される

まとめ

日付を集計するときはグループ化しよう

日付が入力されたフィールドをピボットテーブルで集計すると、自動的にグループ化されます。グループ化の設定を変えるか、グループ化を解除して、目的の集計単位で表示できるように設定してください。また、小計が不要な場合には小計を非表示にしましょう。

レッスン 106 フィールドの集計方法を変更するには

値フィールドの設定　　　　　　　　　　　　　練習用ファイル　L106_値フィールドの設定.xlsx

ピボットテーブルを使うと、レッスン69で紹介したCOUNTIFS関数のように、条件に該当するデータの件数を集計することができます。また、金額と件数を同時に表示することもできます。なお、件数はピボットテーブル上で［個数］と表記されます。

キーワード

テーブル	P.345
ピボットテーブル	P.345
フィールド	P.346

1 集計方法を合計から個数に変更する

店舗ごとの金額の合計が集計されている

［値］エリアに追加されている［金額］の集計方法を［個数］に変更する

使いこなしのヒント

手軽に計算の種類を切り替えられる

［値フィールドの設定］からは、合計や個数の他、平均、最大値、最小値や、標準偏差、分散などを計算するように指定できます。

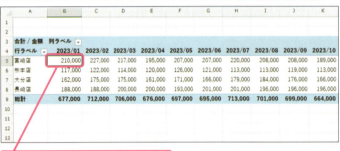

1 ピボットテーブル内のセルを選択

2 ［値］エリアの［合計/金額］をクリック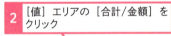

3 ［値フィールドの設定］をクリック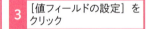

「平均」「最大値」「最小値」など、いくつもの計算方法が用意されている

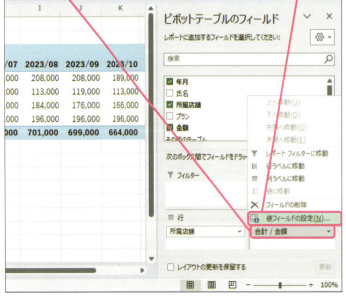

● 集計方法を変更する

[値フィールドの設定] ダイアログボックスが表示された

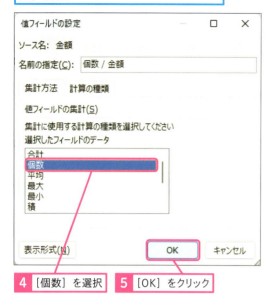

4 [個数] を選択　　5 [OK] をクリック

集計方法が変更され、店舗ごとの [金額] の個数が集計された

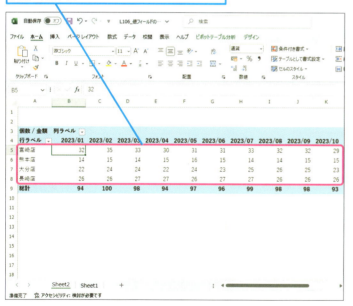

使いこなしのヒント

件数と金額を縦に並べるには

[値] エリアに [金額] フィールドを2回ドラッグすると、[列] エリアに [Σ値] と書かれたフィールドが作成されます。この [Σ値] を [行] エリアにドラッグすると、件数と金額を縦に並べることができます。

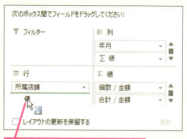

1 [値] を [所属店舗] の下にドラッグ

個数と金額が縦に並んだ

まとめ　ピボットテーブルで件数を集計する

ピボットテーブルで [値の集計方法] の設定を変えて、データの件数を集計できます。さらに、[値] エリアに同じフィールドを2回入れて、片方だけ [値の集計方法] を変えると、件数と合計を同時に表示させることもできます。

レッスン 107 列全体に対する比率を表示するには

計算の種類

練習用ファイル L107_計算の種類.xlsx

データを分析するときには、合計や件数だけでなく、商品ごとの売上高の全売上に対する比率の推移など、比率を見ることも重要です。そこで、ピボットテーブルを使って、全体や行・列などの合計に対する比率を表示してみましょう。

キーワード

ダイアログボックス	P.345
テーブル	P.345
ピボットテーブル	P.345

1 列全体に対する比率を表示する

時短ワザ
右クリックからも比率を変更できる

リボンから［フィールドの設定］-［フィールドの設定］をクリックする代わりに、セルC8で右クリックをして右クリックメニューから［計算の種類］-［列集計に対する比率］と選択しても、列集計に対する比率を表示できます。

1 ピボットテーブル内のセルを選択

2 ［金額］を［値］エリアの［合計/金額］の下にドラッグ

1 セルC8を右クリック　2 ［計算の種類］をクリック

［金額］が2つ表示された

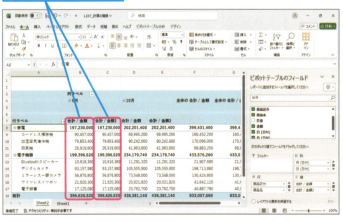

3 ［列集計に対する比率］をクリック

● 集計方法を変更する

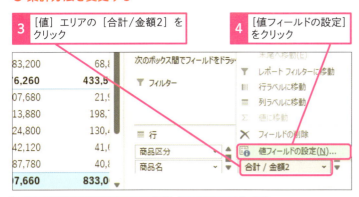

3 [値] エリアの [合計/金額2] をクリック

4 [値フィールドの設定] をクリック

[値フィールドの設定] ダイアログボックスが表示された

5 [計算の種類] を選択

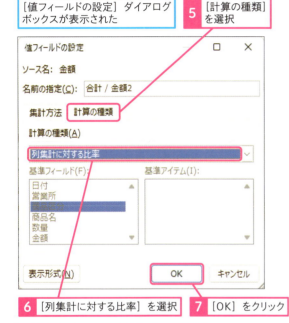

6 [列集計に対する比率] を選択

7 [OK] をクリック

列ごとの総計に対する比率が表示された

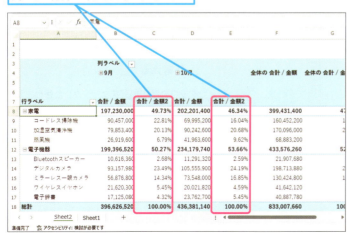

使いこなしのヒント

総計や行集計に対する比率も表示できる

[値フィールドの設定] ダイアログボックスの [計算の種類] では [総計に対する比率] [行集計に対する比率] などの比率や、[昇順での順位] [降順での順位] などの順位も表示できます。

計算の種類を選択できる

使いこなしのヒント

比率から通常の金額や件数の計算に戻す

[値フィールドの設定] ダイアログボックスの [計算の種類] で [集計なし] を選択すると、比率などの計算から、通常の金額や件数に戻すことができます。

まとめ [計算の種類] で比率の計算をしよう

ピボットテーブルを使えば、簡単な操作で比率を表示できます。いったん2つの[金額] フィールドを挿入した後に、片方の [金額] フィールドの [計算の種類] を変えることで、金額と比率を同時に表示させることもできます。金額と比率を縦に並べたいときには [Σ値] を [行] エリアにドラッグしましょう。

レッスン 108 ピボットテーブルの内容をグラフ化するには

ピボットグラフ

練習用ファイル　L108_ピボットグラフ.xlsx

ピボットグラフの機能を使うと、ピボットテーブルで集計した内容を簡単にグラフにできます。ピボットグラフを使うと、ピボットテーブルのレイアウト変更やピボットテーブルへのデータ追加に連動して、グラフが最新の状態に更新されます。

🔍 キーワード

グラフ	P.343
ピボットテーブル	P.345
フィールド	P.346

活用編　第11章　大量のデータも効率よく。データを素早く集計する

1 ピボットグラフを作成する

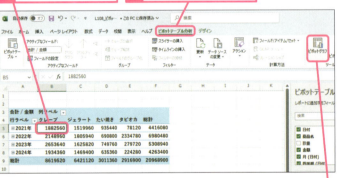

1 ピボットテーブル内のセルを選択
2 [ピボットテーブル分析] タブをクリック
3 [ピボットグラフ] をクリック

[グラフの挿入] ダイアログボックスが表示された

4 [折れ線] をクリック
5 [OK] をクリック

💡 使いこなしのヒント
系列分析をしたいときには、日付を縦方向に並べる

ピボットグラフで時系列の分析をしたいときには、ピボットテーブルで日付を [行] エリアに配置して縦方向に表示されるようにしましょう。例えば、行と列を入れ替えて、商品名を [行]、日付を [列] エリアに配置すると、商品名ごとに、商品の売上高を線で結んだグラフが表示されてしまいます。

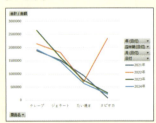

💡 使いこなしのヒント
ピボットテーブルの行・列を入れ替える

グラフの空欄部分をクリックした後に、リボンの [デザイン] - [行列の切り替え] をクリックすると、ピボットテーブルの行と列を入れ替えられます。なお、ピボットグラフを作成していない状態で、ピボットテーブルの行と列を入れ替えたい場合には、[ピボットグラフのフィールド] の [行] [列] エリアを使って、マウスでドラッグして入れ替えてください。

● グラフが作成された

ピボットグラフが挿入された

2 四半期単位でグラフにデータを表示する

1 セルA5を選択
2 [ピボットテーブル分析] タブをクリック
3 [フィールドの展開] をクリック

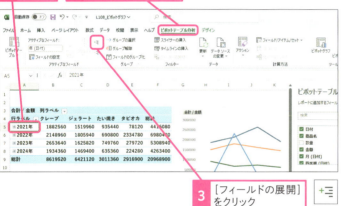

グラフが四半期ごとの表示に変わった

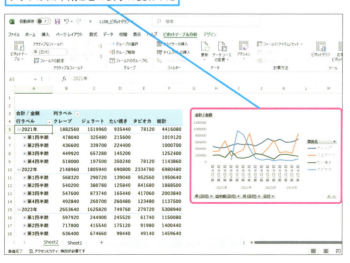

使いこなしのヒント

該当ない欄をピボットテーブル・ピボットグラフに表示する

初期状態では、2021年第1四半期のタピオカの欄（セルE6）のように該当する明細がない欄は、ピボットグラフでグラフの線が表示されません。ピボットグラフで該当部分のグラフを表示したいときには、A5セルを選択後、リボンから[ピボットテーブル分析] - [オプション]をクリックし、空白セルに表示する値に「0」と入力しましょう。これで、ピボットテーブルの集計結果に0と表示されるとともに、ピボットグラフで該当部分のグラフが表示されます。

データがないセルに「0」を表示できる

「0」が表示されるようにすることで、該当部分のグラフも表示される

まとめ ピボットテーブルに連動するグラフを作ろう

データを集計した結果をグラフ化したいときには、ピボットグラフを使いましょう。思い通りのグラフができない場合には、ピボットテーブルの行・列を入れ替える、グルーピングの単位を変える、該当する明細がないマスに「0」を表示させるなどの方法で改善する場合があります。

この章のまとめ

メリットを踏まえて活用しよう

本章では、大量のデータを貯めるのに役立つテーブルと、集計するのに役立つピボットテーブルの機能を紹介しました。ピボットテーブルには、集計軸を簡単に変えられる、ダブルクリックで集計元の明細に遡れる、データの件数が多くても計算が速いなどのメリットがあります。さらに、ピボットグラフの機能を使うとピボットテーブルで集計したデータを簡単にグラフ化できます。集計軸が不確定な分析業務など、これらのメリットが生かせそうなときには積極的にピボットテーブルを使いましょう。

テーブルを基に、さまざまな切り口でデータを可視化できる

ピボットテーブルって簡単に集計表が作れますけど、やっぱり元データのテーブルがとても重要ですね。

そこに気付けたのは素晴らしい！ レッスン27で解説した通り、データベースとしてきちんとした形式になっているからこそ簡単に可視化できるんだ。

基礎が大事なんですね。もう一度復習しておきます！

活用編

第12章

外部ファイルや
データ共有に役立つ
便利ワザ

この章では、シートにコメントを追加する機能などの他の人とファイルを共有するときに便利な機能の他、オンラインストレージであるOneDriveを使う方法や外部のCSVファイルを取り込む方法などを紹介します。

109	データ共有に役立つテクニックを知ろう	310
110	セルにコメントを追加するには	312
111	シートを非表示・再表示するには	314
112	ブックにパスワードを設定するには	316
113	OneDriveに保存するには	318
114	CSV形式のファイルを読み込むには	322

レッスン 109 Introduction この章で学ぶこと
データ共有に役立つテクニックを知ろう

Excelには「コメント」や「ブックの保護」など、他の人にファイルを共有するときに役立つ機能が備わっています。使う場面は限られますが、データを配布する際などにとても役立ちます。どんな機能があるのか、知っておきましょう。

必要な人に必要な内容を共有しよう

人にファイルを共有するときそのまま渡すよりも、コメントが入っていたり、必要な内容に絞られたりしていたほうが、確かに相手にも親切ですよね。

うん、使う場面はそんなに多くないかもしれないけど、実はデータ配布時に役立つ機能がいろいろあるんだ！ 知らないと「いざ」というときに困るからしっかり覚えよう。

◆コメント
ファイルを共有された相手への説明を追加できる

◆パスワードの設定
パスワードを知らない人以外はブックを開けないようにできる

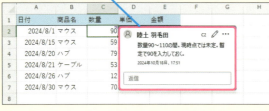

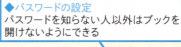

◆シートの非表示
見る必要がないシートを非表示にできる

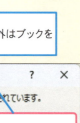

誰にどんな内容を共有するかによっても、機能を使い分ける必要がありそうですね。

その通り、例えばシートの非表示は、非表示にしたシートは簡単に再表示できるから、情報を秘匿にしたい場合は、有効ではないんだ。

CSVファイルの読み込みやOneDriveのテクニックも解説

それからこの章では、「OneDrive」というオンラインストレージサービスにファイルを保存する方法や、CSVファイルをExcelで正確に読み込む方法を解説するよ。

109 この章で学ぶこと

OneDriveに保存することで、別のパソコンからもブックを開くことができる

他のパソコンからブックを参照したいときに役立ちますね！

CSV形式のファイルはそのままExcelで開くと、データが間違った状態で読み込まれてしまう

CSVファイルはExcelでそのまま開くと、Excelが間違った形式のデータに判別してしまうことがあるから、注意が必要なんだ！

↓

データの形式を指定して分割することで、正しく読み込まれる

社内のシステムからダウンロードするデータってCSV形式のことがほとんどだから、活用の幅も広そう！

レッスン 110 セルにコメントを追加するには

コメント 　　　　　　　　　　　　　　　**練習用ファイル** L110_コメント.xlsx

セルに対する補足情報はコメントを使って記入しましょう。古いバージョンのExcelとデータをやり取りする場合には、古いバージョンでも使えるメモを使いましょう。

キーワード
ブック	P.346
リボン	P.346

データの内容についてコメントを残す

Before: 表の内容について補足説明を入れたい
After: コメントでファイルを共有された相手への説明を追加できる

1 セルにコメントを追加する

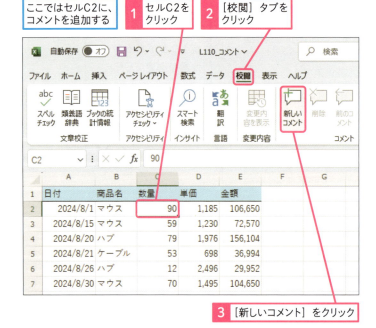

ここではセルC2に、コメントを追加する

1 セルC2をクリック
2 ［校閲］タブをクリック
3 ［新しいコメント］をクリック

使いこなしのヒント

コメントを削除するには

コメントが入力されたセルにマウスポインターを合わせると、コメントが表示されます。コメント右上にあるアイコンをクリックした後、［スレッドの削除］をクリックすると、コメントを削除できます。

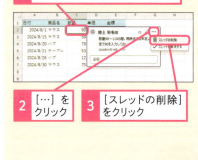

1 コメントが入力されたセルを選択
2 ［…］をクリック
3 ［スレッドの削除］をクリック

● コメントの内容を入力する

4 コメントを入力

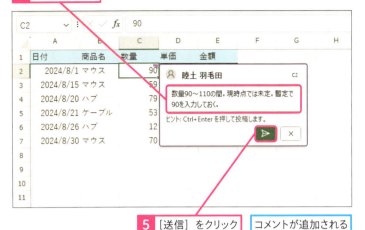

5 ［送信］をクリック　　コメントが追加される

2 コメントの内容を変更する

1 コメントが入力された　　2 ［編集］を
　セルを選択　　　　　　　　クリック

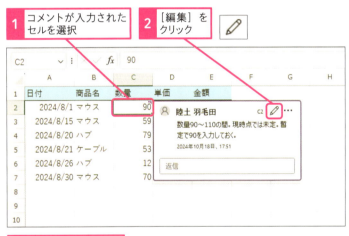

3 新しいコメントを入力

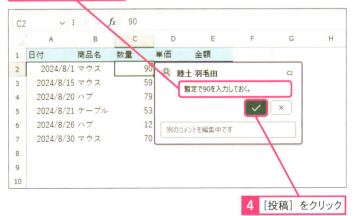

4 ［投稿］をクリック

使いこなしのヒント
コメントとメモの違い

「コメント」はExcel 2021で新しく導入された機能です。一方で、古いバージョンから使える「メモ」という機能もあります。「メモ」は、スレッド型ではなく、セルに吹き出しを付け足すイメージで注釈を付けられます。作成したデータを古いバージョンのExcelでも使いたい場合には「メモ」の機能を使うことをおすすめします。メモは、リボンの［校閲］タブ-［メモ］-［新しいメモ］から追加できます。

1 セルC2を　　2 ［校閲］タブを
　クリック　　　　クリック

3 ［メモ］を　　4 ［新しいメモ］を
　クリック　　　　クリック

5 メモを入力

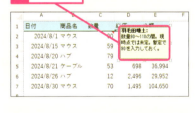

まとめ
コメントは補助的に使おう

コメントを使うのは必要最小限に留め、補助的な情報だけをコメントに入力するようにしましょう。また、古いバージョンのExcelとやり取りをする場合にはメモを使いましょう。

レッスン 111 シートを非表示・再表示するには

シートの非表示・再表示

練習用ファイル　L111_シートの表示.xlsx

見る必要がないシート・他の人に見せたくないシートは表示しないようにすることができます。簡単に再表示できるので、情報を秘匿する用途ではなく、誤操作を防いだり操作感を良くする目的で使いましょう。

キーワード

シート	P.344
ダイアログボックス	P.345
ブック	P.346

活用編　第12章　外部ファイルやデータ共有に役立つ便利ワザ

一部のシートを非表示にする

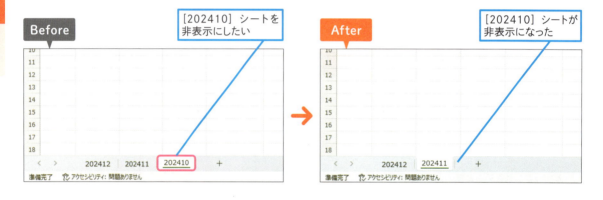

1 シートを非表示にする

ここでは［202410］シートを非表示にする

1. ［202410］を右クリック
2. ［非表示］をクリック

［202410］シートが非表示になる

使いこなしのヒント

非表示シートであっても秘密の情報は入れない

Excelに慣れている人なら、非表示シートの内容を簡単に見ることができます。ですから、社内・社外を問わず入力した内容を秘密にする目的でシート保護を使うのはやめましょう。書き換える必要のないシートを非表示にして誤操作を防いだり、普段見る必要がないシートを非表示にしてシート一覧を見やすくする、などの目的で使いましょう。

2 非表示にしたシートを再表示する

ここでは非表示にした［202410］シートを再表示する

1 ［202411］を右クリック
表示されているシートならどのシートを右クリックしてもいい
2 ［再表示］をクリック

［再表示］ダイアログボックスが表示された

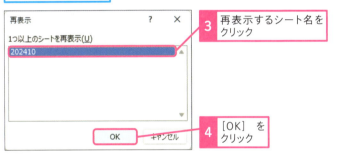

3 再表示するシート名をクリック
4 ［OK］をクリック

非表示にした［202410］シートが再表示された

使いこなしのヒント
複数のシートをまとめて非表示にするには

43ページのヒントで紹介した方法で複数のシートを選択し、手順1の操作を行うと、選択したシートをすべて非表示にすることができます。

使いこなしのヒント
複数のシートをまとめて再表示するには

［再表示］ダイアログボックスで、Ctrlキーを押しながらシート名をクリックするとシートを複数選択できます。シートを複数選択した状態で［OK］をクリックすると、選択したすべてのシートを再表示できます。

Ctrlキーを押しながらクリックすると複数のシートを選択できる

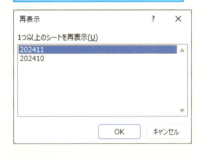

まとめ
シートを非表示にするのは控えめに

ブック内に非表示になっているシートがあるかどうかは、パッと見ただけではわかりません。安易にシートを非表示にしてしまうと、混乱の元になる場合もありますので、シートを非表示にするのは控えめにしましょう。

レッスン 112 ブックにパスワードを設定するには

ブックの保護　　　　　　　　　　　　　　　　　　　　　練習用ファイル　L112_ブックの保護.xlsx

Excelブックの保護機能を使うと、権限のない人がファイルを開けないようにしたり、誤操作によりファイルを壊しにくくなるように設定できます。本レッスンでは、主に、ブックにパスワードを設定して、パスワードを知らない人はブックを開けなくする方法を紹介します。

キーワード
シート	P.344
ダイアログボックス	P.345
ブック	P.346

活用編　第12章　外部ファイルやデータ共有に役立つ便利ワザ

パスワードを設定してブックを保護する

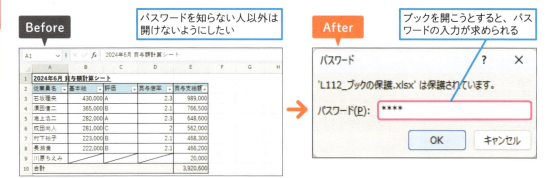

Before：パスワードを知らない人以外は開けないようにしたい
After：ブックを開こうとすると、パスワードの入力が求められる

1 ブックにパスワードを設定する

1. ［ファイル］タブをクリック
2. ［情報］をクリック
3. ［ブックの保護］をクリック
4. ［パスワードを使用して暗号化］をクリック

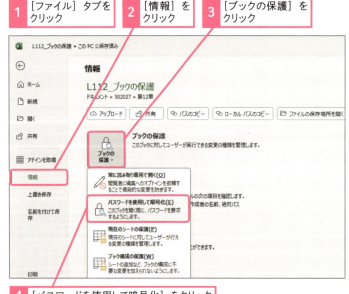

使いこなしのヒント
現在のシートの保護、ブック構成の保護は誤操作防止に使う

［ブックの保護］の中に［現在のシートの保護］［ブック構成の保護］というメニューがありますが、これらの保護機能は、ある程度の知識があればパスワードを知らなくても簡単に解除できるため、不正なアクセスを防ぐ機能はありません。これらの機能は、誤操作によりデータを壊すことを防ぐ目的で使うようにしましょう。

使いこなしのヒント
パスワードを解除するには

パスワードを設定する画面で、パスワードの入力欄を空欄にすると、パスワードを解除できます。

● パスワードを指定する

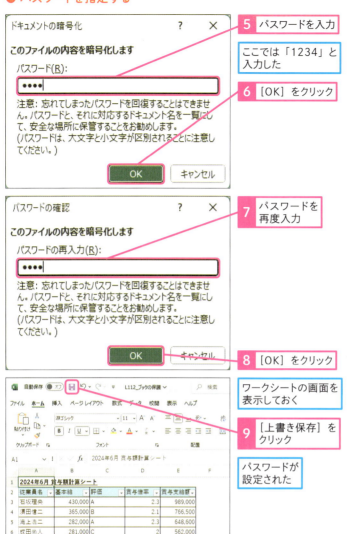

2 パスワードが設定されたブックを開く

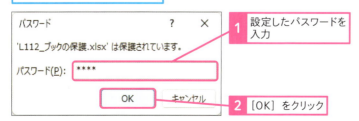

使いこなしのヒント
ブックを読み込み専用に設定する

［ブックの保護］の中の［常に読み取り専用で開く］をクリックして有効化した状態でファイルを保存すると、そのファイルを開くときに読み込み専用で開くかどうかの確認画面が表示されます。安易に書き換えられたくないファイルの場合には［常に読み取り専用で開く］を有効化しておきましょう。ただし、メニューの名前に反して、読み取り専用で開くように強制できないことに注意してください。なお、この機能は、パスワードを設定していないファイルにも適用できます。

まとめ Excelの保護機能を使いこなそう

ブックを保護する機能には、様々なレベルのものが混在しています。権限のない人がファイルの中身を見るのを防ぐためには［パスワードを使用して暗号化］を使いましょう。一方で、ファイルの中身は見えてもよいが、データの誤操作による破壊を防ぎたいときには、用途に応じて、ブックを読み込み専用で開くか［現在のシートの保護］［ブック構成の保護］の機能を使いましょう。

レッスン 113 OneDriveに保存するには

OneDrive　　　　　　　　　　　　　　**練習用ファイル** L113_OneDrive.xlsx

OneDriveを使うと、自分の複数のパソコンでファイルの同期を取ったり、他の人とファイルを共有したりできます。Excelブックの自動保存の機能やMicrosoft 365 Copilotを使うには、OneDriveにファイルを保存することが前提になります。

キーワード

Copilot	P.342
Microsoft Edge	P.342
OneDrive	P.342

OneDriveについて知ろう

OneDriveはMicrosoftが提供しているオンラインストレージサービスで、ファイルをインターネット上に保管できるサービスです。自分の複数のパソコンでファイルの同期を取ったり、他の人とファイルを共有したりできます。ExcelでOneDriveにサインインしておくと、Excelから直接OneDriveのデータを開いたり保存したりできるようになります。

OneDriveの無償版を使う場合には追加費用は掛かりません。ただし、無償版では容量が5ギガバイトしか使えないので、多くのファイルを格納しようとすると容量が不足しがちです。特に、無償版を使う場合には、必要なファイルだけをOneDriveに置くように設定をしておきましょう。

使いこなしのヒント

Microsoftアカウントなどでのサインインが必要

OneDriveを使うときにはMicrosoftアカウントでのサインインが必要です。画面右上の［サインイン］をクリックしてMicrosoftアカウントにサインインしてください。

画面右上の［サインイン］をクリックしてMicrosoftアカウントでサインインしておく

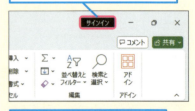

サインインしていないと次のような画面が手順1で表示される

OneDriveに保存すると、他のパソコンからアクセスしたり、他の人とファイルを共有したりできる

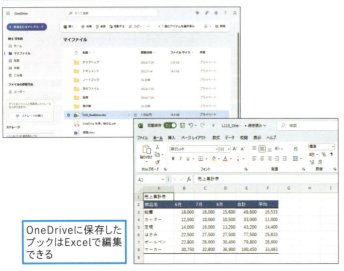

OneDriveに保存したブックはExcelで編集できる

1 OneDriveにファイルを保存する

1 ［ファイル］タブをクリック

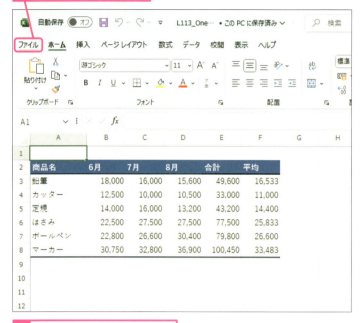

2 ［名前を付けて保存］をクリック

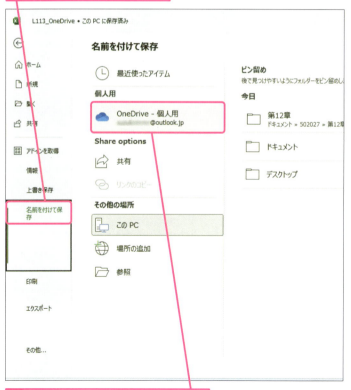

3 ［OneDrive - 個人用］をダブルクリック

使いこなしのヒント
設定状況によりメニューが変わる

ファイルを開いたり保存したりするときの画面はOneDriveやパソコンの設定状況によって変わります。例えば、［OneDrive-個人用］の代わりに［OneDrive-（会社名）］と表示される場合があります。また、名前を付けて保存で「OneDrive-個人用」をクリックしたときに、右側にOneDriveのデータ一覧が表示される場合もあります。

使いこなしのヒント
OneDriveに保存したファイルを自動保存する

ファイルをOneDriveに保存している場合には、通常の操作画面の左上にある［自動保存］をオンにすると、数秒間隔で自動的にファイルに保存できるようになります。保存の操作不要で入力する都度ファイルに保存されるようにしたい場合には、この機能を有効化しましょう。

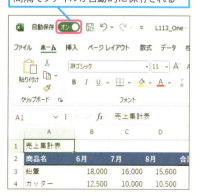

［自動保存］をオンにすることで一定の間隔でファイルが自動的に保存される

次のページに続く→

● 保存先を指定する

[名前を付けて保存] ダイアログボックスが表示された

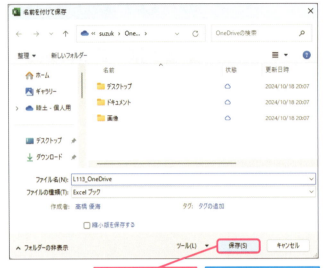

4 [保存] をクリック　　OneDriveに保存される

> ### 使いこなしのヒント
> **OneDrive上のフォルダーが表示される**
>
> [OneDrive-個人用] をクリックすると、[名前を付けて保存] ダイアログボックスにOneDriveのフォルダーが表示されます。

> ### 使いこなしのヒント
> **ファイル名を変更してもよい**
>
> [名前を付けて保存] ダイアログボックスでは、通常のファイル保存時と同じように、ファイル名を変更することもできます。

2 OneDriveのファイルを開く

ここでは手順1で保存したファイルを開く

1 [ファイル] タブをクリック

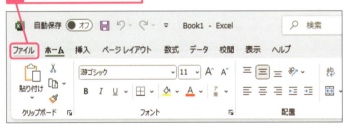

2 [開く] をクリック　　3 [OneDrive - 個人用] をクリック

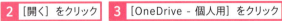

4 [L113_OneDrive] をクリック

> ### 使いこなしのヒント
> **Webブラウザーからもアクセスできる**
>
> OneDriveに保存したファイルは、Webブラウザーから下記のURLでアクセスできます。なお、アクセス時には、WebブラウザーでもMicrosoftアカウントでサインインをしてください。
>
> ▼OneDrive
> https://onedrive.live.com/

上記URLにアクセスし、MicrosoftアカウントにサインインするとOneDrive上のファイルが確認できる

● OneDrive上のファイルが表示された

保存したブックが表示された

3 OneDriveにあるブックを編集する

手順2を参考にOneDriveに保存したブックを表示しておく

1 セルA1に「売上集計表」と入力

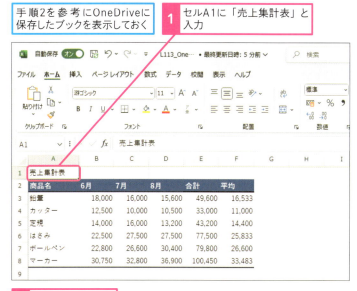

2 Enter キーを押す

OneDriveのファイルが自動保存される

💡 使いこなしのヒント

エクスプローラーでもOneDrive上のファイルを確認できる

ExcelとWindowsでサインインしているMicrosoftアカウントが同じ場合には、エクスプローラーでOneDriveのアイコンをクリックすると、OneDrive上に保存したExcelファイルを確認できます。

1 [OneDrive] をクリック

OneDrive上のフォルダーが表示される

まとめ　OneDriveを上手に活用しよう

ExcelでMicrosoftアカウントなどでログインしておくと、Excelの画面からOneDriveにあるExcelファイルを開いたり、作成したファイルをOneDriveに保存できるようになります。自動保存の機能やMicrosoft 365 Copilotを使いたいときには、OneDriveにファイルを保存しましょう。

レッスン 114 CSV形式のファイルを読み込むには

CSV形式

練習用ファイル　L114_CSV形式.csv

CSVファイルをExcelから直接開くと、データが壊れてしまう場合もあります。データを壊さずに読み込むために、Windowsに標準でインストールされている［メモ帳］アプリを経由してExcelに取り込むようにしましょう。

キーワード	
CSVファイル	P.342
拡張子	P.343
ダイアログボックス	P.345

CSV形式のファイルを読み込む際の注意点

CSVファイルをダブルクリックして、確認画面で［変換しない］をクリックするとCSVファイルをExcelで開けます。ただし、「1-2-3」「1/2」などのデータが読み込み時に変化してしまい、正しく読み込めません。すべてのデータを正しく読み込みたいときには、CSVファイルをメモ帳経由で開くようにしましょう。

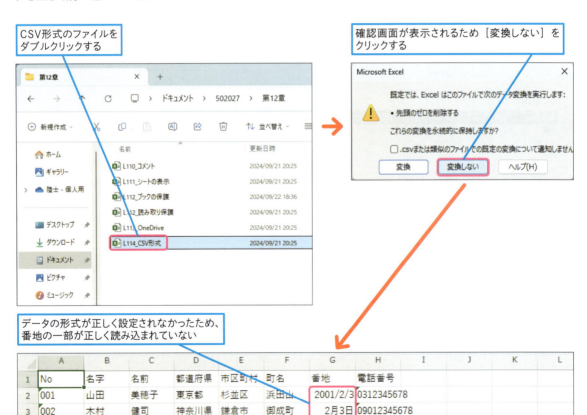

1 CSVファイルをメモ帳で開く

エクスプローラーでCSVファイルを表示しておく

1 ファイルを右クリック
2 [プログラムから開く]をクリック
3 [メモ帳]をクリック

メモ帳が起動してファイルの内容が表示された

4 Ctrl + A キーを押す
5 Ctrl + C キーを押す

メモ帳の内容がクリップボードにコピーされた

用語解説

CSV

CSVとはComma Separated Valueの略で、カンマで区切られた文字データのことをいいます。CSVが記録されたファイルをCSVファイルと呼びます。

使いこなしのヒント

拡張子を表示するには

Windows 11で拡張子を表示するには、エクスプローラで[表示]をクリックして、[表示]から[ファイル拡張子]をクリックしてください。

1 [表示]をクリック
2 [表示]をクリック

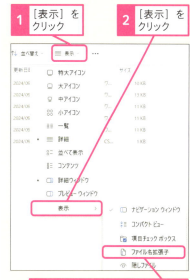

3 [ファイル名拡張子]をクリック

用語解説

拡張子

拡張子とはファイル名末尾の「.」以降の文字をいいます。拡張子は、ファイルをどのアプリで開くかの識別（関連付け）に使います。

2 区切り位置指定ウィザードを起動する

> レッスン02を参考に空白の
> ブックを開いておく

1 セルA1を選択して
[Ctrl]+[V]キーを押す

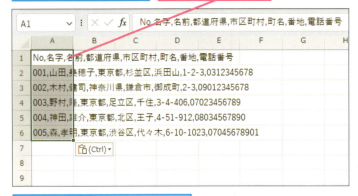

A列にすべてのデータが貼り付けられた

2 [データ]タブをクリック

3 [区切り位置]をクリック

[区切り位置指定ウィザード]
画面が表示された

4 ここをクリック

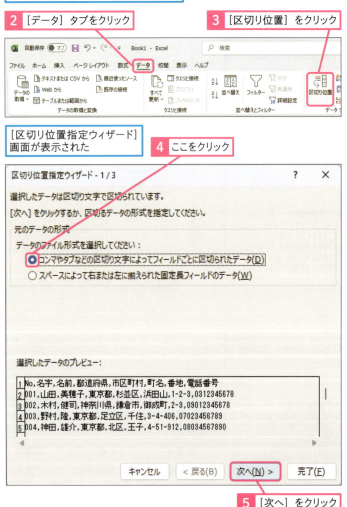

5 [次へ]をクリック

使いこなしのヒント

Excelに関連付けられる拡張子について

Excelをインストールしているパソコンでは、「.xlsx」「.csv」などの拡張子を持つファイルは、自動的にExcelに関連付けされます。このため、ファイルをダブルクリックするとExcelが起動します。また、Excelで作成したファイルには「.xlsx」という拡張子が付けられます。

3 データ形式を選択する

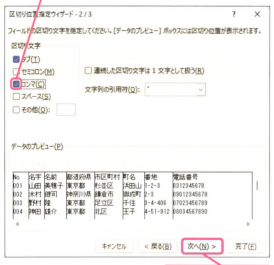

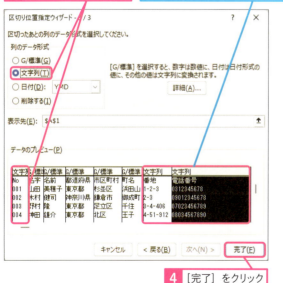

[No]列、[番地]列と[電話番号]列のデータが正しく読み込めた

使いこなしのヒント
文字列形式に設定するとデータをそのまま取り込める

本文の例では、「No」列に「001」、「番地」列に「1-2-3」、「電話番号」列に「0312345678」などが入っていて、普通に取り込むとデータが変化してしまいます。そこで、これらのデータをそのまま取り込めるように、[区切り位置指定ウィザード 3/3]の画面で「No」列、「番地」列と「電話番号」列のデータ形式を文字列にして取り込みましょう。

使いこなしのヒント
任意の記号を区切り文字にすることもできる

この画面では、カンマ（コンマ）以外にも、スペースその他の区切り文字を指定できます。選択肢にない区切り文字を指定したいときには、[その他]をクリックしてチェックを入れた後に、区切り文字として使いたい文字を指定してください。

まとめ
CSVファイルはメモ帳経由で開こう

CSVファイルをExcelで直接開くと、データが壊れてしまい正しく読み込むことができない場合があります。正しく読み込めることが確認できている場合を除き、メモ帳を経由して開くとともに、[区切り位置指定ウィザード]で、取り込み時に変化するデータが入っている列を「文字列」形式に設定して、データを取り込んでください。

この章のまとめ

データを適切に共有しよう

この章では、データの共有、取り込みに便利な機能や、オンラインストレージを使う方法を紹介しました。ファイルを複数人で共有するときに、コメントの機能を使うと情報交換ができます。見せる必要がない情報はシートの非表示で目立たないように、見せる人を限定するときにはブックの暗号化の機能でパスワードを知っている人だけブックを開けるように設定できます。また、OneDriveは、無料で使えるオンラインストレージです。無料版だと容量が限られますので、厳選して必要なファイルだけをOneDriveに置くようにしましょう。

適切に機能を使い分け、ブックを共有にしよう

「ブックの保護」機能は、読み込み専用にしたり、シートを保護したり、いろんな設定ができて便利ですね。

「コメント」でブックの補足説明やデータ入力時の注意点を追加しておけば、社内で正しくファイルを運用していくのにも役立ちそう!

そうそう、とても便利なんだ。ただ何度も言うけど、機能によっては簡単に中身を見られてしまうものもあるから、相手にどのような権限で見てもらえるようにしたいかによって、適切に使い分けてほしい。

活用編

第13章

生成AIで時短!
表やグラフを
瞬時に生成する

この章では、WindowsやExcelのCopilotを使ってExcel作業を効率化する方法を紹介します。Excelについて質問したり、Excelの数式を入力する作業の手伝いをしてもらったりしましょう。

115	AIアシスタントを役立てよう	328
116	Microsoft Copilotで関数の使い方を調べる	330
117	ExcelでCopilotを使ってみよう	332
118	Copilotで表に列を追加する	334
119	表のデータを集計してグラフを作る	336
120	グラフを提案してもらい一覧で表示する	338

レッスン

115 Introduction この章で学ぶこと
AIアシスタントを役立てよう

この章ではWindows標準のCopilotや、ExcelのアプリでCopilotを使って、Excelの作業に役立てる方法を解説します。契約しているアカウントの種類によって注意点もあるため、ここで知っておきましょう。

わからないことを手軽に相談できる

この機能知ってます。ChatGPTみたいに、知りたいこととか、わからないことを質問すると答えてくれるんですよね。

これがあれば百人力!? 早速使ってみよー！

数式を作ってもらったり、機能の使い方を聞いたりして、Excelの作業に役立てることもできる

ちょっと待って。とても便利なんだけど、入力した内容やアップロードしたファイルは、AIの学習やサービス改善のために使われることがあるから、業務で使う場合は、機密情報の入力は避けてね！

活用編 第13章 生成AIで時短！ 表やグラフを瞬時に生成する

328 できる

Excelで作った表を操作することもできる

さらに、CopilotはExcelで使うこともできるよ！ ただし、下の「スキルアップ」にある契約が必要だから、注意してね。

115

この章で学ぶこと

表のデータを基に、Copilotが瞬時にグラフや集計表を作成してくれる

自動でピボットテーブルやピボットグラフを作ってくれるなんてすごい！

これなら一から作るよりも簡単ですね！

スキルアップ

Copilotを使うために必要な契約

Copilotには、以下のような種類があります。Excelの中からCopilotを使うためには、一定のMicrosoft 365の契約をしたうえで、さらに対応するCopilotの契約をする必要があります。特に、Excel 2024を含むパッケージ版のExcelでは、Excelの中でCopilotを使えないことに注意してください。また、現状では、法人向けのMicrosoft 365 Copilotは、年間契約しかできないことにも注意してください。

製品名	価格	Excelで使えるか	必要なMicrosoft 365の契約	データ保護
Microsoft Copilot	無料	×	ー	保護されない
Microsoft Copilot Pro	有料（月契約）	○	Microsoft 365 Personal、Microsoft 365 Familyなど	保護されない
Microsoft 365 Copilot	有料（年契約）	○	Microsoft 365 Apps for business、Microsoft 365 Business Basic、Microsoft 365 E3など	保護される

できる 329

レッスン 116 Microsoft Copilotで関数の使い方を調べる

Copilot 練習用ファイル L116_Copilot.xlsx

Copilotは、ChatGPTでも使われているOpenAIの技術を使ったAIモデルで、WindowsやExcelから使うことができます。まずは、Microsoft Copilotを使ってみましょう。

キーワード
Copilot　P.342

使いこなしのヒント
機密情報の扱いには注意しよう
Copilotに対して入力した内容はAIの学習やサービスの改善に使われる場合があります。基本的には、個人情報や組織の機密情報をそのまま入力するのは避けるようにしましょう。

1 Excel関数の数式を教えてもらう

質問例
> 列A～Cに売上明細があります。セルF2に、セルE2に入力している取引先について、売上明細の売上金額を集計した合計を表示する数式を教えてください。SUMIFS関数を使って計算してください。

練習用ファイルを開いておく

1 [Copilot] をクリック

2 上記のプロンプトを入力　3 [メッセージの送信] をクリック

4 練習用ファイルを表示　5 ■+Print Screen キーを押す

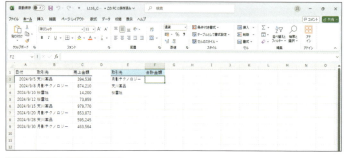

スクリーンショットされた

使いこなしのヒント
Microsoftアカウントでサインインする
Microsoft Copilotを使うときに、Microsoftアカウントでサインインをしておくと、過去の会話が保存されます。サインインをするには、画面右上の [サインイン] をクリックしてください。

用語解説
プロンプト
プロンプトとは、AIやコンピュータプログラムに対して指示や質問をするための入力のことをいいます。

● スクリーンショットをアップロードする

6 ［画像のアップロード］をクリック

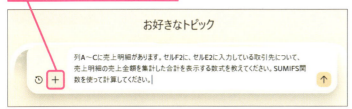

7 スクリーンショットの保存場所を選択　**8** 画像を選択

9 ［開く］をクリック

画像が追加された　**10** ［メッセージの送信］をクリック

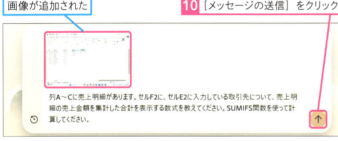

回答が表示された　［コピー］をクリックして数式をコピーし、セルF2に入力する

使いこなしのヒント
画像の内容も質問できる

Copilotを使うときには、質問文と合わせて画像データを添付できます。Excelの質問をするときに、Excelの画面のスクリーンショットを添付すると精度がよくなる場合があります。必要に応じて添付するようにしましょう。

 ［画像のアップロード］から画像をアップロードすることもできる

使いこなしのヒント
新しいチャットを開始するには

プロンプトを入力する欄の左にあるCopilotマークの［ホームへ］ボタンをクリックし、［新しいチャットを開始］をクリックすると、今までの会話内容が消えて、新たにチャットが開始できる状態になります。

1 ［新しいチャットを開始］をクリック

⚠ ここに注意

Copilotが返す回答は間違っていることもあります。必ず、回答が正確かどうかを検証したうえで、使ってください。

まとめ　機密情報の入力には注意しよう

Microsoft Copilotは無料で使え、数式の使い方やExcelの機能について回答してくれます。わからないことがあったら積極的に活用するとよいでしょう。ただし、入力した内容はAIの学習やサービスの改善に使われる場合があるため、機密情報は入力しないようにしましょう。

レッスン 117 ExcelでCopilotを使ってみよう

Microsoft 365のCopilot

練習用ファイル　L117_Microsoft365のCopilot.xlsx

Excelを含むOffice製品でも、Copilotに作業を手伝ってもらうことができます。Copilotを使うためには、Microsoft 365の契約をしたうえでCopilotを使うライセンスを契約する必要があります。

🔍 キーワード

Copilot	P.342
Microsoft Office	P.342
OneDrive	P.342

1 自動保存を有効にする

1 [自動保存]をクリック

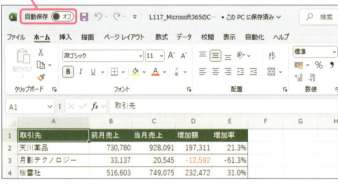

ファイルの保存先を確認する画面が表示された

2 保存先をクリック

自動保存が有効化された

💡 使いこなしのヒント
Copilotを使うには自動保存が必要

Excelの中からCopilotを使うためには、ExcelファイルをあらかじめOneDriveに保存して自動保存の対象にする必要があることに注意してください。

💡 使いこなしのヒント
Copilotに対して入力した内容は保護されるか

Microsoft CopilotやMicrosoft Copilot Proに対して入力した内容は、データ保護の対象にならずAIの学習に使われる場合があります。特に、Microsoft 365 PersonalやFamilyで、有償のMicrosoft Copilot Proを契約しても、データ保護の対象にならないことに注意してください。機密情報を扱う場合には、Microsoft 365のApps for business、Business Basic、E3などの法人向けのMicrosoft 365の契約をしたうえでCopilotを使うことをおすすめします。

2 目立たせたいデータを指示して強調表示する

1 [ホーム] タブをクリック
2 [Copilot] をクリック
Copilotが起動した

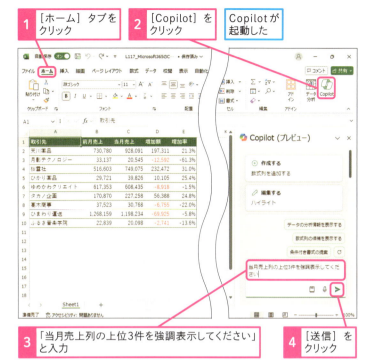

3 「当月売上列の上位3件を強調表示してください」と入力
4 [送信] をクリック

回答が表示された
5 [適用] をクリック

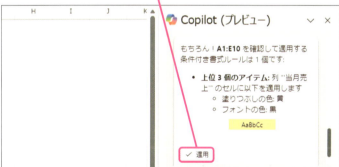

[当月売上] 列の上位3件が強調表示された

💡 使いこなしのヒント
Copilotのパネルの大きさを変えたり分離したりする

Copilotのパネルは、左右に広げることができます。また、タイトルバーをドラッグすると、パネルをExcelのウィンドウから分離して、独立させることもできます。分離したCopilotのウィンドウを、Excelのウィンドウの右端あたりにドラッグすると、CopilotのパネルをExcelと一体に戻すこともできます。

💡 使いこなしのヒント
思い通りに動かなかったときは元に戻せる

Copilotの挙動が思い通りでなかった場合、Copilot内に「元に戻す」というボタンがあるときには、それを押すと元に戻ります。あるいは、通常の操作と同じようにクイックアクセスツールバーの元に戻すボタンで元に戻したり、手作業で挿入された列を削除することもできます。

[元に戻す] をクリックする

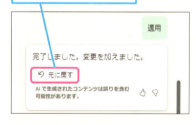

まとめ
法人向けのMicrosoft 365 Copilotを契約しよう

Excel内でCopilotを使う場合に、個人向けのMicrosoft Copilot Proを使うとCopilotに入力したデータが学習に使われる可能性があります。業務に関連する情報などの機密情報を入力する可能性があるときには、法人向けのMicrosoft 365 Copilotを使うことをおすすめします。

レッスン 118 Copilotで表に列を追加する

列の追加　　　　　　　　　　　　　　　　　　　　　　練習用ファイル　L118_列の追加.xlsx

Copilotに列を追加するよう指示すると、具体的な数式を考えて列を追加してくれます。表内の他の列を参照するような数式を入れられるだけでなく、他の表の値をXLOOKUP関数で参照するような数式も入れられます。

🔍 キーワード

Copilot	P.342
関数	P.343
列	P.346

1 追加したい列を指示して列を挿入する

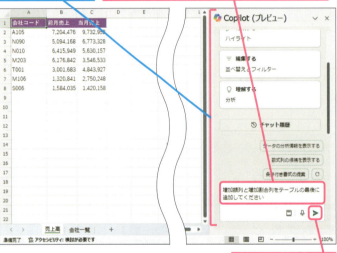

💡 使いこなしのヒント
指示はできるだけ詳細に書こう

人に対してお願いをするときと同じように、細かく指示を与えれば与えるほど思い通りに動いてくれます。意図した結果にならない場合には、より細かく指示を与えるようにしましょう。

💡 使いこなしのヒント
同じプロンプトを入力しても結果が変わる場合がある

Copilotに同じ指示をしても、結果が変わる可能性があるので注意してください。提案してくれる数式が変わる場合もありますし、極端な場合、ある指示を出したときに1回目は「この操作を行うことはできません」と表示されたのに、もう一度同じ指示を出すと実行してくれる場合もあります。

2 別シートのデータを使った列を挿入する

[会社一覧]シートの表に会社コードと会社名の対応表がある

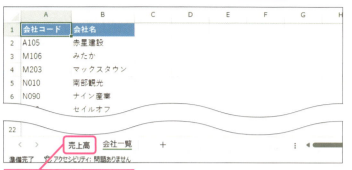

1 [売上高]シートを表示

2 「B列に会社名という列を作って、[会社一覧]シートの会社コードに対応する会社名を挿入してください」と入力

3 [送信]をクリック

回答が表示された　4 [列の挿入]をクリック　B列に新たに[会社名]列が挿入される

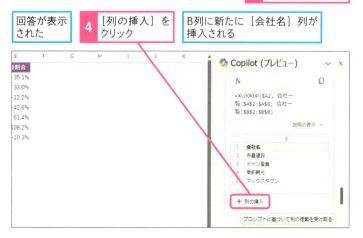

使いこなしのヒント
挿入する列、見出しを具体的に指定する

可能なら、新たに作成する列を、どの列に挿入して、どういう見出しにするかを具体的に指定しましょう。今回の例では「B列」に「会社名」という見出しで挿入するように指定しています。

使いこなしのヒント
他のテーブルの情報を使った数式を入力できる

Copilotでは、他のテーブルに入力された情報を使った数式も入力できます。例えば、今回の例では、売上高テーブルのB列に会社一覧テーブルを参照するような数式を入力できました。

B列に別のシートにある列を参照して[会社名]列が挿入される

まとめ
意図通りにならないときは具体的に指示を出そう

Copilotへの指示は、最初は大雑把に指示をしても構いません。ただ、意図通りに動かなかったときには、いったん取り消して、「列の見出しをどうするか」「どこに列を挿入するか」「どう計算をするか」などをより具体的に指示を出すようにしましょう。

レッスン 119 表のデータを集計してグラフを作る

グラフの追加

練習用ファイル　L119_グラフの追加.xlsx

Copilotを使うと表のデータをピボットテーブルで集計をして、それをグラフで表示できます。意図通りのグラフを作りたいときには、集計の切り口、グラフの種類、縦軸・横軸をどうするかなど、できるだけ具体的に指示を出しましょう。

キーワード

Copilot	P.342
グラフ	P.343
ピボットテーブル	P.345

1 月別・商品別に金額を集計してグラフを作る

Copilotのパネルを表示しておく

1. 「日付に基づき、年月列を追加してください。年と月を合わせて「yyyymm」形式で1つのセルに入れてください」と入力

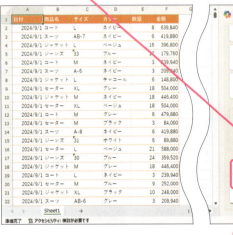

2. ［送信］をクリック

3. ［列の挿入］をクリック　　［年月］列が挿入される

使いこなしのヒント

Copilotでグラフを作る

筆者が試した範囲では、Copilotでグラフを作るように指示を出すと、ピボットテーブルで集計をして、その結果がピボットグラフでグラフ化されました。グラフの具体的な案がある場合には、イメージ通りのグラフが作れるように、以下のような点を中心に、できるだけ細かく指示をしましょう。

・集計の切り口をどうするか（例：月別・商品別）

・どういうグラフを作るか（例：縦棒グラフ、横棒グラフ、折れ線グラフ）

・グラフの縦軸、横軸をどうするか（例：縦軸が金額、横軸が商品と月）

・グラフの横軸に複数の項目を並べる場合には、どういう順番にするか（例：商品、月の順番）

● グラフを挿入する

4 「月別商品別に金額を集計して、商品、月の順にまとめた縦棒グラフを表示してください」と入力

5 ［送信］をクリック

6 ［新しいシートに追加］をクリック

シートが追加されピボットテーブルとピボットグラフが挿入された

使いこなしのヒント

修正の指示をするときはすべての指示を出し直す

Copilotで作成したグラフの微修正をCopilotに指示したい場合、筆者が試した範囲では、以前の指示の内容からの差分を入力するのではなく、すべての指示を再度入力するほうがよいようです。例えば、「月別商品別に金額を集計してグラフを表示してください」と指示をしたら横棒グラフが出てきた場合を考えてみましょう。このグラフを、縦棒グラフに直したいときには、「今のグラフを縦棒グラフに直してください」と指示を出すのではなく、「月別商品別に金額を集計して縦棒グラフを表示してください」のように、すべての指示を入力し直すようにしましょう。

使いこなしのヒント

月ごとに集計したいときには年月列を準備する

筆者が試した範囲では、Copilotで日付データをグルーピングして月ごとに集計することはできませんでした。現状では、月ごとに集計をしたいときには、事前に年月列を挿入しておくほうが無難なようです。なお、年月列を「2024年9月」のような形式にした場合、横軸の月の並び順が過去から未来の順に並ばないことがありました。年月列を作るときには「202201」など、「YYYYMM」形式の数値にしておくとトラブルが起こりにくいようです。

まとめ

グラフを瞬時に作成できる

Copilotを使うと、ピボットテーブルを作成してピボットグラフを作る作業を代行してもらえます。作成したグラフの微修正をCopilotに依頼したいときには、修正点だけを伝えてもうまく動かないことが多いので、できるだけすべての指示を出し直すようにしましょう。

119 グラフの追加

337

レッスン 120 グラフを提案してもらい一覧で表示する

データの分析

練習用ファイル　L120_データの分析.xlsx

Copilotを使うと、現在のデータから作るべきグラフを複数提案してもらい、それらのグラフを一覧で表示させることができます。どのような切り口で分析して、グラフを作ればいいか悩んだときは、糸口をつかむために使ってみてもよいでしょう。

🔍 キーワード

Copilot	P.342
グラフ	P.343
テーブル	P.345

1 どのような分析ができるか提案してもらう

Copilotのパネルを表示しておく

1 「このデータを分析してわかることを教えてください。」と入力

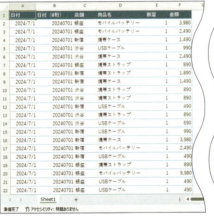

2 ［送信］をクリック

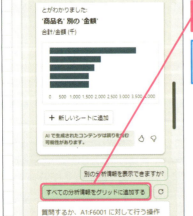

回答が表示された

3 ［すべての分析情報をグリッドに追加する］をクリック

ボタンが表示されていない場合は、「すべての分析情報をグリッドに追加する」と入力する

💡 使いこなしのヒント

どのような分析ができるかCopilotに提案してもらう

Copilotを使うと、どのような分析ができるかを提案してもらうことができます。手元のデータを、どう分析すればいいか、切り口を考えるための参考に活用しましょう。実際に、どのグラフを使うかを決めたら、そのグラフをコピー・貼り付けしたうえで、必要に応じて手作業で微調整をしましょう。

💡 使いこなしのヒント

どういう列を付け足すかもCopilotに提案してもらおう

本文で紹介したもの以外でも、Copilotから提案をしてもらえます。例えば、Copilotに「この表にどういう列を付け足すといいですか？」と質問をすると、曜日列を付け加える提案がされました。

● シートが追加された

別シートに複数のグラフとその元データの
ピボットテーブルが追加された

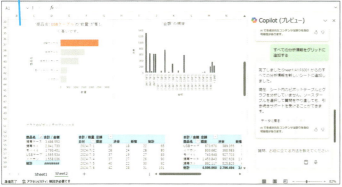

まとめ Copilotに提案してもらおう

Copilotを使うと、表のデータに対して、どういう処理をすればいいか提案をしてもらうこともできます。どういうふうに集計してグラフを作ればいいかの他、どういう列を挿入すべきかといったことも提案してくれます。どういう処理をすべきか悩んだときにはCopilotの意見を聞いてみましょう。

使いこなしのヒント

指定したデータだけを表示するようにフィルターを掛ける

本文で行った分析では、「2024/7/25」と「2024/8/25」だけ、売上金額が極端に大きいことがわかりました。どういう売上明細が含まれているかを見るために、Copilotに「20240725と20240825の2つのデータだけを表示するようにフィルターを掛けてください。」と指示を出すと、該当する明細だけフィルターを掛けて表示してくれます。なお、前レッスンのヒントでも書いた通り、Copilotは日付の扱いは苦手なようで、筆者の手元では「2024/7/25と2024/8/25のデータだけを表示するようにフィルターを掛けてください」と日付列のデータを使って指示を出しても、うまく動きませんでした。指示を出すときには、日付列を使わず、8桁の数値列を準備するほうが無難なようです。

プロンプトを入力して送信する

2024/7/25と2024/8/25のデータでフィルターされた

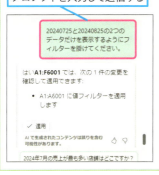

この章のまとめ

AIに作業を手伝ってもらおう

この章では、WindowsやExcelでCopilotを使って、Excelに関する質問をしたり、Excelの数式の入力・グラフ作成をしてもらう方法を紹介しました。Copilotは無料でも使えますが、無料版や個人向けの有償版では、Copilotに対して入力した内容がAIの学習やサービスの改善に使われる場合があります。個人情報や組織の機密情報などを入力するときには、法人向けの有償契約をして使いましょう。また、Copilotの回答は誤っている場合もあります。必ず、回答が正確かどうかを検証して使うようにしてください。

データの集計や分析の際に役立てられるが、生成結果が正しいとは限らないことを踏まえて活用しよう

全部うのみにしないで、あくまでいちアイデアとして役立てる必要があるんですね。最後にこんなすごい機能が知れてよかった！

ね！ これまで学んだことが知識として土台にあるからこそ、この機能を役立てられそう！

2人とも、よくここまで頑張ったね。最初に比べてExcelをかなり使いこなせるようになったんじゃないかな？ ここでの学びをどんどん業務に活用してね！

付録 ショートカットキー一覧

Excelでよく使うショートカットキーを一覧の表にしました。キーボードで操作すると素早く入力できますので、ぜひ覚えましょう。

付録

●よく使われるショートカットキー

ブックを閉じる	Ctrl + W
ブックを開く	Ctrl + O
[ホーム]タブに移動する	Alt + H
ブックを保存する	Ctrl + S
選択範囲をコピーする	Ctrl + C
選択範囲を貼り付ける	Ctrl + V
最近の操作を元に戻す	Ctrl + Z
セルの内容を削除する	Delete
切り取り選択する	Ctrl + X
太字の設定を適用する	Ctrl + B
[セルの書式設定]画面の表示	Ctrl + 1
コンテキストメニューを開く	Shift + F10
選択した行を非表示にする	Ctrl + 9
選択した列を非表示にする	Ctrl + 0
SUM関数を挿入	Alt + Shift + =

●セル内を移動するためのショートカットキー

ワークシート内の前のセルに移動する	Shift + Tab
ワークシート内を1セルずつ移動する	↑ ↓ ← →
ワークシート内の現在のデータ領域の先頭行、末尾行、左端列、または右端列に移動する	Ctrl + ↑ ↓ ← →
ワークシートの最後のセルに移動する	Ctrl + End

●（右段）

ワークシートの先頭に移動する	Ctrl + Home
ワークシート内で1画面下にスクロールする	Page Down
ブック内で次のシートに移動する	Ctrl + Page Down
ワークシート内で1画面右にスクロールする	Alt + Page Down
ワークシート内で1画面上にスクロールする	Page Up
ワークシート内で1画面左にスクロールする	Alt + Page Up
ブック内で前のシートに移動する	Ctrl + Page Up
ワークシート内の右のセルに移動する	Tab

●選択および操作を実行するためのショートカットキー

ワークシート全体を選択する	Ctrl + A または Ctrl + Shift + space
ブック内の現在のシートと次のシートを選択する	Ctrl + Shift + Page Down
ブック内の現在のシートと前のシートを選択する	Ctrl + Shift + Page Up
選択範囲を1セルずつ上下左右に拡張する	Shift + ↑ ↓ ← →
拡張選択モードのオン／オフを切り替える	F8
同じセル内で改行する	Alt + Enter
ワークシートの選択範囲を列全体に拡張する	Ctrl + space
ワークシートの選択範囲を行全体に拡張する	Shift + space

できる 341

用語集

Copilot（コパイロット）

Microsoftが提供しているAIサービスのこと。ChatGPTのように対話形式で知りたいことやわからないことを聞ける。Windows 11のパソコンや、Webブラウザー、Excelなどから使える。
→Windows 11

#VALUE!

数値を参照すべき式で文字列を参照した場合や、FIND関数で検索したい文字列が見つからなかった場合など、数式に問題があるときに発生するエラー。
→数式

CSVファイル（シーエスブイファイル）

カンマで区切られた文字データ（Comma Separated Valueの略）が記録されたファイル。単なる文字が入力されたデータなので、通常のExcelファイルとは違いメモ帳で開くことができる。

Microsoft Edge（マイクロソフトエッジ）

Windows 11に標準で搭載されているWebブラウザー。標準設定では、PDFファイルを表示するためにも使われる。
→PDF、Windows 11

Microsoft Office（マイクロソフトオフィス）

Microsoftが開発したビジネス用ソフトウェアの製品群。Excel、Wordなどが含まれる。

OneDrive（ワンドライブ）

Microsoftが運営するクラウドツール。Excelのブックなどをクラウド上に保存でき、他のパソコンからそのファイルを使える。
→ブック

PDF（ピーディーエフ）

Adobeが開発し、ISOで標準化されたデータ形式。作成した図表を、紙に印刷する代わりにデータとして保存できる。

Windows 11（ウィンドウズイレブン）

Microsoftが提供する、コンピューターが動くための基礎的な機能を提供するソフトウェア。Windows 10の後継で、本書の執筆時点ではWindowsの最新バージョンである。

アイコン

物や概念、イメージをシンプルな絵柄で記号的に表したオブジェクトのこと。作成する資料に、図解やイメージ図を入れたいときに使う。
→オブジェクト

アクティブシート

操作対象として選択されているシートのこと。シート一覧で背景色が白色で表示される。
→シート

アクティブセル

処理対象となるセルのこと。常に1つのセルだけがアクティブセルになる。アクティブセルは緑枠で囲まれ背景色が白色で表示される。
→セル

印刷プレビュー

印刷したときのイメージを確認できる画面。印刷の操作をしたとき、印刷する前に表示される。

エクスポート

作成したデータを通常の形式とは別の形式で出力すること。リボンの［ファイル］-［エクスポート］からExcelシートをPDFファイルに出力できる。
→PDF、リボン

エラーインジケーター

セルの左上に表示される緑色の三角マーク。数式にエラーがあるときや、数字か文字列か判別できないデータが文字列として入力されているときなどに表示される。
→数式、セル

オートコレクト
特定の文字を入力すると別の文字に自動修正する機能。入力ミスの修正などに便利な一方、入力した文字が意図せず別の文字に置き換わる場合もある。

オートコンプリート
セルに値を入力するときの入力補助機能。同じ列に入力したデータのうち似ているデータを入力候補として表示する。
→セル

オートフィル
複数のセルに同じデータや連番を入力する機能。セルの右下のフィルハンドルをドラッグして使う。
→セル

オブジェクト
図形や画像、グラフなどの総称。セルの位置とは無関係に自由に配置でき、拡大・縮小もできる。
→グラフ、セル

改ページプレビュー
印刷範囲や改ページの位置を確認できる表示モード。リボンの［表示］から、あるいは、画面右下の表示モード切替ボタンを使って切り替える。
→リボン

拡張子
ファイル名末尾の「.」以降の文字のこと。ファイルをどのソフトウェアで開くかの識別（関連付け）に使う。

関数
数式中で使える定型の計算を行う機能。与えられた値（引数）に応じた計算結果が得られる。
→数式、引数

行
横方向のセルの並びのこと。1行あたり16,384個のセルが横に並んでいる。
→セル

行番号
各セルの「行」を表す番号。上の行から順番に1、2、3、・・・と数字を使って表す。
→行、セル

クイックアクセスツールバー
リボンの上または下に表示される領域。メニューの好きな項目を登録でき、マウスでクリックするかキーボードで Alt に続けて数字を入力すると、登録した機能を起動できる。
→リボン

グラフ
表のデータを視覚的にわかりやすく表現した図。Excelでは棒グラフ、折れ線グラフ、円グラフ、散布図などを作ることができる。

グラフエリア
グラフ全体が占める領域。グラフ本体の他、グラフタイトルや凡例、軸などが書かれている領域も含まれる。
→グラフ、グラフタイトル、軸、凡例

グラフタイトル
グラフを挿入したときに表示される見出し。内容や書式を自由に変更できる。
→グラフ

グレースケール
白から黒までの灰色の明暗だけでデータを表示する手法のこと。モノクロ印刷の場合はグラフをグレースケールに設定しておくと、画面の見た目と印刷したときの見た目のずれが少なくなる。
→グラフ

罫線
セルの境目に引く線のこと。実線、点線、二重線などの線種や色を指定することができる。元々画面に表示されているセルの境目の薄い線は印刷時には出力されないことに注意。
→セル

用語集

系列

グラフに表示されるデータで、1つのグループとしてまとめて扱われる単位。通常、グラフの元になる表の1つの列が、1つの系列になる。
→グラフ、列

降順

「9、8、7、・・・」のように、だんだん小さくなる順番のこと。日付の場合には「2024/1/31、2024/1/30、・・・」のように未来から過去で並ぶ。

シート

画面中央に表示される縦横にセルを敷き詰めたもの。1つのシートには縦1,048,576×横16,384のセルがある。
→セル

軸

グラフの縦軸、横軸のこと。縦軸、横軸を表示するかどうかを個別に指定できる。
→グラフ

条件付き書式

セルの値に連動して書式を変化させたり、データバー（セル内に表示する小さな横棒グラフ）を入れたりすることができる機能。
→セル

昇順

「1、2、3、・・・」のように、だんだん大きくなる順番のこと。日付の場合には「2024/1/1、2024/1/2、・・・」のように過去から未来で並ぶ。

書式

文字の色などセルや図形に対して設定する装飾のこと。セルに対する書式設定では、文字の色、背景色、表示形式、罫線などを変更できる。
→セル、罫線

シリアル値

Excelが日付を表現する仕組みで、日付を1900年1月1日からの日数を表す数値で表したもの。シリアル値「0」には「1900/1/0」という架空の日付が割り当てられる。

数式

Excelで自動計算をする仕組み。他のセルを参照して計算をすることもできる。
→セル

数式バー

画面上にある領域。現在操作をしているセル（アクティブセル）に入力された内容が表示される。
→アクティブセル、セル

スピル

特定の数式・関数を使ったときに、数式を入力したセルだけでなく、その右側・下側のセルにも値が表示される挙動のこと。どのセルまで値が表示されるかは、数式・関数の内容に応じて変わる。
→数式、セル

整数

「-10」「0」「25」など小数部分のない数のこと。

絶対参照

「$A$1」のようにセル番地の前に「$」を付ける参照方法。数式をコピーして貼り付けても参照するセルが変わらない。セルの位置そのものを指定しているイメージから絶対参照と呼ばれる。
→数式、セル

セル

シートの中にある1つ1つのマス目。このマス目にデータを入力する。1つのシートには縦1,048,576×横16,384のセルがある。
→シート

セル範囲

連続する複数のセルのこと。数式では「A1:C5」のように「:」でつないで指定する。
→数式、セル

相対参照

「A1」のようにセル番地をそのまま書く参照方法。数式をコピーして貼り付けると、参照するセルが貼り付けた方向にずれる。「数式を入力したセルから見て、1つ左のセル」のように、数式入力地点から見た相対的な位置を指定しているイメージから相対参照と呼ばれる。

→数式、セル

ダイアログボックス

何かの操作をしたときに、新しく開き、行いたい操作についての詳細な情報を入力する場面で使われる。[ファイルを開く]や[セルの書式設定]などの種類がある。

データベース

データを使いやすい形に整理したもの。本書では、1行に1つのデータを入れた形式のデータを指す。

データラベル

グラフの項目ごとに表示する値のこと。初期状態では、個々のグラフの値が表示される。設定により、系列名や分類名を表示することもできる。

→系列、グラフ

データ要素

グラフに表示された個別のデータのこと。色などの属性は、グラフ全体、系列ごと、データ要素ごとの、いずれかの単位で設定ができる。

→系列、グラフ

テーブル

1行に1件のデータが入力されたデータベース形式の表のこと。また、Excelで作った表を効率よく処理するための「テーブル」機能のこと。テーブル機能を使って、表をテーブルに変換すると、フィルターが自動で設定され、一番上の行に入力した数式が自動的に最下部まで転記される。テーブル内のセルを参照するときには、構造化参照と呼ばれる特別な参照方法を使うことができる。

→数式、セル、データベース、テーブル、フィルター

日本語入力モード

「半角/全角キー」を押すと切り替えられる日本語など全角文字を入力できる状態のこと。

入力モード

セルに入力するときの状態の1つ。セルに新しくデータを入力するときには入力モードになる。矢印キーを押すと、数式入力中は参照するセルを選択でき、それ以外の場合には入力が確定し矢印の方向のセルに移動する。 F2 キーで編集モードに移行する。

→数式、セル

ハンドル

オブジェクトの隅と辺8か所などに表示される四角形のこと。マウスでドラッグすると拡大縮小などの操作ができる。選択ハンドルともいう。

→オブジェクト

凡例

どの系列がどのグラフに対応するかを示す情報。グラフエリアの下、右など、表示場所を指定できる。

→グラフ、グラフエリア

引数

「ひきすう」と読む。関数を使うときに関数に渡す値のこと。関数は、引数に応じて、決められた計算をしてその計算結果を返す。

ピボットテーブル

簡単なマウス操作でデータベース形式のデータを指定した切り口で集計する機能。集計の切り口を簡単に変更できる。

→データベース

表示形式

セルに入力したデータを変えずに見た目を変更する機能。カンマ区切り形式、パーセント表示、日付（YYYY/MM/DD）形式などがある。ユーザー定義書式を設定するとさらに細かく指定できる。

→セル

用語集

フィールド

列の別名。ピボットテーブル集計をするときには、元データである表の列のことをフィールドと呼ぶ。
→データベース、ピボットテーブル、フィールド、列

フィルター

表の中から目的のデータが入力された行だけを抽出して表示する機能。複数のデータを指定したり、「〜で始まる」「〜から〜まで」など複雑な条件を指定したりできる。
→行

複合参照

「A$1」「$A1」のように、絶対参照と相対参照を組み合わせた参照方法。マトリックス型の表に数式を入れるときに使う。
→絶対参照、相対参照、数式

ブック

Excelでデータを作成・保存するファイルのこと。1つのブックには複数のシートを入れられる。
→シート

フッター

用紙の下部の余白に出力されるデータ。この設定は、同じファイル（ブック）内のすべてのシートに適用される。
→シート、ブック

プロットエリア

グラフエリアの中で、グラフそのものが描かれる領域のこと。
→グラフ

ヘッダー

用紙の上部の余白に出力されるデータのこと。この設定は、同じファイル（ブック）内のすべてのシートに適用される。
→シート、ブック

編集モード

セルに入力するときの状態の1つ。データが入力済みのセルを編集するときには編集モードになる。矢印キーを押すと、編集中のセル内で、隣の文字や先頭・最後の文字に移動する。F2キーで編集モードに移行する。
→セル

マクロ

あらかじめ設定された一連の操作手順を、必要に応じて呼び出すことができる機能のこと。操作手順は、VBAと呼ばれるプログラミング言語で記述する。

ユーザー定義書式

詳細な表示形式を設定できる機能。あらかじめ決められた書式記号を使って、標準で準備されていない表示形式を設定できる。

リボン

画面上部にある、いわゆるメニュー。ここをクリックしてExcelの主要な操作を行う。

列

縦方向のセルの並びのこと。1列あたり1,048,576個のセルが縦に並んでいる。
→セル

列番号

各セルの「列」を表す番号。左の列から順番にA、B、C・・・Z、AA、AB・・・と英文字を使って表す。
→セル、列

論理値

TRUEとFALSEの2つをいう。TRUEを真、FALSEを偽ともいう。元々の真偽の意味で使われる場合もある一方で、VLOOKUP関数の4つ目の引数のように、真偽の意味から離れて、単に二者択一の値を表すスイッチのような役割で使われるときもある。

索引

記号

#CALC!	251
#N/A	214
#REF!	214
#SPILL!	244
#VALUE!	153, 342

アルファベット

ASC関数	241
AVERAGE関数	146
Backstageビュー	32
Copilot	330, 342
契約	329
COUNTIFS関数	210
CSV	323
CSVファイル	342
DATE関数	230
DAY関数	228
Excelのオプション	46
FALSE	212
FILTER関数	250, 257
IFERROR関数	216
IF関数	218
JIS関数	240
LEFT関数	236
Microsoft 365 Copilot	332
Microsoft Copilot	329
Microsoft Edge	342
Microsoft Office	342
Microsoft Search	34
MID関数	238
MONTH関数	228, 233
OneDrive	318, 342
PDF	172, 342
RIGHT関数	237
ROUNDDOWN関数	220
ROUNDUP関数	220
ROUND関数	148
SORTBY関数	253
SORT関数	252

SUMIFS関数	206
SUM関数	144, 152
TEXTBEFORE関数	254
TEXTSPLIT関数	254
TEXT関数	234
TRUE	212
UNIQUE関数	246
VLOOKUP関数	212, 214
VSTACK関数	256
Windows 11	342
XLOOKUP関数	248
YEAR関数	233

ア

アイコン	197, 342
アクティブシート	40, 342
アクティブセル	52, 342
値貼り付け	133
新しいウィンドウを開く	44
新しいシートを作成する	40
アプリの終了	33
アポストロフィ	57
イタリック	87
色の設定	88
印刷	158
印刷タイトル	168
印刷範囲の設定	170
印刷プレビュー	159, 342
ウィンドウの整列	45
ウィンドウ枠の固定	124
上揃え	82
上書き保存	38
エクスプローラーの起動	37
エクスポート	172, 342
エラーインジケーター	75, 342
エリア	290
オートSUM	144
オートコレクト	61, 343
オートコンプリート	60, 343
オートフィル	100, 132, 343

できる　347

おすすめグラフ	178
オブジェクト	343
折り返して全体を表示する	83

カ

改ページプレビュー	164, 343
拡大縮小オプション	163
拡張子	323, 343
下線	87
画像の挿入	196
カラースケール	272
カレンダーの種類	78
関数	343
仕組み	142
入力	142
引数	142, 345
関数の挿入	143
カンマ区切り	76
機種依存文字	39
起動	32
行	53, 64, 343
行の高さ	63
行番号	34, 343
切り取り	105
クイックアクセスツールバー	34, 47, 343
区切り位置指定ウィザード	324
グラフ	178, 343
グラフエリア	178, 343
グラフタイトル	178, 183, 343
グラフの移動	182
グラフの種類の変更	179
グラフの挿入	179
グラフのデザイン	184
グラフ要素	188
グループ化	298
グレースケール	343
グレゴリオ暦	78
罫線	90, 343
系列	184, 344
桁区切りスタイル	77
元号	79
検索	110
検索する文字列	114

検索対象	112
検索と置換	110
格子	90
降順	122, 344
構造化参照	287
個数	302
コピー	102
コメント	168, 312

サ

最小値	302
最大値	302
再表示	68
左右にスナップ	45
参照方式	136
シート	344
シート全体	110
シートの移動	42
シートのコピー	42
シートの再表示	315
シートの比較	44
シートの非表示	314
シート見出し	34
シートを1ページに印刷	162
軸	188, 344
軸の書式設定	191
時刻	56
四捨五入	148
下揃え	82
指定の値以上	120
四半期	300
集合縦棒	178
終了	33
縮小して全体を表示する	85
小計	300
上下中央揃え	82
条件付き書式	264, 344
昇順	122, 344
書式	344
書式のコピー／貼り付け	94
シリアル値	226, 344
数式	344
コピー	132

セルを参照		74
入力		130
貼り付け		103
数式バー		34, 344
数値		56
数値フィルター		119
ズームスライダー		34
スクロールバー		34
図形		
図形の移動		200
図形のサイズ変更		201
図形の書式		198
図形の書式設定		198
図形のスタイル		198
図形の挿入		196
図形の塗りつぶし		199
図形の枠線		199
スタート画面		32
スタートメニュー		32
[スタート] メニューの表示		32
ステータスバー		34
スピル		242, 344
すべて置換		115
すべてのアプリ		32
すべての行を1ページに印刷		162
すべてのグラフ		179
すべての列を1ページに印刷		163
整数		344
絶対参照		136, 138, 344
セル		34, 344
セル参照		132
セル内改行		83
セルの3層構造		74
セルのコピー		102
セルの削除		65
セルの書式設定		85
セル範囲		90, 144, 344
セル番地		131
セルを結合する		80
全角		54
線のスタイル		92
相対参照		136, 345

タ

第1縦軸	188
第2軸	194
ダイアログボックス	345
タイトルバー	34
タイトル列	169
タスクバー	33
タスクバーにピン留めをする	33
ダブルクォーテーション	135
ダブルクリック	62
置換	114
置換する文字列	114
中央揃え	82
通貨表示形式	76
データの入力規則	108
データバー	274
データベース	98, 345
データベース形式	81
データ要素	178, 345
データラベル	190, 345
テーブル	282, 284, 345
テキストフィルター	119
ドラッグ	43

ナ

斜めの罫線	93
名前を付けて保存	39
並べ替えとフィルター	118
日本語入力モード	345
入力オートフォーマット	61
入力時メッセージ	109
入力の値の種類	108
入力モード	131, 345
塗りつぶしの色	88

ハ

パーセントスタイル	77, 139
貼り付け	102
貼り付けのオプション	103
半角	54
ハンドル	201, 345
凡例	178, 345
比較演算子	218
引数	142, 345

索引

左揃え	82
日付	56
日付フィルター	119
非表示	68
ピボットグラフ	306
ピボットテーブル	290, 345
ピボットテーブルの更新	297
ピボットテーブルのフィールド	290
表計算ソフト	30
表示形式	74, 76, 234, 345
ピン留め	33
ファイル	38
ファイルを開く	36
フィールド	292, 346
フィールドセクション	290
フィールド全体を折りたたみ	299
フィルター	116, 346
フィルターボタン	116
フィルターボタンの消去	121
フィルターをクリア	118
フォント	86
フォントサイズ	86
フォントの色	89
複合グラフ	192
複合参照	137, 140, 346
ブック	33, 44, 346
ブックの保護	316
フッター	166, 346
フッターの編集	167
太字	87
負の数の表示形式	77
プリンター	159
フラッシュフィル	106
プロットエリア	346
プロンプト	330
ページ設定	164
ページレイアウト	160
ページレイアウトプレビュー	165
ヘッダー	166, 346
ヘッダーの編集	167
編集モード	131, 346
ホーム	64
棒グラフ	179

マ

マクロ	346
マトリックス型	141, 209
右揃え	82
メモ	168
メモ帳	322
目盛り線	189
文字データの結合	134
元に戻す	58
元の値	108

ヤ

矢印キー	55
やり直し	59
ユーザー定義書式	79, 262, 346
予測変換機能	60
余白	161

ラ

リボン	34, 45, 346
リボンの表示・非表示	46
リンクされた図	103
ルールの削除	277
レイアウトセクション	290
列	64, 346
列の幅	63
列番号	34, 346
レベルの追加	123
連続データ	100
論理式	218
論理値	212, 346

■著者
羽毛田睦土（はけたまこと）

公認会計士・税理士。羽毛田睦土公認会計士・税理士事務所所長。合同会社アクト・コンサルティング代表社員。東京大学理学部数学科を卒業後、デロイトトーマツコンサルティング 株式会社（現アビームコンサルティング株式会社）、監査法人トーマツ（現有限責任監査法人トーマツ）勤務を経て独立。BASIC、C++、Perlなどのプログラミング言語を操り、データベーススペシャリスト・ネットワークスペシャリスト資格を保有する異色の税理士である。会計業務・Excel両方の知識を生かし、Excelセミナーも随時開催中。

協力	紀伊國屋書店 新宿本店　坂本絵美
	ジュンク堂書店 池袋本店　荻野尚樹

STAFF

シリーズロゴデザイン	山岡デザイン事務所<yamaoka@mail.yama.co.jp>
カバー・本文デザイン	伊藤忠インタラクティブ株式会社
カバーイラスト	こつじゆい
本文イラスト	ケン・サイトー
DTP制作	柏倉真理子
校正	株式会社トップスタジオ
デザイン制作室	今津幸弘<imazu@impress.co.jp>
	鈴木　薫<suzu-kao@impress.co.jp>
制作担当デスク	柏倉真理子<kasiwa-m@impress.co.jp>
編集・制作	株式会社トップスタジオ
編集	高橋優海<takah-y@impress.co.jp>
編集長	藤原泰之<fujiwara@impress.co.jp>
オリジナルコンセプト	山下憲治

本書のご感想をぜひお寄せください https://book.impress.co.jp/books/1124101056

「アンケートに答える」をクリックしてアンケートにご協力ください。アンケート回答者の中から、抽選で図書カード(1,000円分)などを毎月プレゼント。当選者の発表は賞品の発送をもって代えさせていただきます。はじめての方は、「CLUB Impress」へご登録(無料)いただく必要があります。　※プレゼントの賞品は変更になる場合があります。

■商品に関する問い合わせ先

このたびは弊社商品をご購入いただきありがとうございます。本書の内容などに関するお問い合わせは、下記のURLまたは二次元バーコードにある問い合わせフォームからお送りください。

https://book.impress.co.jp/info/

上記フォームがご利用いただけない場合のメールでの問い合わせ先
info@impress.co.jp

※お問い合わせの際は、書名、ISBN、お名前、お電話番号、メールアドレス に加えて、「該当するページ」と「具体的なご質問内容」「お使いの動作環境」を必ずご明記ください。なお、本書の範囲を超えるご質問にはお答えできないのでご了承ください。

- 電話やFAXでのご質問には対応しておりません。また、封書でのお問い合わせは回答までに日数をいただく場合があります。あらかじめご了承ください。
- インプレスブックスの本書情報ページ https://book.impress.co.jp/books/1124101056 では、本書のサポート情報や正誤表・訂正情報などを提供しています。あわせてご確認ください。
- 本書の奥付に記載されている初版発行日から3年が経過した場合、もしくは本書で紹介している製品やサービスについて提供会社によるサポートが終了した場合はご質問にお答えできない場合があります。

■落丁・乱丁本などの問い合わせ先
FAX 03-6837-5023
service@impress.co.jp
※古書店で購入された商品はお取り替えできません。

できるExcel 2024 Copilot対応 Office 2024&Microsoft 365版

2024年12月1日 初版発行

著　者　羽毛田 睦土 & できるシリーズ編集部
発行人　高橋隆志
編集人　藤井貴志
発行所　株式会社インプレス
　　　　〒101-0051　東京都千代田区神田神保町一丁目105番地
　　　　ホームページ　https://book.impress.co.jp/

本書は著作権法上の保護を受けています。本書の一部あるいは全部について（ソフトウェア及びプログラムを含む）、株式会社インプレスから文書による許諾を得ずに、いかなる方法においても無断で複写、複製することは禁じられています。

Copyright © 2024 Act Consulting LLC. and Impress Corporation. All rights reserved.

印刷所　株式会社広済堂ネクスト
ISBN978-4-295-02027-1 C3055
Printed in Japan